空间技术应用与实践系列丛书

航天发射场
设备控制技术基础

主　编　董富治

机械工业出版社

本书是集发射场设备控制工艺、重要设备原理及控制方法于一体的专业图书，主要介绍了航天发射场测发系统设施设备的原理和控制，重点介绍了火箭及卫星测试、发射过程用空调系统、加注供气、发射塔等设施设备的原理及控制方式。本书共 10 章，内容包括发射场设备及控制、测试基础、工程控制基础、常用设施设备、电机与变频器、可编程控制器、触摸屏、工业组态软件、推进剂加注控制技术实例和发射场空调系统控制实例。

　　本书对过程控制领域关键设备、控制原理和具体应用做了系统且简明的概述，便于航天发射场从事设备控制相关人员高效理解原理、工艺，提高设备操作及维护保养水平；也非常适合自控领域人员掌握基础知识点，通过实例了解一般设备的控制工艺。

图书在版编目（CIP）数据

航天发射场设备控制技术基础/董富治主编. —北京：机械工业出版社，
2022.10（2023.4 重印）
（空间技术应用与实践系列丛书）
ISBN 978-7-111-71528-3

Ⅰ.①航⋯　Ⅱ.①董⋯　Ⅲ.①航天器发射场-设备-控制系统　Ⅳ.①V55

中国版本图书馆 CIP 数据核字（2022）第 166603 号

机械工业出版社（北京市百万庄大街 22 号　邮政编码 100037）
策划编辑：王　欢　　　　　责任编辑：王　欢
责任校对：李　杉　张　薇　责任印制：郜　敏
北京富资园科技发展有限公司印刷
2023 年 4 月第 1 版第 2 次印刷
184mm×260mm · 22 印张 · 541 千字
标准书号：ISBN 978-7-111-71528-3
定价：89.00 元

电话服务　　　　　　　　　　网络服务
客服电话：010-88361066　　　机 工 官 网：www.cmpbook.com
　　　　　010-88379833　　　机 工 官 博：weibo.com/cmp1952
　　　　　010-68326294　　　金 书 网：www.golden-book.com
封底无防伪标均为盗版　　机工教育服务网：www.cmpedu.com

前　言

航天发射场设备种类多、数量大，涉及的专业知识面广，专业跨度也比较大。编者在航天发射场工作多年，发现目前还没有一本系统、全面讲述发射场设备控制方面的专业书籍，或者可供发射场工作人员借鉴参考的一些如过程控制等方面的书籍。已有的图书，有些强调基础知识和泛工业方向，有些只强调设备但不注重工艺，都与发射场实际需求出入较大。基于此，编者团队编写了这本集发射场设备控制工艺、重要设备原理及控制方法于一体的专业图书。

按照"需求牵引，总分推进，分类突破，综合提高"的编写原则，本书详细介绍了航天发射场设备控制需要掌握的基本知识、常用设备及常用软件；并结合典型设备的控制工艺（以加注系统和空调系统为例），给出了航天发射场设备控制的设计、实现方法。通过完整学习本书内容，读者应该能够掌握航天发射场设备相关知识和技能。也希望本书能够为航天发射场从事设备操作的人员更好地理解原理、工艺及提高设备操作及维护保养水平提供有益的参考。

本书主要针对航天发射场设备的控制进行介绍，但对于设备控制及使用过程中涉及的数据深度挖掘利用等内容并不涉及。同时，由于航天发射场涉及的系统很多、专业很广，本书主要对航天发射场测发系统设施设备的原理和控制进行介绍，尤其针对的是火箭及卫星测试、发射过程用空调、加注供气、发射塔等设施设备的原理及控制方式，对指挥监测、通信、测控、气象等系统设备并不涉及，感兴趣的读者可参考相关专业书籍。

全书共分10章。其中，第1章概要介绍了发射场、发射场设备及设备控制，并给出了发射场设备控制实例，让读者对发射场设备及设备控制形成整体印象，并对发射场设备控制中需要掌握的各类知识进行了归纳梳理，后面的第2~8章会逐个对知识点进行讲解；第2章测试基础，主要对各类物理量的测量原理及测试中用到的总线技术进行了详细讲解；第3章工程控制基础，对控制系统原理及控制参数整定进行了介绍；第4章常用设施设备，介绍了设备控制系统中常用控制器件及执行设备的原理与使用方法；第5章电机与变频器，对控制系统中最关键且使用广泛的电机和变频器相关知识进行了介绍；第6~8章分别就控制系统中常用的可编程控制器（PLC）、触摸屏和工业组态软件的使用进行了介绍；第9章以国产超域PLC为控制器，介绍了加注系统控制实例开发实现方法；第10章针对发射场空调控制，以西门子PLC为控制器，详细讲解了控制系统设计实现方法。

本书是集体智慧和劳动的结晶。编者均为航天发射场一线科技人员，熟悉设备原理、工艺、控制及操作，其中很多人承担了发射场多个中、大型设备控制系统的设计、开发工作，具有较强的理论功底和丰富的工程实践经验。第1章由董富治、郭希玲编写，第2章由徐薇、董富治、薛甫成、谷文华编写，第3章由任永平、董富治、王瑞编写，第4章由谷文华、黄凯、杨波、易思、廖乐平、杨培杰编写，第5章由董富治、支彬安、杨波、杨伟杰编写，第 6 章由黄文韬编写，第 7 章由郭希玲编写，第 8 章由董富治、郭希玲编写，第 9 章由薛甫成、董富治编写，第 10 章由熊万忠、董富治编写，董富治对各章节初稿进行了修订完善。白奉天、王猛、徐浩东、张立林、钱飞、王彦杰、王文笛、薛渭君、芦振华、张雨、刘红越、李金龙、魏洪超、李伟、陈思虑、顾宝刚、崔永强、柯希慧等对本书进行了认真仔细的审校，任守福、李利群对书籍编写提出了许多有益的意见和建议，高家智、李彬在本书撰写、出版过程中给予了大量的指导和支持，吕风格、程龙进行了审阅，在此一并表示感谢。在本书的出版过程中，编者所在单位和机械工业出版社的很多领导专家也提出了有益的意见和建议，在此也对他们的辛勤劳动表示感谢。

　　本书参考了大量文献资料，也吸收了许多一线工程技术人员的工作经验和科研成果，尤其是针对发射场设备控制特有的工艺、策略及设计、实现方法等无法从别的途径获得的知识和经验，这些都是非常珍贵的。在此，向为本书提供技术支撑和对本书编写提供宝贵意见建议的专家，以及在编写中做了许多组织指导工作的领导及专家，再次表示衷心的感谢。

　　在本书的统稿、审校过程中，虽然做了大量的统一及一致化工作，但是由于专业特点及编写人员行文风格，章节之间内容还存在一定差异，在此谨作说明，也希望读者朋友们能够理解。书中错误与欠妥之处在所难免，也敬请读者批评指正！

2021 年 12 月于芦芽山下

编　者

目　录

第 1 章　发射场设备及控制

1.1　概述

自人类诞生起，人们就一直渴望着翱翔太空、九天揽月，并把这种可望而不可即的憧憬深深地烙进各种各样的故事、传说之中。这些故事和传说，不断刺激着人类为离开地球这个小小的星球去幻想和努力。

法国人儒勒·凡尔纳的小说《从地球到月球》被认为是近代太空幻想小说的代表。在小说中，凡尔纳通过科学推理，使用了数学、物理及天文学知识，对宇宙飞船和发射装置进行了计算。令人称奇的是，其科幻预言与后来的科学发展惊人地吻合。而"万户飞天"的典故，则讲述了我国明代人万户为飞天梦想献出了宝贵的生命。他也被称为"世界航天第一人"。

科学技术的发展使得幻想渐渐变成现实。俄国科学家齐奥尔科夫斯基提出了现代多级液体火箭的设计思想，并创立了著名的火箭飞行速度公式，为现代火箭发展奠定了理论基础。1926 年，美国科学家戈达德研制出了世界上首枚液体推进剂火箭。第二次世界大战中德国研制出了 V-2 导弹并在实战中使用，这标志着现代火箭技术已进入了实用化阶段。此后，火箭技术在苏、美两强的军备争霸中得到充分发展。1957 年，苏联使用运载火箭把人类历史上第一颗人造卫星送入了太空。随后，美国在 1958 年发射了探险者 1 号人造卫星。1969 年 7 月 16 日，美国宇航员登陆月球。2004 年 1 月 4 日，美国勇气号火星探测器登陆火星。

在这方面，我国虽然发展较晚，但节奏一点都不慢。在 1958 年 5 月 17 日，毛泽东同志就在中国共产党第八届全国代表大会第二次会议上指出："我们也要搞人造卫星。"1968 年 2 月 20 日，中国空间技术研究院正式成立。1970 年 4 月 24 日，装载着东方红一号卫星的长征一号运载火箭在酒泉卫星发射中心顺利发射；晚上 10 时，星箭分离、卫星入轨。东方红一号卫星的入轨，使我国成为继苏联、美国、法国和日本之后，第 5 个完全依靠自己的力量成功发射卫星的国家，酒泉卫星发射中心成为我国第一个航天发射场。此后，中国航天一直保持着较快的发展速度，国家又相继在山西太原、四川西昌、海南文昌建设了三个卫星发射中心。

随着固体运载火箭的发展完善，发射活动对发射场传统设施设备的依赖逐渐降低。但是，考虑到传统液体火箭具备容易实现大推力、综合发射成本较低等优势，目前世界各航天大国主要还是依托发射场设施设备实施航天发射。因此，了解、掌握航天发射场设施设备及其控制技术是非常必要的。

航天发射场是供接收、存放、组装、测试、准备并发射装有航天器的运载火箭使用的建筑设施、技术装备及多块地段所构成的综合体。根据其部署的位置地点，一个航天发射场通

1

常拥有一条或多条发射航线（火箭飞行的加速阶段沿此方向通过），且沿各条航线都设置了测量站。

世界上第一个航天发射场为俄罗斯租用的哈萨克斯坦共和国的拜科努尔航天发射场。其主要发射设施包括用于发射质子号、旋风号和天顶号运载火箭的多个综合发射设施，数个用于军用导弹试验的地面和竖井式发射架，以及两个用于超级运载火箭的综合发射设施。苏联和俄罗斯约 40% 的航天器都是从这里发射的。目前，拜科努尔航天发射场配备了 15 个发射架的 9 个发射设施、34 个技术设施、3 个用于运载火箭和航天器及助推装置的加注站、1 个日产 300t 低温产品的氮氧制造厂、1 个拥有超级计算中心的测控站。这些设施具备发射重型（质子号）、中型（天顶号、联盟号和闪电号）及轻型（旋风号）等各级别运载火箭的能力。另外，还有两种轻型火箭——第聂伯号和轰鸣号（又称呼啸号）——是用竖井式发射架发射的。

截至目前，世界上拥有发射场的国家共计 13 个。其中，美国、俄罗斯、中国、法国等航天大国均建有多个航天发射场。美国的航天发射中心包括卡纳维拉尔角空军基地、肯尼迪航天中心、夸贾林、范登堡空军基地、沃洛普岛试验中心等，俄罗斯还有普列谢茨克、卡普斯京-雅儿、亚斯内、斯沃博德内、东方等发射场，法国有法属圭亚那发射场。另外，比较有名的发射场还包括日本的鹿儿岛航天中心、种子岛航天中心，印度的斯里哈里科塔航天中心、维克拉姆沙拉拜航天中心，巴西的阿尔坎塔拉发射场，韩国的罗老航天中心等。

目前，我国有酒泉、太原、西昌、文昌共 4 个卫星发射中心。

酒泉卫星发射中心作为我国第一个发射场，始建于 1956 年，位于我国甘肃省与内蒙古自治区交界的戈壁沙漠之中，海拔 1000m 左右，主要用于中低轨道卫星、载人航天等发射；1970 年 4 月 24 日，成功将我国的第一颗人造地球卫星东方红一号送入轨道；先后完成 CZ-1、CZ-2D、CZ-2F、CZ-4B 等多型火箭发射 100 余次，也是我国载人航天的唯一发射中心。

太原卫星发射中心始建于 1967 年，位于山西省忻州市岢岚县，海拔 1500m 左右，主要用于太阳同步轨道卫星发射；先后完成 CZ-2 系列、CZ-4 系列、CZ-6 系列等多型火箭发射任务 100 余次。

西昌卫星发射中心始建于 1970 年，位于四川省西昌市冕宁县，海拔 1500m 以上，主要用于地球同步轨道卫星发射；先后完成 CZ-2 系列、CZ-3 系列等多型火箭发射任务 100 余次。

文昌卫星发射中心始建于 2009 年，位于海南省文昌市，海拔 40m 左右，主要用于地球同步轨道卫星、大质量极轨卫星、大吨位空间站和深空探测卫星等航天器发射；先后完成 CZ-5 系列、CZ-7 系列等火箭发射。

1.2 发射场组成与功能

航天发射场是运载火箭、航天飞机等航天运载器将卫星、飞船、探测器等人造航天器送入太空的起点，是遂行航天系统工程任务的基础要素和条件。航天发射场的建设规模和支撑航天发射的能力水平，是一个国家航天事业发展水平高低的重要标志。

航天发射场，是为航天器和运载器装配、测试、运输等发射前的准备工作，以及航天器发射、弹道测量、发送控制指令、接收和处理遥测信息工作，而专门建造的一整套地面设施、设备。发射场与航天器、运载器的发展密切相关，其设施组成、设备配套主要取决于运载器和航天器发射任务的需要。影响发射场系统组成、主要设施功能及总体布局的一个关键因素，是运载器和航天器的测试发射模式及流程。

测发模式是指运载器和航天器在发射场测试、总装及运输过程中所采用状态（水平或垂直）的组合方式。国内外常见的运载火箭测发模式有 4 种，见表 1-1。一平两垂模式发射场测发流程如图 1-1 所示。

表 1-1　火箭测发模式

测发模式	转场运输方式	组装对接方式	测试方式
两平两垂	水平	垂直	水平、垂直
一平两垂	水平	垂直	垂直
三平	水平	水平	水平
三垂	垂直	垂直	垂直

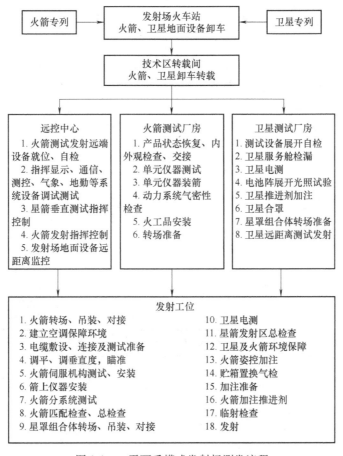

图 1-1　一平两垂模式发射场测发流程

根据运载器和航天的测试发射需求，发射场一般包括技术区、发射区、测控系统、勤务保障系统等，可按功能或系统分区划分。根据功能划分，发射场由技术区、发射区、试验指挥区等组成；按照系统划分，又可分为测试发射指挥监控系统、火箭推进剂加注及供气系统、技术勤务系统、测控通信系统、气象系统等。

技术区一般是指测试厂房及其配套的设施设备，要为运载器及航天器完成组装测试、星箭对接提供安全可靠的设施设备保障。其包括供/制/配气系统、供配电系统、空调采暖系统、给排水与消防系统、通信系统及辅助设施等。

发射区一般是指发射工位及其配套的设施设备，要为运载火箭（卫星）完成分系统及全系统测试、功能检查、临射检查、推进剂加注、瞄准和发射提供安全可靠的设施设备保障。其包括发射塔系统、加注供气系统、供配电系统、空调采暖系统、给排水与消防系统、远控中心、测控系统、通信系统、气象系统及辅助设施等。

1.3 发射场设备

航天发射场设备包括，控制、通信、机械、电气、液压、气动及电子等多种类型的设备。这些设备在独立发挥其设定功能的同时，还需要和别的设备协同工作，完成发射测试保障工作。例如，发射前的平台打开、摆杆摆开等工作，尤其摆杆摆开，通常需要传到火箭发射控制台中，通过火箭发射控制台实施打开动作。

按照传统的功能分类，发射场设备一般可分为非标系统设备、空调系统设备、加注供气系统设备、供配电及接地系统设备、给排水及消防系统设备、地勤远控系统设备（见图1-2），以及指挥监测系统设备、测控系统设备、通信系统设备和气象系统设备，涉及的专业知识包括机械、化学、热力学、电力拖动、工业控制、通信网络、软件开发等专业领域。

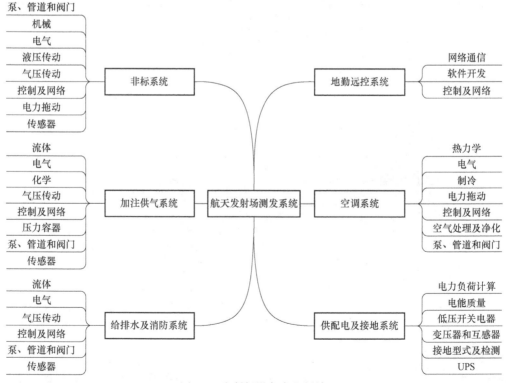

图 1-2 发射场设备专业领域

非标系统为非标准系统的简称。非标系统主要是指发射塔系统。发射塔系统主要为运载火箭和卫星在发射区进行起竖、对接、功能检查、垂直测试、推进剂加注、临射检查、瞄准和发射提供保障，并提供环境、消防及其他勤务保障，包括塔架主体结构（含工艺测试间）、塔式起重机（发射场简称为塔吊）、活动平台、电缆摆杆、电梯等设施设备，以及导流槽、瞄准间、避雷塔、发射场坪、发射台等塔架配套设施。

空调系统，是采用空气的热湿处理技术和输送技术对目标空间（存储、测试空间）空气的温湿度、洁净度、气流速度、压力等进行调节，使之满足航天器测试及技术人员工作的要求。大部分工作场所要求，温度为（20±5）℃；相对湿度小于等于70%；洁净度根据工作对象不同要求不一样，对于光学卫星等设备来说，洁净度要求优于 7 级（10000 级）。空调系统的设备一般包括进/回风设备、空气过滤设备、空气热湿处理设备、空气输送设备、冷热源设备及控制设备［多采用可编程控制器（Programmable Logic Controller, PLC）］等。

加注供/制/配气设备实际上包括推进剂加注系统和气体制备、配送系统，由于专业较近且工作中专业耦合性较强，因此一般统称为加注供气系统。推进剂加注系统主要作用是把推进剂由贮罐运送进运载器推进剂贮箱。推进剂加注设备一般包括控制设备（如 PLC）、加注泵、变频器、温度/压力传感器、流量计、管路信号器、减压器、过滤器、各类阀门（包括气动阀、电动阀及手动阀）及管路等。气体制备系统相对比较独立，一般采用独立成套的设备完成气体的制备工作，制备完的气体存储在大型气体贮罐中。以氮气为例，通常以液氮方式存储；需要使用时，通过液氮车等设备运输至目标场所，转存入目标场所配置的气瓶中；然后，通过配气台、配气管路等设施设备将气体进行调压、分流至各供气点。供气系统在运载火箭测试发射过程中，主要用于火箭贮箱气检、增压，箭上气瓶充气，加注过程中管路气密性检查及气动阀门驱动等。供气系统一般包括气瓶、配气台、配气管路及相应的阀门。由于制备气设备大部分为成套独立系统，且与发射场配气系统之间一般不直接连接，因此本书不对制备气设备进行详细讲解，仅作为独立设备系统进行使用。

供配电及接地系统，主要负责为测试、发射提供满足用电指标要求的电源及提供符合测试要求的接地。供配电系统由配电系统、照明系统及接地系统组成。在设备控制中，主要需要考虑三相不平衡、提高功率因数等。

给排水及消防系统，主要负责从水源处通过自然压力或加压泵，由给水管线分别向消防系统、雨淋系统、室内外消火栓系统及生活用水系统供水，并由排水管线将废水排至指定地点。其一般包括泵、压力表、水位计、阀门以及管线等。另外，消防系统一般还包括火灾自动报警系统、水消防系统和普通灭火设备。

地勤远控系统，通过地勤远控台远距离控制摆杆、消防、瞄准窗、整流罩空调等地勤子系统动作（远程关闭瞄准窗；摆杆系统强脱机构强脱，摆杆强制摆开，油泵停泵；消防系统干管阀、导环阀、底环阀开启；整流罩空调关机），采集各子系统的检测信息并通过网络上传至指挥监测系统，完成发射场地面设备的远程控制及远程信息监测功能。通常情况下，运载火箭发控台与地勤远控台之间有数据连接，可通过运载火箭发控台实施部分或全部的设备远控控制。地勤远控系统设备主要包括上位机［多采用工控机（Industry Personnel Computer, IPC）］、下位机（多采用 PLC）及控制网络。

指挥监测系统，主要用于发射流程的组织指挥，监视有关岗位设施设备的工作状态，采集、处理和显示各系统测试数据并向上一级指挥所进行传输。该系统能够综合箭、地各系统数据信息并有机融合,实现各系统测试数据和监控信息的实时采集和综合利用,为指挥人员提供功能完善的测发指挥监测平台,为各级指挥、决策提供综合信息支撑。

测控系统,主要用于火箭离开发射架前起飞漂移量及火箭初始段弹道、姿态测量和遭遇事件的实况记录,向测发远控中心和指挥中心提供火箭飞行实况和遥测信息。

通信系统,主要包括指挥调度、指挥电视、时间统一及传输交换等分系统。指挥调度分系统主要应用于各级指挥所及其下属点号间的指挥口令调度信息的传送与接收。调度指挥采用分级指挥方式,对所属系统实施直接指挥。指挥电视分系统实现对各测试间及重点部位视频监视和发射场多路实况图像信息的采集、记录及传输。时间统一分系统中,起飞信号控制台接收时统中心站的时间信息,根据箭下触点和火箭发控台的信号产生蜂音和发射 T0 数据信息,并负责将蜂音和 T0 分发传送。传输交换分系统主要完成测试发射、测量控制、调度指挥、时间统一、指挥电视、协同通信的各种信息和指令的传输。

气象系统,主要用于发射场及周边风向、风速、温度、湿度、大气压、降水量等气象要素的观测及测量,为发射任务提供气象服务。其一般包括浅层风测量系统、自动气象观测站、吊装作业近地面气象要素显示系统和信息传输处理系统等。实施火箭发射时,需要考虑风、雷电、高空电场等多种气象因素。

航天发射场是一个非常庞大的系统,其专业门类多且复杂。因此,本书主要侧重于航天发射场测发系统设施设备的控制,尤其针对测试、发射过程中用到的空调、加注供气、发射塔等设施设备的原理及控制方式,对指挥监测、通信、测控、气象等系统设备不再涉及,感兴趣的读者可参考相关专业书籍。发射场测发系统设备知识图谱如图 1-3 所示。

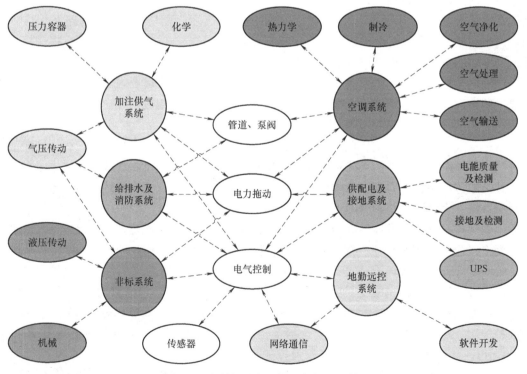

图 1-3 发射场测发系统设备知识图谱

1.4 发射场设备控制

1.4.1 设备控制典型结构及开发流程

发射场设备控制是一种设备过程控制,以自动控制理论和计算机技术为基础。其具体内容包括自动控制理论、过程输入输出、人机接口、通信网络及工业总线、软件及干扰抑制等技术。

在实践工作中,通常选用成熟的工业技术来实现,如工业控制计算机、工业控制器(如 PLC)、变频器、工业总线及网络(如 PROFIBUS-DP、CAN、RS-422/485 等总线,工业以太网)等。一个典型的发射场设备控制系统结构如图 1-4 所示。

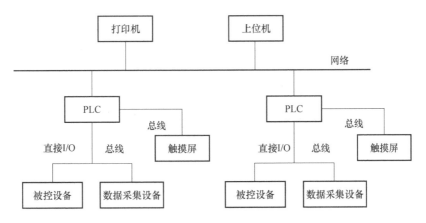

图 1-4 典型的发射场设备控制系统结构

如图 1-4 所示,使用 PLC 采集现场设备状态、数据等信息,并通过输出模块(或总线,如变频器可通过总线进行控制)对被控设备进行控制。使用触摸屏等人机交互(Human Machine Interface,HMI)设备在现场对系统运行状态进行控制及监测。上述所有信息及控制操作均可通过网络与远端上位机系统进行连通,通过上位机上构建的监控与数据采集(Supervisory Control And Data Acquisition,SCADA)系统进行相关操作。这种系统主要采用了以 PLC 为核心的设备控制模型构架,充分利用了 PLC 的高稳定、高可靠性和技术成熟、故障率低等优点,这也是主流工业控制系统较常采用的控制方式。

典型的控制系统设计流程可分为,需求分析、工艺设计、系统设计、设备选型、软件编制及系统安装调试。上述过程工作内容及顺序可以根据实际需要进行适应性调整。一般而言,在工艺设计的过程中就可进行设备选型论证。因此,系统设计开发时,一般按照"系统总体设计"→"硬件系统配置"→"软件系统设计"→"系统设计中的问题及解决方法"这种结构进行组织。"系统总体设计"相当于对设计任务的需求进行分析,确定工艺过程和条件,确定系统采用的控制架构及控制设备选型部分内容。

1.4.2 设备控制实例

本节以某发射塔架消防系统为例。消防系统是航天发射场大量使用的一种系统。其主要作用是，当特定区域触发消防条件（感温、感烟或推进剂浓度超标）时，开启消防水网阀门对目标区域实施喷/注水动作，主要由管路、阀门、水泵及电控系统构成。

某发射塔架消防系统，主要由消防环系统（含控制系统）、消防雨淋系统、消火栓系统组成。消防系统主干管是由水泵房引出的一根 400mm 镀锌钢管，该管首先从水泵房引至塔架阀门间，经手动闸阀和电动总阀后分为多个支路，其中部分几路分别经过气动阀、手动阀后通往各消防环；另两路则经过手动阀送往各层消火栓。塔架消防系统的主要作用是，当火箭在塔架测试发射过程中，发生故障引起塔架或火箭发生火灾时，对塔架实施水淋消防。某典型系统结构图如图 1-5 所示。

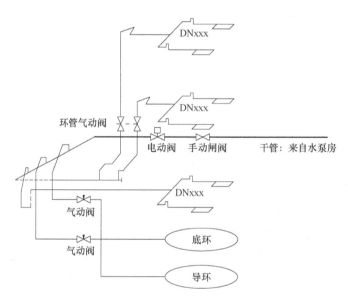

图 1-5　典型的发射塔架消防系统结构图

由于消防系统控制点数较少，因此一般采用 PLC 从站的模式采集数据、驱动阀门动作，与其他地勤系统共用 1 套主站控制器（见图 1-6）。

在塔架前端配置了 PLC 从站，其主要功能如下：

① 通过 I/O 模块采集前端阀门状态（开度、开闭状态等）、对电/气动阀进行驱动控制（手动阀一般由工作人员操作，不对其进行控制）。

② 通过接口模块将实时状态数据发送到控制网络，供远控中心 PLC 主站和前端消防系统 IPC 使用，同时接收来自前端 PLC 主站和 IPC 的数据，执行阀门开闭动作。

③ 接收前端按钮输入，点亮前端消防控制柜指示灯。

PLC 主站一般与地勤远控等系统共用控制器，消防部分主要功能如下：

① 接收消防远控台上的输入并进行处理。

② 与 PLC 从站通信，获取数据或进行控制。

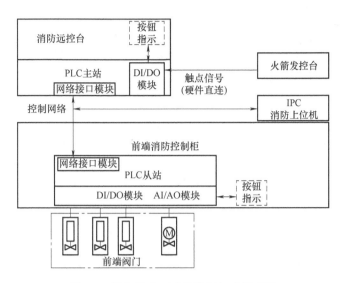

图 1-6　塔架消防环系统控制组成原理图

③ 接收火箭发控台的"消防"信号，启动塔架消防。

PLC 主、从站直接通过网络进行通信，需要物理上实现联通。开发时，一般在硬件组态时对网络进行配置，软件则是主、从站在同一个项目中开发完成的，主要使用梯形图、STL 等语言开发。各 PLC 厂商开发环境不同，同一类开发语言的使用也有不少差异。以 I/O 点为例，德国西门子公司以 I 和 Q 表示数字输入和输出，而日本三菱公司的 PLC 则使用 X 和 Y，国产超御 PLC 则选择对标西门子产品技术，因此变量命名也是采用 I 和 Q 表示数字量输入和输出。这些需要在开发中特别注意。但是，控制系统开发的总体思路和步骤基本是一样的，具体可参照后面相应章节内容。需要注意的是，与在计算机上使用高级语言开发程序不一样，PLC 程序与电气系统电路密切相关，必须在电气电路连接关系确定后，方可进行开发；如果电气连接关系变了，程序必须相应进行调整。

图 1-7 和图 1-8 所示分别为使用中电智科超御 PLC 和使用西门子 PLC 开发的消防控制梯形图程序（片段）。

可以看到，即使使用不同的 PLC 产品，对于设备控制的逻辑来说差别也不大。因此，在进行设备控制系统设计开发时，应该把主要精力放在设备工艺的梳理上。需要说明的是，图 1-8 与图 1-7 所示的梯形图的不同之处在于，使用西门子 PLC 时使用了变量（符号表）对地址（如把 I0.0 定义为变量"LocalControlEnable"，说明为"近控允许"）进行了重新命名，程序可读性更强。

IPC 一般位于远离消防控制柜的值班场所，运行由组态软件开发的消防监控系统，通过网络获取前端 PLC 的数据，并可发送相关控制指令，便于值班员掌握当前设备工作状态、执行相关控制动作。组态软件开发工具通常需要外购，常用的组态软件包括国外的 InTouch、iFix、WinCC，以及国产的组态王、ForceControl、MCGS 等。组态王软件在国内市场占有率非常高，图 1-9 所示为利用组态王软件开发的一个消防监控系统示例。

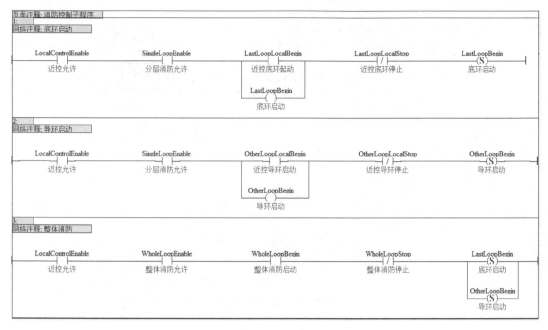

图 1-7　使用中电智科超御 PLC 开发的消防控制梯形图程序（片段）

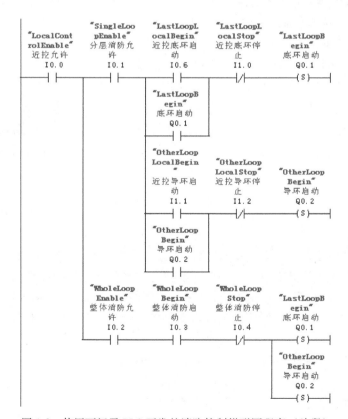

图 1-8　使用西门子 PLC 开发的消防控制梯形图程序（片段）

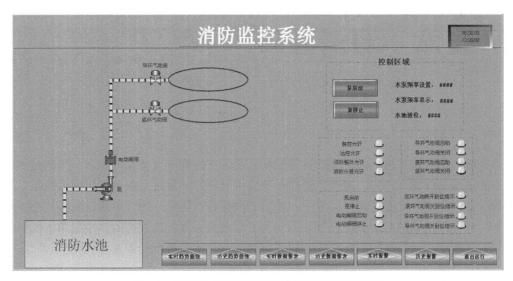

图 1-9　利用组态王软件开发的消防监控系统示例

1.5　发射场设备控制发展趋势

航天技术，一直站在各国科技发展的最前沿，引领着科技发展。火箭、卫星上使用了大量的新技术，如我国长征五号（CZ-5）运载火箭共突破了 12 大类 247 项新技术，刷新了我国液体运载火箭研制规模记录；我国墨子号量子科学实验卫星，就对量子通信技术进行了实验验证，突破了高精度跟瞄、星地偏振态保持与基矢校正、星载量子纠缠源等一系列关键技术。

航天发射场也是如此，设备规模由原来的单一产品配套向现在多产品综合配套演变，设施设备由最初的分散、非智能向现在的集中、智能化方向发展，设备监控以分散监控向集中监控演变，设备及软件由传统的功能型设备向自带健康监/检测、故障诊断、可靠性评估等功能的智能化设备转化，数据的分析由以人工为主向以计算机技术为主转变，技术由原来的以非标准、不成体系向现在的标准化、体系化转变；同时，由于工业控制技术的大量应用，近几年在工控领域发生了很多安全事件，如伊朗布什尔核电站（主要使用了西门子公司 PLC 产品）遭受"震网"病毒破坏事件，使得工控系统的安全性也日益受到重视，工控产品的国产化、工控产品的安全可信等技术也逐渐发展起来。

总之，随着技术的发展，航天发射场设备及其控制将会进一步向集中化、标准化及智能化方向发展。

第 2 章　测试基础

本章所讲的测试是指，为了让航天发射场地面各支持系统设备完成规定的工艺过程，对所需要的温度、湿度、压力、流量、位移、到位信号等物理量进行检测和传输的技术。对于发射场设备，温度、湿度、速度、压力、流量、位移等物理量一般需要通过各类传感器进行检测和传输并接入控制系统，由控制系统实现过程数据采集和监视控制。控制系统根据各物理量的变化情况和趋势驱动执行机构完成相应的动作，实现预设的工艺过程。

2.1　测试系统

发射场设备要完成特定的动作、实现预设的功能，首先需要对表征所处环境和自身状态的物理量进行测量并传送给控制装置，再由控制装置经过逻辑运算后通过总线驱动执行机构，完成工艺过程。这些对物理量进行测量、处理和传输的装置就组成了测试系统。

测试系统是指，为完成某种物理量的测量而由具有某一种或多种变换特性的物理装置构成的总体，具备对物理量进行传感、转换与处理、传送、显示、记录及存储等功能。测试系统一般由检测对象、检测装置和输出装置三部分组成，如图 2-1 所示。

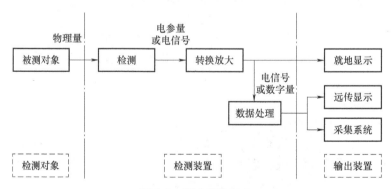

图 2-1　测试系统组成

检测装置由检测、转换放大、数据处理三个环节组成，一般分为传感器和变送器两类。传感器检测被测物理量，并按照一定的规律将其转换成可进一步处理的电参量或电信号；变送器对传感器检测到的信号进行转换处理或经 A-D 转换后，用微处理器实现非线性校正、温度补偿、信号分析处理，其输出信号为国际统一标准信号；输出装置将测量结果进行显示存储，提供给观察者，或者提供给采集系统（如计算机、PLC 等）做进一步分析处理，或者将测试结果进行打印输出。

2.2 传感器

根据中华人民共和国国家标准 GB/T 7665—2005《传感器通用术语》，传感器的定义为"能感受规定的被测量并按照一定的规律转化成可用输出信号的器件或装置"。传感器作为测试系统的第一个环节，担负着将非电物理量转换为电参量或电信号的任务，主要是获取有用的信号并将其转换为可以测量的变量或信号。

2.2.1 传感器的组成

传感器一般由敏感元件、转换元件、基本转换电路和辅助电源组成，如图 2-2 所示。

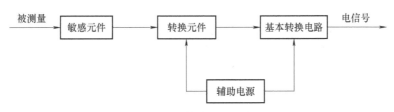

图 2-2 传感器的组成

敏感元件是能够直接感受被测物理量，并以确定关系输出另一物理量的元件。例如，金属热电阻传感器中的敏感元件是一个热电阻，它利用导体的电阻随温度变化的特性，通过测量温度变化时电阻值变化的大小来反应温度变化的情况。

转换元件的作用是将敏感元件输出的非电量转换成电阻值、电容量、电感量等电路参量，以及电流或电压等电信号。

基本转换电路将来自转换元件的电路参数进一步转换成便于传输、处理的电量。例如，热电阻温度传感器的基本转换电路是一个电桥电路，它将热电阻输出的电阻值变化量转换成一个电压或电流的变化量，并进行放大、滤波、运算等处理后，提供给显示仪表或控制器，从而参与到设备的控制过程中。

辅助电源为传感器的电信号输出提供能量。有些传感器，如磁电式速度传感器，由于输出的能量较大，不需要辅助电源也能正常工作。发射场设备使用的温湿度传感器、压力传感器、称重传感器均需外接电源才能工作，因此把辅助电源作为传感器的组成部分。

2.2.2 传感器的分类

在实际工程应用中，传感器的种类很多。同一种被测量可以用不同的传感器进行测量，而同种原理的传感器又可以测量多种物理量。一般按照传感器的用途、工作原理、输出信号的性质进行分类：

① 按照传感器用途分类，可分为位移传感器、压力传感器、速度传感器、温度传感器、湿度传感器、流量传感器、气敏传感器等。

② 按照传感器工作原理分类，可分为电阻式传感器、电容式传感器、电感式传感器、压电式传感器、霍尔式传感器、光电传感器、光纤传感器、热电式传感器等。

③ 按照输出信号的性质分类，可分为数字传感器、模拟传感器等。

2.3 变送器

工业控制系统中用于检测温度、湿度、压力、流量等工艺参数的设备几乎都是由传感器和变送器组合起来的。传感器将各种工艺参数，如温度、压力、流量、液位、成分等非电物理量，转换成可检测的电量参数。变送器则是将这些信号转换成统一标准的电压信号（如 1~5V）或电流信号（如 4~20mA），再传送到控制器或显示仪表。变送器是基于负反馈原理工作的，它主要由测量部分、放大器和反馈部分组成，如图 2-3 所示。

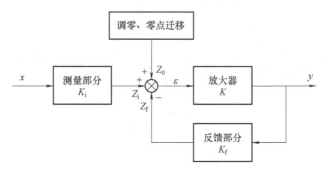

图 2-3　变送器构成原理

变送器的输入输出特性是反映其性能的重要指标，根据图 2-3 所示可以求得输入与输出的关系为

$$y = \frac{K}{1+K K_f}(K_i x + Z_0) \tag{2-1}$$

通常情况下，大多数反馈放大电路都满足深度负反馈条件，即 $|1+KK_f| \gg 1$，式（2-1）可近似变换为

$$y = \frac{K_i}{K_f} x + \frac{Z_0}{K_f} \tag{2-2}$$

由式（2-2）可知，变送器输出与输入之间的关系与测量部分的特性和反馈部分的特性有关，而与放大器的特性几乎无关。理想的变送器的转换系数 K_i 和反馈系数 K_f 为常数，其输入输出特性呈良好的线性关系，如图 2-4 所示。

根据输出信号类型不同，变送器可分为电压输出型和电流输出型两种。

（1）电压输出型

早期的变送器大多为电压输出型，即将测量信号转换为 0~5V 或 0~10V 电压输出。但是电压输出型有两个严重的缺陷，即抗干扰能力差、信号不能远距离传输。这使得电压输出型变送器的使用受到极大的限制。

（2）电流输出型

电流输出型变送器将测量信号转换成电流输出，因电流信号不容易受到干扰，可用于远

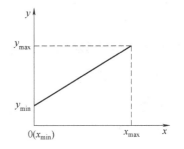

图 2-4　变送器理想输入输出特性

距离传输。工业上最广泛的应用的标准模拟量电流信号是 4~20mA 直流电流。选择 20mA 作为上限是因为 20mA 的电流通断引起的火花能量不足以引燃瓦斯，满足防爆要求。变送器正常工作时电流不会低于 4mA，当传输线因故障断路，环路电流会降为 0。因此，使用 4mA 作为零电平，将 0mA 作为断线检测的依据，常取 2mA 作为断线报警值。

变送器工作时需要外部电源供电，根据工作原理和结构分为二线制、三线制和四线制，如图 2-5 所示。四线制变送器有两根电源线和两根信号线，三线制变送器的电源负端和信号负端共用一根线，二线制变送器只有两根外部接线，它们既是电源线又是信号线。二线制变送器的接线少，传送距离远，在工业中应用最为广泛。

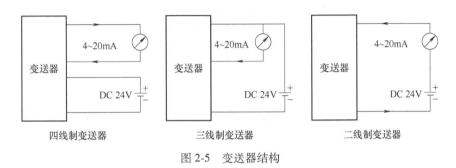

图 2-5　变送器结构

新型的变送器可提供多种通信协议接口，如 Modbus、HART、DE、Brain 等。

信号就是载有一定信息的表现形式，信息是信号的具体内容。经传感器测量的信号，通常是比较微弱的电信号，需要进行放大；或是需要把传感器输出的电参量进一步转换为电量，同时也需要对信号传输过程中的干扰进行处理，因此这些信号一般不能直接应用。对传感器输出信号进行放大、转换、处理的过程称为信号的调理，包括信号隔离、采样、滤波、放大等具体过程。

2.3.1　信号隔离

在测试控制系统中，由于传感器输出的信号非常微弱并且变化缓慢，需用直接耦合放大器放大。放大电路的性能对系统的测试控制的精度起着关键作用。在远距离信号传输的过程中，由于传输的信号既有微弱到毫伏级、微安级的小信号，又有几十伏，甚至数千伏、数百安的大信号；既有低频直流信号，也有高频脉冲信号等，常常在传输中会出现互相干扰的现象，甚至将有用信号淹没，造成系统无法正常工作。出现这种情况除了系统本身的性能原因（如抗电磁干扰影响）外，还有个十分重要的原因就是强干扰的引入使放大电路的输出受到干扰，从而造成信号传输过程中失真。信号隔离器是一种信号隔离装置，可将输入的电流或电压信号，变送输出为隔离的电流或电压信号，并提高输入、输出及电源之间的电气隔离性能。它是从电路上把干扰源和易受干扰的部分隔离开来，有效解决信号传输过程中的"接地环路"等强干扰问题，从而达到隔离干扰的目的。当前集成的信号隔离放大器主要有变压器耦合式、光电耦合式和电容耦合式这三种实现信号隔离的途径。

（1）变压器耦合式

隔离变压器是使用历史最悠久的隔离器。它的频率范围和动态范围宽、稳定性好，是一种理想的隔离器件。由于两个不同的接地点总会存在一定的电位差，就会形成地环路电流，地环路电流会对信号电路直接产生干扰。采用隔离变压器可以截断地线环路，有效阻隔环路电流。

由于变压器采用绕组，通过绕组之间分布电容可以形成地环路，因此变压器不能直接放大直流信号或频率很低的交流信号。在变压器耦合式隔离放大电路中，它的输入端将输入电压与一个具有较高的固定频率信号混合（即为调制），经变压器耦合后，在输出端将调制信号恢复为原始信号（即为解调）后输出。这样就可以传输直流信号或低频率信号。

（2）光电耦合式

光电耦合器是将发光器件和光电器件封装在一个管壳内，发光器件和光电器件之间无导线连接，利用光实现耦合，因此它既能传输信号又截断了接地环路干扰。

光电耦合传输信号的精度比较差，在模拟系统中很少采用。在数字信号系统中，只需要考虑逻辑电平，而对电平的精度要求不高，因此在数字信号系统中普遍采用。由于光电耦合式可以直接传送直流信号，所以不需要调制和解调，电路比较简单。但是它也存在线性度较差、特性受温度变化大、稳定性较差等缺点。

（3）电容耦合式

微小电容量电容器有隔断直流和低频信号，而允许高频信号通过的作用。与变压器耦合式和光电耦合式相比，电容耦合式的隔离放大器容易制造。但是，为了确保高绝缘阻抗，电容的电容量不能过大。由于隔离噪声会加到这个电容上，所以采用两个微小电容量的电容器差动使用的方式，会在电路上存在适当的隔离噪声。

2.3.2　信号采样

用离散化的样本值表示连续信号的过程就是采样过程。信号采样就是把连续信号在时间上离散化，按照一定时间间隔 Δt 在连续信号 $x(t)$ 上逐点采取信号的瞬时值。它是通过采样脉冲和模拟信号相乘来实现的。采样使连续向离散的过渡成为可能，并使得离散时间系统处理连续时间信号成为可能，采样在连续时间信号和离散时间信号之间起到了重要的桥梁纽带作用。

对于信号采样，采样率的选择是一个重要因素。对一个连续的信号，如果采样间隔小，即采样率高，得出的离散信号就越逼近原始信号，采样的信息量获得的较多，控制效果也会比较好，但给计算机处理增加了不必要的计算负担。反之，如果采样间隔大，即采样率过低，则系列的离散时间信号也许不能真正反映原始信号的波形特征，会出现较大的误差，在频域处理时会出现频率混淆现象，又称为混叠。不同的采样率，会得到不同的信号采样结果。

在香农采样定理中，当采样频率 f_s 大于或等于信号中最高频率 f_{max} 的 2 倍（$f_s \geq 2f_{max}$）时，采样之后的信号才可以完整地正确恢复原始信号中的信息，否则会出现频率混叠的现象。

在给定的采样频率 f_s 条件下，信号中能被分辨的最高频率称为奈奎斯特频率，与之对应的采样间隔称为奈奎斯特间隔。奈奎斯特频率为

$$f_{Nyq} = f_s/2 \tag{2-3}$$

低于奈奎斯特频率的采样，称为欠采样；高于奈奎斯特频率的采样，称为过采样。

1924 年奈奎斯特（Nyquist）就推导出在理想低通信道的最高码元传输速率的公式：

$$B = 2W \tag{2-4}$$

式中，W 为理想低通信道的带宽（Hz）；B 为最高码元传输速率（baud，波特），1baud 指每秒传送 1 个码元。

理想信道的极限信息速率（即信道容量，单位为 bit/s）为

$$C = B\log_2 N \tag{2-5}$$

2.3.3　信号滤波

选取信号中感兴趣的频率成分，衰减或抑制掉其他不需要的频率成分，这个过程称为滤波。从原理上分为模拟滤波和数字滤波，这是两种常用的滤波方法。

滤波器的基本作用就是选择频率分量，也就是允许信号中需要的频率成分通过，抑制或衰减掉不需要的频率成分。滤波器就是将有用的信号与噪声进行分离，达到提高信号抗干扰性的目的。

1. 理想滤波器

在理想的频率选择性滤波器中，允许信号完全通过它的频率范围称为频率通带；被它抑制或完全衰减掉的信号频率范围称为频率阻带；截止频率就是通带与阻带的交界点。

理想滤波器按照能够通过的频率范围可以分为低通、高通、带通和带阻四类滤波器。低通滤波器就是允许信号中的低频部分通过而抑制信号的高频部分；与之相反，高通滤波器是允许高频信号通过，低频信号被抑制；带通滤波器是允许信号中某段频率成分通过而抑制其余频率成分；带阻滤波器正好相反，抑制信号中某段频率成分而允许其余频率成分通过。

理想滤波器在通带频段内应满足不失真的条件，也就是幅频特性为常数，相频特性是频率的线性函数，在阻带频段内幅频相频特性应该都等于零。

图 2-6 所示为这 4 种滤波器的幅频特性。

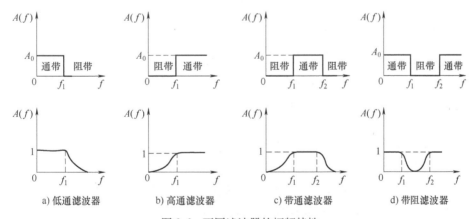

图 2-6　不同滤波器的幅频特性

（1）低通滤波器

如图 2-6a 所示，$0 \sim f_1$ 为通带频率，幅频特性平直，信号中低于 f_1 的频率成分不受衰减地通过，该段范围是通带；高于 f_1 的频率成分则被极大地衰减掉。

（2）高通滤波器

如图 2-6b 所示，高通滤波器与低通滤波器正好相反，通带频率为 $f_1 \sim \infty$，幅频特性平

17

直，该段范围是通带。它使信号中高于 f_1 的频率成分可以不受衰减地通过；低于 f_1 的频率成分就被极大地衰减掉。

（3）带通滤波器

如图 2-6c 所示，通带频率为 $f_1 \sim f_2$，它可以使信号中高于 f_1 而低于 f_2 的频率成分完全通过，幅频特性平直，而其他频率成分就被极大地衰减掉。

（4）带阻滤波器

如图 2-6d 所示，带阻滤波器与带通滤波器正好相反，其阻带频率为 $f_1 \sim f_2$，在该阻带之间的信号频率成分被衰减掉，而其他频率成分的信号则不受衰减地通过。

2. 实际滤波器

理想滤波器是理想化的模型，在物理上是不可能实现的，但是它对深入了解滤波器的传输特性起到了很大的帮助。在实际设计过程中，可以通过近似理想特性来实现各种滤波器的特性，做到对理想滤波器的无限逼近，以满足实际的需求。实际滤波器不可能同时得到理想的不变幅度和理想的相频特性，在通带和阻带之间会存在一个过渡带，没有明显的转折点，在通带与阻带频段也不平直。因此，实际滤波器通常采用幅度、截止频率、宽带和品质因素、滤波器因素来进行描述。通过对简单的 RC 低通滤波器、RC 高通滤波器和 RLC 带通滤波器的分析，发现实际滤波器与理想滤波器的性能相比还有一定的差距。

2.3.4 信号放大

一般来说传感器输出的电压或电流都比较小，将信号放大到伏级电压输出，通常都采用集成运算放大器构成的放大电路。传感器的输出信号可以分为共模和差模两部分信号。

理想运算放大器（见图 2-7）具备输入阻抗高、输出阻抗小及放大倍数无穷大等特点，主要有如下两个特点：

① 差模输入电压等于 0，同、反向输入电压相等（$U_{i+} = U_{i-}$），相当于同、反向输入端之间短路，称为"虚短"。

② 输入电流为 0，同、反向输入电流都为零（$i_+ = i_-$），相当于同、反向输入端都与运算放大器断开，称为"虚断"。这两点是分析理想运算放大器的基础。

集成运算放大器电路主要由输入级、中间级、输出级和偏置电路 4 部分组成。输入级多采用高性能差分放大电路。中间级是整个放大电路的主放大器，可以使集成运算放大器具有较强的放大能力。

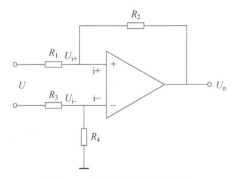

图 2-7 理想运算放大器电路

输出级采用互补输出电路，具有输出电压线性范围宽、输出电阻小、非线性失真小的特点。偏置电路用于设置集成运算放大器各级放大电路的静态工作点。

用集成运算放大器能组成很多信号调理放大电路，一般常用的有同相放大器、反相放大器、差动放大器、电荷放大器等放大器。

1. 同相放大器

同相放大器是一种常用的基本运算放大器电路，采用负反馈稳定总电压增益。这种放大器的特点是信号输入端阻抗非常高，输出阻抗很低，适用于高内阻的传感器和前置放大级。放大器的负反馈还可以起到增加输入阻抗，减小输出阻抗的作用。

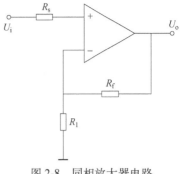

对于同相放大器，由于反馈回路至负相端，其放大倍数与输入信号没有关系，即使输入信号的内阻发生大幅变化，也不会将该变化引入到运算放大器的放大倍数中。根据基尔霍夫电流定律、虚断及负反馈放大器虚短的概念，可以得出增益。同相放大器电路如图 2-8 所示。

图 2-8 同相放大器电路

同相放大器的闭环电压增益为

$$\frac{U_o}{U_i} = 1 + R_f/R_1 \qquad (2\text{-}6)$$

2. 反相放大器

反相放大器电路具有放大输入信号并反相输出的功能。反相的意思是正、负号颠倒。在图 2-9 所示电路中，把输出 U_o 经由 R_f 连接到反相输入端的连接方法就是负反馈。根据基尔霍夫电流定律和虚地概念，得出这个放大器电路中输入与输出的关系即增益。

增益是 U_o 和 U_i 的比，即

$$\frac{U_o}{U_i} = -R_f/R_1 \qquad (2\text{-}7)$$

根据公式，增益仅与 R_f 和 R_1 电阻比有关系。也就是说，可以通过改变电阻值来改变增益。在具有高增益的运算放大器上应用负反馈，通过调整电阻值，就可以得到期望的增益电路。反馈电阻 R_f 值也不能太大，否则会产生较大的噪声及漂移，R_1 的取值应远大于信号源的内阻。

3. 差动放大器

差动放大器电路是将同相放大电路和反相放大电路组合构建而成的（见图 2-10）。图中，如果 $R_1 = R_3$，$R_2 = R_4$，则有

$$\frac{U_o}{U_i} = R_2/R_1 \qquad (2\text{-}8)$$

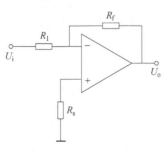
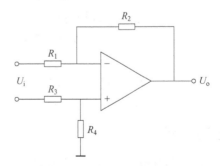

图 2-9 反相放大器电路   图 2-10 差动放大器电路

差动放大电路能有效放大交流信号，而且能有效地减少由于电源波动和晶体管随温度变

化引起的零点漂移。其最重要的功能就是抑制两路输入信号的共模干扰，常用于多级放大器的前置级。

4. 电荷放大器

电荷放大器就是输出电压与输入电荷成正比的一种放大器。这种放大器是利用电容器反馈，并具有高增益的一种运算放大器。放大器的反相输入端与传感器信号相连，输出经电容器反馈到输入端。由于放大器的直流输入电阻很高，传感器的输出电荷 Q 只对电容器充电，电容器上的充电电压就是电荷放大器的输出电压。

电荷放大器的输出电压与输入电荷成正比，与反馈电容器成反比，有

$$U_o = -\frac{Q}{C_f} \tag{2-9}$$

电荷放大器电路如图 2-11 所示。

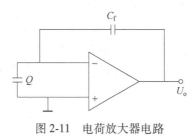

图 2-11　电荷放大器电路

2.4　常用物理量的测量

控制系统要完成特定的控制功能，需要将表征控制过程和执行状态的物理量进行检测、传输和显示，这些物理量主要包括温度、压力、流量等。例如，空调系统对卫星测试区的环境进行自动调节，需要测量测试区域内的温度、湿度作为输入量与设定目标值进行比较，再通过 PID 控制去驱动空调系统的热湿处理设备（如加热器、制冷器、除湿机等）完成温湿度的调节。加注系统需要对进入运载火箭贮箱的推进剂流量进行检测，以完成加注工艺过程的定量控制。

运载火箭在发射塔架进行吊装、对接时，塔式起重机系统需要检测吊钩与火箭的相对位置，反馈给控制系统，操作人员根据测量结果调整吊钩的高度和吊臂的角度，完成起吊和对接等一系列控制动作，系统工作过程中还需要对吊钩的极限位置进行检测，执行报警和保护动作。

由于被测物理量的范围广泛，种类多样，这里对发射场控制系统中几种常见被测物理量的测量原理及设备进行介绍。

2.4.1　流量的检测

流量检测设备是对液体、蒸汽和气体的流量进行计量的设备，一般称为流量计。流量计在发射场最典型的应用，是运载火箭推进剂加注系统的定量加注控制。流量计一般由传感器和变送器两部分组成，可以测量瞬时流量和累积流量。输出信号一般为脉冲信号或电流信

号，支持 RS-485、HATR、BRAIN 等多种通信协议。

1. 流量检测方法和分类

由于流体的温度、压力、形态等特性参数存在较大差异，需要采用不同的流量检测方法。这里采用体积流量检测和质量流量检测的分类方式对流量检测的方法和设备进行介绍。

（1）体积流量的检测方法

1）容积法。这种方法在单位时间内以标准固定体积对流动介质连续不断地进行度量，以排出流体固定容积数来计算流量。基于这种检测方法的流量检测仪表主要有，椭圆齿轮式流量计、旋转活塞式流量计和刮板式流量计等。容积法受流体的流动状态影响小，适用于测量高黏度、低雷诺数的流体。

2）速度法。这种方法是先测出管道内的平均流速，再乘以管道截面积求得流体的体积流量。用来检测管道内流速的方法主要有以下几种：

① 节流式检测方法。利用节流件前后的差压与流速之间的关系，通过差压值获得流体的流速，也称为差压式流量检测法。

② 电磁式检测方法。导电流体在磁场中运动产生感应电动势，感应电动势的大小正比于流体的平均流速。

③ 变面积式检测方法。它是基于力平衡原理，通过在锥形管内的转子把流体的流速转换成转子的位移，相应的流量检测仪表为转子流量计。

④ 漩涡式检测方法。流体在流动中遇到一定形状的物体会在其周围产生有规则的漩涡，漩涡释放的频率正比于流速。应用此方法的典型产品是涡街流量计。

⑤ 涡轮式检测方法。此方法的原理是，流体对置于管内涡轮产生作用力，使涡轮转动，涡轮的转动速度在一定的流速范围内与管内流体的流速成正比。

⑥ 声学式检测方法。此方法根据声波在流体中传播速度的变化可获得流体的流速。

⑦ 热学式检测方法。此方法利用加热体被流体的冷却程度与流速的关系来检测流速。基于此方法的流量检测仪表主要有热线风速仪等。

速度法有较宽的使用条件，可用于各种工况下的流体流量检测，其中有的方法还可用于对脏污介质流体的检测。但是，由于这类方法是利用平均流速计算流量，所以管路条件的影响很大，流动产生涡流及截面上流速分布不对称等都会给测量带来误差。

（2）质量流量的检测方法

质量流量检测可分为直接法和间接法两类。

1）直接法。直接法是利用检测元件，使输出信号直接反映质量流量。直接式质量流量检测方法主要有利用孔板和定量泵组合实现的差压式检测方法，利用同轴双涡轮组合的角动量式检测方法，基于科里奥利力效应的检测方法等。

2）间接法。用两个检测元件分别测出两个相应参数，通过运算间接获取流体的质量流量，主要的检测元件组合如下（q_v 为瞬时体积流量）：

① ρq_v^2 检测元件和 ρ 检测元件的组合。

② q_v 检测元件和 ρ 检测元件的组合。

③ ρq_v^2 检测元件和 q_v 检测元件的组合。

2. 差压式流量计

差压式流量计，是根据伯努利方程（能量守恒）和连续性方程（质量守恒）原理进行流量测量的流量计。在流体运动过程中，不同性质的机械能可以相互转换，但总的机械能守恒，差压式流量计正是利用了压能与动能的转换和守恒原理来测量流量的。差压式流量计按其检测件的作用原理，可分为节流式、动压头式、水力阻力式、离心式、动压增益式和射流式等几类，其中以节流式和动压头式应用最为广泛。节流式流量计结构简单、使用寿命长、适应能力强，对各种工况下的流体都能进行测量。这里以节流式流量计为代表对差压式流量检测设备的工作原理和使用方法进行介绍。

（1）节流式流量计组成

节流式流量计由节流装置、引压导管、差压变送器组成，如图 2-12 所示。节流装置安装于管道中通过减小流通截面积在节流装置前后产生压差，引压导管压差传送给差压变送器，变送器将压差转换为标准电信号（如 4~20mA）输出。

图 2-12　节流式流量计组成

（2）测量原理

在流体输送管道中安装一个节流装置，如孔板，当充满管道的流体流经管内节流元件时，流通截面积减小，使流束产生局部收缩；在压头作用下，流体加速，动能增加、静压下降，在节流装置前后形成压差。假设流体是理想流体和不可压缩的，在两截面之间，按伯努利方程和连续性方程就可导出不可压缩实际流体的流量方程。

质量流量按下式确定：

$$q_m = \frac{1}{\sqrt{1-\beta^4}} C\varepsilon \frac{\pi}{4} d^2 \sqrt{2\rho_1 \Delta P} \qquad (2\text{-}10)$$

体积流量按下式确定：

$$q_v = \frac{1}{\sqrt{1-\beta^4}} C\varepsilon \frac{\pi}{4} d^2 \sqrt{\frac{2\Delta P}{\rho 1}} \qquad (2\text{-}11)$$

式中，C 为流出系数，由雷诺数、直径比、差压和节流装置类型确定；ε 为流体经过节流装置后的流束膨胀系数，对液体来说 $\varepsilon=1$；ΔP 为节流装置上、下游取压口取的差压值（Pa）；ρ 为（在节流装置上游侧条件下）流体密度（kg/m³）；β 为孔板开孔直径与管道直径的比值，$\beta=d/D$，D 为测量管道的内径（m）；d 为节流装置的开孔直径（m）。

（3）节流装置

按标准化程度，节流装置分为标准型和非标准型两类。标准型节流装置符合 ISO 5167-2003 或 GB/T 2624—2006 中关于设计、制造、安装及使用方面的规范要求，使用时无须个别校准。非标准节流装置成熟度较差，尚未列入标准文件。

标准节流装置有标准孔板、标准喷嘴、经典文丘里管和文丘里喷嘴。由于标准节流装置的鉴定和试验大都基于水流量标准装置，因此更适合介质为水的流量计量。使用标准节流装置时流体的性质和状态必须满足以下条件：

① 流体必须充满管道和节流装置，并连续地流经管道。

② 流体必须是牛顿流体，即在物理上和热力学上是均匀、单相的，或者可以认为是单相的。

③ 流体流经节流装置时，不发生相态变化。

④ 流体流量不随时间变化或变化非常缓慢。

⑤ 流体在流经节流件前，流束是平行于管道轴线的无旋流。

非标准节流装置主要有低雷诺数节流装置、脏污介质节流装置、低压损节流装置、脉动流节流装置、临界流节流装置和混相流节流装置等。

（4）节流式流量计的选用

选用节流装置前应首先确定管道规格，而后根据管道内径和雷诺数选用合适的节流装置，同时应综合考虑测量工质的性质、测量精度、费用等因素。

节流式差压流量计的安装要求包括管道条件、管道连接情况、取压口结构、节流装置上下游直管段长度及差压信号管路的敷设情况等。其中，差压信号管路是差压流量计的薄弱环节、故障多发，因此对差压信号管路的配置和安装应高度重视。

3. 涡轮流量计

若将一个涡轮放在具有流体的管道内，其转速则取决于流体的流量。如图 2-13 所示，涡轮流量计涡轮转轴的轴承被固定在壳体上的导流器所支承，导流器为十字形叶片式结构，其作用是使流体顺着导流器流过涡轮，从而推动涡轮转动，通过测量转速便可确定对应的流量。设计中通过降低轴承摩擦并将其他损耗降至最小，可使涡轮转速与流量成线性比例关系。

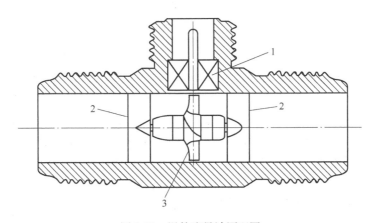

图 2-13　涡轮流量计原理图
1—可变磁阻式传感器　2—轴承支承和引流叶片　3—涡轮转子

涡轮转速是采用非接触式磁电传感器来检测的。该传感器为一套有感应线圈的永磁铁，线圈用交流电来激励。由于涡轮叶片是铁磁性材料，在涡轮转动时，叶片经磁铁下面时会改变磁路的磁阻，从而使传感器线圈输出一个电脉冲信号，脉冲频率与转速成正比。测量出脉冲频率，即可确定瞬时流量。另外，通过累计一定时间间隔内的脉冲数，还可求得这段时间内的总流量。由于是通过脉冲数字计数的方式来求得流量，因而这种测量方式精度很高。

体积流量与流体流速和流通管道的截面积有关，即

$$Q_v = uA \tag{2-12}$$

式中，Q_v 为流体的体积流量（m^3/s）；u 为流体平均流速（m/s）；涡轮转速与流经流量计的流体平均流速间的关系如下：

$$u = \omega R = 2\pi nR \tag{2-13}$$

$$n = \frac{u}{2\pi R}$$

式中，ω 为叶片旋转角速度（rad/s）；n 为涡轮转速（r/s）；R 为涡轮叶片的平均半径（m）。

由式（2-12）和式（2-13）可知，体积流量与涡轮转速成正比。若导磁的涡轮叶片数为 Z，则流量计输出的信号脉冲频率为

$$f = \frac{n}{2\pi} Z$$

由于涡轮转速 n 与流量计输出的脉冲频率成正比，因此常用流量计的仪表常数 ε 来表示频率与流量间的比例关系：

$$\varepsilon = \frac{f}{Q} \tag{2-14}$$

式（2-14）给出了流量计的频率与流量间的转换关系。

工业用涡轮流量计满量程流量范围为 $0 \sim 120 m^3/min$（液体）和 $0 \sim 40 m^3/min$（气体）。仪器出厂前以水作介质进行标定。在被测流体的运动黏度小于 $5 \times 10^{-6} m^2/s$ 时，在规定的流量测量范围内，可直接使用厂商给出的仪表常数 ε 而无须另行标定。但在液压系统的流量测量中，因被测液体运动黏度大，因而在厂商所提供的流量测量范围内便可能无法保持一定的线性关系，此时应重新对流量计进行标定，从而对每种特定的介质得到一种定度曲线，据此对测量结果作修正。

4. 涡街流量计

涡街流量计由传感器和转换器两部分组成。其中，传感器包括漩涡发生体、检测元件、仪表表体；转换器包括前置放大器、滤波整形电路、输出接口电路。

涡街流量计的原理：在流体流经通路中设置一个漩涡发生体，通常是截面为梯形的柱体。当流体流经漩涡发生体时，会在漩涡发生体后面两侧出现漩涡，这些漩涡交替出现，且与流速、漩涡发生体形状等有一定关系，这种漩涡被称为卡门漩涡。涡街流量计就是利用这种原理来设计生产的，如图 2-14 所示。

漩涡的频率 f 与流体的流速 v、漩涡发生体宽度 d 有关，具体关系如下：

$$f = Sr \frac{v}{d} \tag{2-15}$$

式中，Sr 为施特鲁哈尔（Strouhal）数，其值与参数 d 及雷诺数 Re 有关。雷诺数 Re 在一定范围（$2 \times 10^4 \sim 7 \times 10^6$）内时，$Sr$ 基本为定值。涡街流量计主要测量的是该范围内的流量。

式（2-15）中，Sr 为定值，d 已知，因此若可以测量 f 的值，就能够得到液体流速的值。测量频率 f 则是通过检测元件及处理电路等来实现的，具体请参阅相关资料，在此不再赘述。

5. 电磁流量计

电磁流量计的工作原理是电磁感应定律，用于导电性液体的流量计量。导体在磁场中切

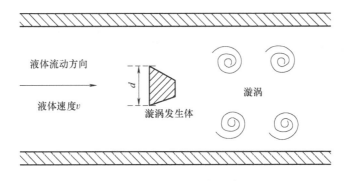

图 2-14　卡门漩涡现象示意图

割磁力线运动时在其两端产生感应电动势。导电性液体在垂直于磁场的非磁性测量管内流动，与流动方向垂直的方向上产生与体积流量成比例的感应电动势：

$$E = BDv \tag{2-16}$$

式中，E 为感应电动势（V）；B 为磁通密度（T）；D 为测量管内径（m）；v 为平均流速（m/s）。

将体积流量 $q_v = \pi D^2 v / 4$ 代入式（2-16）得

$$E = \frac{4B}{\pi D} q_v = K q_v \tag{2-17}$$

式中，K 为仪表常数，$K = 4B/(\pi D)$。

由式（2-17）可知，在管道直径确定、磁感应强度不变的条件下，体积流量与电磁感应电动势呈线性对应关系，而与流体密度、黏度、温度、压力和电导率等状态指标无关。

电磁流量计应用领域十分广泛。大口径仪表较多应用于给排水工程。中小口径仪表常用于固液两相流体等难测流体或高要求场所，如测量造纸工业纸浆液和黑液、有色冶金业的矿浆、选煤厂的煤浆、化学工业的强腐蚀液，以及钢铁工业高炉风口冷却水控制和监漏、长距高管道煤的水力输送的流量测量和控制。小口径、微小口径仪表常用于医药工业、食品工业、生物工程等有卫生要求的场所。

6. 质量流量计

质量流量计通常是指直接式质量流量计，即流量计检测装置的输出信号直接反映流体的质量流量，应用较多的是科里奥利（科式）质量流量计。流体在管道内流动时，管道内的流体在直线运动的同时还处于一个旋转系中，产生与质量流量成正比的科式力，只要测量出科式力，即可得出流量或总量。按检测管的形状和数量，科里奥利质量流量计主要有直管型、U 型、Ω 型、S 型、单管型、双管型等形式。

科里奥利质量流量计可用于液体和气体的质量流量测量、介质质量的控制和检测、密度测量，不受环境震动影响，并且免维护。

2.4.2　压力的检测

压力是航天发射过程中非常常见的一个物理量。无论是地面设备还是箭上设备，都离不开压力这一指标，如加注供气系统的供气压力、贮箱压力、贮罐压力，液压系统的油压，制冷系统的吸气压力、排气压力，通风空调系统的压差，消防系统的水压等。压力参数的测量和监视对控制过程格外重要。

工程上，压力通常指单位面积上所受的作用力，有三种表示方式：绝对压力 p_{abs}、表压力 p、负压或真空度 p_h。绝对压力是被测物体受到的实际压力，表压力和真空度是绝对压力相较于大气压力的差值。其相互关系如下：

$$p = p_{abs} - p_0 \tag{2-18}$$
$$p_h = p_0 - p_{abs} \tag{2-19}$$

式中，p_0 为被测物所在地的大气压力。

1. 压力检测的方法和分类

（1）测量的目的和应用场景

① 测量某一点的压力与大气压力之差，即表压力和真空度，前述各系统中所监测的压力大多为表压力。

② 测量两点间的压力差，如通风空调系统对过滤器前后、风机前后的压力差进行测量，以表征过滤器是否堵塞或风机是否正常运转。

（2）不同检测方法的压力敏感元件和变送器原理

① 液柱式压力检测。此种方法根据流体静力学原理，把被测压力转换成液柱高度进行测量。常用的设备有 U 形管或单管。常用的液体有水、水银、酒精或甲苯。

② 弹性式压力检测。此种方法通过对弹性元件受力后的变形量进行测量，获得被测压力值。常用的弹性元件有弹簧管、弹性膜片和波纹管等。

③ 电气式压力检测。此种方法利用敏感元件的应变效应、压电效应等物理特性将被测压力转换成电阻、电荷、电容等电量信号进行测量。

④ 活塞式压力检测。此种方法基于静压平衡原理，通过液体传递压力，将被测压力转换成活塞面积上所加平衡砝码的质量来进行测量。

工程上应用较多的是弹性式压力检测仪表和电气式压力检测仪表。其中，弹性式压力检测仪表一般用于就地显示，电气式压力检测仪表用于远传。下面主要对这两类压力检测设备进行介绍。

2. 弹性式压力检测仪表

此类仪表利用各种形式的弹性元件作为压力敏感元件，把压力转换为弹性元件的位移进行测量。弹性元件变形产生的位移与所受压力值成比例，该位移通过齿轮机构进行放大即可带动指针转动，就地在刻度盘上显示被测压力值，如图 2-15 所示。常用的测压弹性元件主要有膜片、波纹管和弹簧管。

弹性式压力检测仪表结构简单、使用可靠、价格低廉，能够就地显示被测压力值，可测量范围广，广泛应用于工业现场的压力检测。

选择使用弹性式压力检测仪表时，在测稳定压力时，最大压力值不应超过满量程的 3/4；测波动压力时，最大压力值应不超过满量程的 2/3；测高压压力时，最大压力值不应超过满量程的 3/5。同时，为保证测量的准确度，最低测量压力值应不低于满量程的 1/3。

3. 电气式压力检测仪表

电气式压力检测仪表，即通常所说的压力传感器、压力变送器，是把压力敏感元件检测的压力值转换为标准电信号进行传输的压力检测仪表。根据压力检测原理，将其分为应变式压力传感器、压电式压力传感器和电容式压力传感器等。

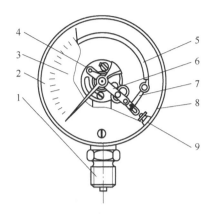

图 2-15 弹簧管压力表原理

1—接头 2—衬圈 3—刻度盘 4—指针 5—弹簧 6—传动机构 7—连杆 8—表壳 9—调零装置

（1）应变式压力传感器

应变式压力传感器，是利用电阻应变片作为转换组件，当应变片受外力作用时，其电阻值发生变化，通过电桥将电阻值变化转换为电流信号输出，即可测量出被测压力的大小。

应变片由金属导体或半导体材料制成，一般需要将应变片粘贴在弹性元件上一起使用。应变片式压力传感器测量精度较高，测量范围可达到几百兆帕。

（2）压电式压力传感器

压电式压力传感器，是利用压电材料的压电效应，将被测压力转换成电荷输出的传感器。压电材料在压力作用下内部会发生极化，在两个表面上产生符号相反的电荷，通过变送器将电荷量放大转换成电流或电压信号输出，即可测量出被测压力。

常用的压电材料有石英晶体、压电陶瓷、高分子压电薄膜等。压电式压力传感器结构简单、体积小、量程大、线性度好，但是对变送器要求较高。

（3）电容式压力传感器

电容式压力传感器，是利用弹性电极在输入压力的作用下产生位移，根据其电容量变化而输出的一种压力传感器。

电容式压力传感器结构紧凑、灵敏度高，有较强的抗过载能力，测量精度高，可用于压力测量和差压测量。

2.4.3 温度的检测

温度测量方法一般可分为接触式测温法和非接触式测温法，这两种方法都是基于热平衡原理的。测量时，接触式温度计通过热传导和热对流（非接触式温度计通过热辐射），使已知热特性的物体同未知物体达到热平衡状态，在达到稳定状态之后便可以知道待测物体的温度。

发射场空调系统常使用接触式温度计等装置测量被测点的温度，通过变送器接入控制系统，再进行负反馈控制其送风量和温湿度。除此之外，发射场中常见的还有利用液体的体积变化来指示温度的玻璃液体温度计，如发射场室外温度、液压系统油液温度的测量。

常用的接触式测温设备有膨胀式温度计、热电阻温度计和热电偶温度计。常用的非接触式测温设备有辐射式温度计。

1. 膨胀式温度计

膨胀式温度计以材料的热膨胀行为作为工作基础，更准确地说，是以两种不同材料的热膨胀差为基础。三种物态（固态、液态、气态）的介质均可用作敏感元件或在敏感元件中作为膨胀体。最常见的是利用液体的体积变化来指示温度的玻璃液体温度计，还有利用两种金属的热膨胀差来测量温度的双金属温度计和利用蒸汽压变化来测量温度的压力式温度计。

玻璃液体温度计常用的液体为汞、酒精和甲苯等。温度变化时毛细管内液面直接指示出温度。精密温度计几乎都采用汞作测温媒质。玻璃汞温度计的测量范围为−30~600℃；用汞铊合金代替汞，测温下限可延伸到−60℃；某些有机液体的测温下限可低达−150℃。这类温度计的主要缺点是，测温范围较小，玻璃有热滞现象（玻璃膨胀后不易恢复原状）、露出液柱要进行温度修正等。

双金属温度计把两种线膨胀系数不同的金属组合在一起，一端固定，当温度变化时，因两种金属的伸长率不同，另一端产生位移，带动指针偏转以指示温度。工业用双金属温度计由测温杆（包括感温元件和保护管）和表盘（包括指针、刻度盘和玻璃护面）组成。测温范围为−80~600℃。它适用于工业上精度要求不高时的温度测量。

压力式温度计有工业用压力表式温度计、定容式气体温度计和低温下的蒸气压温度计三种。

2. 热电阻温度计

热电阻温度计根据导体或半导体的电阻随温度变化的规律来测量温度。最常用的热电阻温度计都采用金属丝绕制成的感温元件，主要有铂热电阻温度计和铜热电阻温度计，低温测量时还使用铑、铁、碳和锗热电阻温度计。

（1）铂热电阻温度计

铂的物理、化学性能非常稳定，其电阻值与温度具有确定的对应关系，是目前制造热电阻的最好材料。

当温度 t 为 −200℃≤t≤0℃ 时，铂丝的电阻值与温度中间的关系如下：

$$R_t = R_0 \left[1 + At + Bt^2 + C(t-100)t^3 \right] \quad (2\text{-}20)$$

当温度 t 为 0℃≤t≤650℃ 时，铂丝的电阻值与温度中间的关系如下：

$$R_t = R_0(1 + At + Bt^2) \quad (2\text{-}21)$$

式中，R_t、R_0 分别为 t 和 0℃时的铂电阻值；A、B、C 为常数，与铂丝的纯度有关。

由式（2-20）和式（2-21）可知，铂丝的电阻值与温度和初始电阻 R_0 有关。工业上使用分度号来标记具有不同初始电阻的铂电阻，Pt10、Pt50、Pt100、Pt1000 分别对应初始电阻 R_0 值为 10Ω、50Ω、100Ω 和 1000Ω 的铂电阻。其中，以 Pt100 应用最为广泛。由于铂电阻性能稳定，其阻值和温度的对应关系可以通过分度表来查询，因此在使用时，只要测得铂电阻的阻值 R_t，便可查出对应的温度值 t。

铂电阻检测精度高、稳定性好。精密铂电阻温度计目前是测量准确度最高的温度计，最高准确度可达万分之一摄氏度，广泛用于温度基准、标准的传递和工业在线测量。在 −273.34~630.74℃ 范围内，它是复现国际实用温标的基准温度计。我国还广泛使用一等和二等标准铂电阻温度计来检定水银温度计和其他类型温度计。

铂电阻的主要缺点是电阻值与温度呈非线性关系，资源少、价格较高。

（2）铜热电阻温度计

由于铂是贵重金属，因此，铜电阻常用作替代产品，用于 $-50 \sim 150℃$ 温度范围内的温度测量且精度要求不高的场合。

铜电阻的阻值与温度之间的关系如下：

$$R_t = R_0(1+at) \tag{2-22}$$

式中，a 为铜的温度系数，$a=$（2.45~2.48）$\times 10^{-3}/℃$。由式（2-22）可知，铜的电阻值与温度呈线性关系。

工业上使用的标准化铜电阻有 Cu50 和 Cu100 两种，其阻值与温度的对应关系也可通过分度表查询。

铜电阻价格便宜、易于加工，且有较高的灵敏度。其主要缺点是易氧化，对使用环境有严格的要求，适用于无水分及侵蚀性介质的温度测量场合。

3. 热电偶温度计

热电偶温度计利用热电效应来测量温度，将温度转换为电势信号，是一种在工业上使用极广泛的测温仪器。

热电偶由两种不同的金属材料组成，两种材料的两端分别焊接在一起形成闭合回路，一端置于被测温度处形成工作端或热端；另一端与测量仪表相连，称为自由端或冷端。当工作端与自由端的温度不同时，回路中就会出现热电动势。通过测量热电动势的大小，就可以得出工作端的温度。

热电偶的热电动势大小由两种材料的接触电势和单一材料的温差电动势共同决定。接触电势是由于具有不同自由电子密度的金属材料相接触时的自由电子扩散现象而产生的。温差电动势是由于同一金属材料内部自由电子由高温端向低温端扩散而产生的。

接触电势表示为

$$e_{AB}(T) = \frac{kT}{e}\ln\frac{N_A}{N_B} \tag{2-23}$$

温差电动势表示为

$$e_A(T,T_0) = \int_{T_0}^{T}\delta dT \tag{2-24}$$

式中，$e_{AB}(T)$ 为电极 A 和电极 B 在温度为 T 时的接触电势；k 为玻尔兹曼常数；T 为接触面的热力学温度；e 为单位电荷量；N_A、N_B 分别为电极 A 和电极 B 的自由电子密度；$e_A(T,T_0)$ 为 A 材料两端温度分别为 T 和 T_0 时的温差电动势；δ 为汤姆逊系数，表示温度为 1℃ 时所产生的电势值，与材料的性质有关。

由两种金属材料组成的热电偶，其总热电势 $E_{AB}(T,T_0)$ 包含两种材料的温差电动势和两端的接触电势四个组成部分：

$$\begin{aligned}
E_{AB}(T,T_0) &= e_{AB}(T) - e_A(T,T_0) + e_B(T,T_0)\\
&= [e_{AB}(T) - e_{AB}(T_0)] - [e_A(T,T_0) - e_B(T,T_0)] \\
&= \frac{k}{e}(T-T_0)\ln\frac{N_A}{N_B} - \int_{T_0}^{T}(\delta_A - \delta_B)dT
\end{aligned} \tag{2-25}$$

整理可以得

$$E_{AB}(T,T_0) = \left[e_{AB}(T) - \int_0^T (\delta_A - \delta_B)\mathrm{d}T \right] - \left[e_{AB}(T_0) - \int_0^{T_0} (\delta_A - \delta_B)\mathrm{d}T \right] \quad (2\text{-}26)$$
$$= f(T) - f(T_0)$$

由式（2-26）可知，热电偶的热电势是 T 和 T_0 的温度函数的差，而不是冷热端温差的函数，其大小与两种电极的材料和冷热端的温度有关，而与电极的形状和接触面积无关。当自由端温度固定时（如 0℃），热电偶产生的电动势就由工作端的温度决定。

在实际使用过程中，热电偶的冷端温度并不一定恒定且为 0，因此需要对冷端进行处理和补偿。常用的补偿方法有补偿导线法、冷端恒温法、计算修正法和补偿电桥法。

4. 辐射式温度计

辐射式温度计为非接触式测量装置，所依据的测量原理是物体的热辐射理论。任何物体总是以一定的电磁波波长辐射能量，能量的强度取决于该物体的温度。通过计算这种在已知波长上发射的能量，便可获知物体的温度。由于是非接触式测温，因此测量装置不会干扰测量对象的温度分布。

辐射式测温方法主要应用在高温测量方面。工程中的高温一般指高于 500℃（约为 1000F）的温度。在高温范围，除了少数的热电偶和热电阻式温度计尚能被应用之外，其他的接触式温度仪器均不适用，因此要用到非接触式辐射式温度计。但反过来并不等于说，辐射式温度计仅适用于高温测量，同样它们也可被用于低温（小于 500℃）区域的测量，如红外辐射检测。

辐射式温度计本质上是专用于温度测量的光学检测器，通常分成两种类型：热检测器和光子检测器。热检测器是基于对温度升高的检测，这种温升是由于被测物体所辐射出的能量被聚焦在检测器靶面上而产生的。靶面的温度采用热电偶、热敏电阻和辐射温度检测器来检测。光子检测器本质上为半导体传感器，分为光导型和光电二极管型两种，它们直接对辐射的光做出响应，从而改变其阻抗或其结电流或电压值。

辐射式温度计也可根据测量的波长范围加以分类，如全辐射式辐射温度计和亮度式辐射温度计。全辐射式辐射温度计吸收全部波长或至少很宽的波长（如可见光波长）范围上的能量。而亮度式辐射温度计则仅测量特定波长上的能量。其中最常见的是红外辐射式探测器。

2.5 常用测试总线

2.5.1 通信与总线

1. 通信

通信的主要功能是将包含信息的消息从发送方有效地传递到接收方。

按照数据传输方式，可以分为串行通信和并行通信。串行通信是指通过一根数据线（时钟线或地线除外）进行数据位的分时、串行传输，以二进制的比特（bit）为单位，每次只传送 1bit，数据和通信信号都通过这根线按位传输，常见的有 RS-232/422/485、Modbus、CAN 等。其缺点是传输速度相对并行较慢；优点是需要的信号线少，适用于距离较远的场合。并行通信指数据通过多根数据线同时传输，一般以字节（1byte = 8bit）为单位进行数据的传输，计算机内数据、PLC 内部元件之间均采用并行数据传输方式。其优点是传输速度快；缺点是传输线较多、成本高，一般用于近距离的数据传送。

按照数据传输方向，可以分单工、双工两种。单工通信是指设备间沿单一方向发送或接收数据。即，通信双方中，发送的永远只能发送，接收的永远只能接收，数据的流向是单向的。双工通信是指，参与通信的每台设备既可以发送数据。也可以接收数据。根据同一时刻是否具备同时收发能力，双工通信又分为全双工通信和半双工通信两种。半双工通信是指通信的双方在同一时刻只能发送数据或接收数据，数据虽然可以双向流动，但是在同一刻，数据是单向流动的，这通常是由硬件上通信链路只有一组决定的。全双工通信指通信双方在同一时刻都能接收和发送信息，在链路上通常有收、发两个链路。在 PLC 通信中常采用全双工通信方式。

另外，还有个概念需要明确，即串行通信的异步与同步。

同步通信中，发送方和接收方应通常使用同一时钟来协调双方动作，要保持双方动作同步，如双方可以约定以时钟的上升沿为数据的发送、接收开始信号。或者，使用特殊的数据约定来同步双方的动作，如约定发送方连续发送 10 个高电平后开始数据发送，接收方在接收到 10 个高电平后，开始认为发送方发送的不再是同步信号而是数据，对各位进行接收并组合成字节。

异步通信时，需要给传输的内容加上开始信号（起始位）和停止信号（停止位），通信双方需提前约定信息格式和相同传输速率。发送方可以随时发送数据，接收方检测到停止位和起始位之间的下降沿后，将它作为接收的起始点，在每一位的中点接收信息（判断高低电平）。由于一个字符中包含的位数不多，即使发送方和接收方的收发频率略有不同，也不影响通信。

2. 总线

总线是信息系统、设备或设备部件之间传送信息的公共通信干线。通过总线，可以将上述设备连接起来，作为信息传输、数据共享的物理或逻辑通路。通常，总线既包括物理定义，即机械和电气接口；也包括逻辑定义，即数据传输握手、数据有效或应用规则等。以常见的 RS-485 总线为例，物理上需要两根线将两台设备连接起来，通信逻辑则采用主从模式，即每次通信都由主设备发起请求，从设备进行响应。

现场总线（Fieldbus）是一种应用于生产现场，在现场设备之间、现场设备与控制装置之间实行双向、串行、多节点数字通信的技术。常见的现场总线包括 CAN、PROFIBUS、RS-485/422、Modbus 及工业以太网等。

2.5.2　串行通信技术

1. RS-232

RS-232 接口总线是美国电子工业协会（Electronic Industries Alliance，EIA）1969 年公布的用二进制数据串行传送的一种标准接口。它的全名是"数据终端设备（DTE）和数据通信设备（DCE）之间串行二进制数据交换接口技术标准"。该标准规定采用一个 25 引脚的 DB-25 连接器，对连接器的每个引脚的信号内容加以规定，还对各种信号的电平加以规定。后来美国 IBM 公司的 PC 将 RS-232 简化成了 DB-9 连接器，从而成为事实标准。而工业控制的 RS-232 接口一般只使用 RXD、TXD、GND 三条线。现在大多数微机都配置了 RS-232 接口，用来与显示终端、电传扫字机或打印机等外围设备通信。智能仪器和数据采集系统常用 RS-232 接口与微机、显示器或打印机通信。RS-232C 接口（又称 EIA RS-232C）是目前最常用的一种串行通信接口。这里，RS-232C 中的 C 表示 RS-232 的一个版本，所以与 RS-232 简称一样。

在串行通信时，要求通信双方都采用一个标准接口，使不同的设备可以方便地连接起来进行通信。

RS-232C 接口总线是一种信号级兼容的外总线，其主要标准如下所述。

（1）信号电平和逻辑

由于远距离传输必然引入干扰，而且通信双方由不同电源供电，可能造成地电平差异。因此，RS-232 接口标准对信号电平制定了特殊规范。定义用±12V 标称脉冲电平实现信息传送，采用负逻辑。−15～−5V 为逻辑 "1"，+5～+15V 为逻辑 "0"。−3～+3V 为过渡区，接口传送出错。接口中采用了电平转换器以便与 TTL 电平兼容。

（2）串行通信字符格式

为简化接口硬件和可靠通信，RS-232C 严格规定了通信的字符格式，如图 2-16 所示，在异步通信中，使用起始位和停止位作为异步传送方式的起止标志。每个字符必须有起始位（1位低电平），用停止位（1位、1位半或2位高电平）结束，称为1帧。在起始位和停止位之间是 7 位数据（串行通信用 ASCⅡ 字符传送）和 1 位奇偶校验位。奇偶校验位用来检测发送端向接收端远距离传输中字符是否出错。

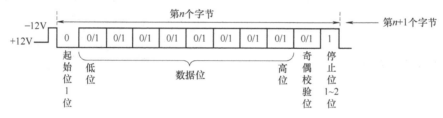

图 2-16　RS-232C 的字符格式

（3）数据传送速率

用波特率（也称为位速率）来描述数据传送的速率。其定义为每秒时间内传送串行字符的总位数，如每秒钟传送 30 个字符，每个字符由 10bit 组成，则数据传送速率为 300bit/s，而波特率或位速率为 300baud。

RS-232C 接口标准规定，波特率在 50～19.2Kbaud 共分 11 个等级，由用户按数据通信设备的快慢来选用。

RS-232C 的通信方式：TXD（发送数据）线和 RXD（接收数据）线是一对数据传输线。应答联络线包括，RTS（请求发送）线、CTS（清除发送）线、DSR（数据设备准备好）线和 DRT（数据终端准备好）线。串行数据通信分为半双工和全双工两种通信方式。发送和接收分时进行称为半双工通信方式；发送和接收同时进行称为全双工通信方式。全双工通信时，发送和接收同时进行，无须使用 RTS 和 CTS 两根线。有时通信双方随时准备数据交换，无须应答联络。

RS-232C 接口标准规定，两台设备直接相连的最远距离为 20m。若远距离通信，数字信号的传送速率将受线路分布参数影响。由于电话线专门传输音频信号，适合长线通信。RS-232 接口允许配用调制解调器用电话线来实现远距离通信。调制器用来把离散的数字信号变换成连续的音频信号；而解调器则用来把音频信号复原为数字信号。调制器和解调器及其控制器一般放在一个单元里，称为调制解调器（modem，俗称数传机）。

RS-232C 总线标准设有 25 条信号线，包括一个主通道和一个辅助通道，在多数情况下主要使用主通道。对于一般双工通信，其仅需几条信号线就可实现，如一条发送线、一条接收线及一条地线。RS-232C 标准规定的数据传输速率为 50、75、100、150、300、600、1200、2400、4800、9600、19200baud。

2. RS-422

RS-422 是一系列的规定，采用 4 线、全双工、差分传输、多点通信的数据传输协议，全称是"平衡电压数字接口电路的电气特性"，是由 RS-232 发展而来。RS-422 总线以差动方式发送和接收，不需要数字地线，改进了 RS-232 通信距离短、速率低的缺点。

RS-422 采用 4 线接口——2 根发送、2 根接收，分别标示为 R+、R−、T+、T−，同时还需要一根信号地线，因此实际是 5 根线。RS-422 电路由发送器、平衡连接电缆、电缆终端负载、接收器组成。RS-422 标准规定电路中只允许有一个发送器，由于采用 4kΩ 的高输入阻抗接收器，因此可以实现单对多通信，最多可接 10 个节点。需要注意的是，RS-422 网络中从设备只能和主设备通信，从设备之间不能通信。由于采用单独的发送和接收通道，因此不必控制数据方向，各装置之间任何必需的信号交换均可以按软件方式（XON/XOFF 握手）或硬件方式（一对单独的双绞线）进行。

RS-422 的最远传输距离为 4000ft[⊖]（约 1219m），最快传输速率为 10Mbit/s。其平衡双绞线的长度与传输速率成反比，在 100kbit/s 速率以下，才可能达到最远传输距离。只有在很短的距离下才能获得最快速率传输。一般 100m 长的双绞线上所能获得的最快传输速率仅为 1Mbit/s。

根据线传输理论，为减弱信号在电缆中的反射、增强信号强度，RS-422 需要在传输线路的最远端并接终端电阻，其阻值约等于传输电缆的特性阻抗，通常取 100Ω。对于传输距离小于 300m 的短距离传输场合，一般可不接终端电阻。

RS-422 的主要缺点是布线成本高、接线容易搞错，现在使用较少。

3. RS-485

智能仪表是随着 20 世纪 80 年代初单片机技术的成熟而发展起来的，现在世界仪表市场基本被智能仪表所垄断。究其原因就是企业信息化的需要，企业在仪表选型时的一个必要条件就是要具有联网通信接口。最初仪表是用数据模拟信号输出简单过程量；后来采用了 RS-232 接口协议。它可以实现点对点的通信方式，但这种方式不能实现联网功能；随后用 RS-485 接口协议解决了这个问题。

EIA RS-485 是 1983 年美国 EIA 发布的一个平衡传输标准（balanced transmission standard）。之后，EIA 与美国电信工业协会（Telecommunications Industry Association，TIA）联合推出标准 EIA/TIA-485。工程师及应用指南仍继续使用 RS-485 的称呼。

⊖　ft：英尺，1ft≈30.48cm。

RS-485 仅是一个电气标准，描述了接口的物理层，像协议、时序、串行或并行数据，而链路全部由设计者或更高层协议定义。RS-485 定义的是使用平衡（也称作差分）多点传输线的驱动器（driver）和接收器（receiver）的电气特性。

RS-485 采用差分信号负逻辑，+2~+6V 表示 "1"，-6~-2V 表示 "0"。RS-485 有两线制和四线制两种接线，四线制是全双工通信方式，两线制是半双工通信方式。在 RS-485 通信网络中一般采用的是主从通信方式，即一个主机带多个从机。很多情况下，连接 RS-485 通信链路时只是简单地用一对双绞线将各个接口的 "A" "B" 端连接起来，而忽略了信号地的连接。这种连接方法在许多场合是能正常工作的，但却埋下了很大的隐患，有如下两个原因：

① 共模干扰问题。RS-485 接口采用差分方式传输信号，并不需要相对于某个参照点来检测信号，系统只需检测两线之间的电位差。同时，收发器有一定的共模电压范围，RS-485 收发器共模电压范围为 -7~+12V，只有满足上述条件，整个网络才能正常工作。当网络线路中共模电压超出此范围时就会影响通信的稳定可靠，甚至损坏接口。

② EMI 问题。发送驱动器输出信号中的共模部分需要一个返回通路，若没有一个低阻的返回通道（信号地），就会以辐射的形式返回源端，整个总线就会像一个巨大的天线向外辐射电磁波。

RS-485 总线，在要求通信距离为几十米到上千米时，广泛采用 RS-485 串行总线标准。RS-485 采用平衡发送和差分接收，因此具有抑制共模干扰的能力。加上总线收发器具有高灵敏度，能检测低至 200mV 的电压，故传输信号能在千米以外得到恢复。RS-485 采用半双工工作方式，任何时候只能有一点处于发送状态，因此，发送电路须由使能信号加以控制。RS-485 用于多点互联时非常方便，可以省掉许多信号线。应用 RS-485 可以联网构成分布式系统，其允许最多并联 32 台驱动器和 32 台接收器。

2.5.3 PROFIBUS-DP

PROFIBUS 是符合德国标准 DIN 19245、欧洲标准 EN 50170 和国际标准 IEC 61158 定义的现场总线。ISO/OSI 模型也是它的参考模型。由 PROFIBUS-DP、PROFIBUS-FMS、PROFIBUS-PA 组成了 PROFIBUS 系列。DP 型用于分散外设间的高速传输，适合于加工自动化领域的应用。FMS 意为现场信息规范，适用于纺织、楼宇自动化、可编程控制器、低压开关等一般自动化；PA 则是用于过程自动化的总线类型，它遵从 IEC 1158-2 标准。该项技术是由西门子公司为主的十几家德国公司、研究所共同推出的。它采用了 OSI 模型的物理层、数据链路层，由这两部分形成了其标准第一部分的子集，PROFIBUS-DP 隐去了第 3~7 层，而增加了直接数据连接拟合作为用户接口。PROFIBUS-FMS 只隐去第 3~6 层，采用了应用层，作为标准的第二部分。PROFIBUS-PA 的传输技术遵从 IEC 1158-2 标准，可实现总线供电与本质安全防爆。

PROFIBUS-DP 用于现场层的高速数据传送，主站周期地读取从站的输入信息并周期地向从站发送输出信息。总线循环时间必须要比主站（如 PLC）程序循环时间短。除周期性用户数据传输外，PROFIBUS-DP 还提供智能化设备所需的非周期性通信以进行组态、诊断和报警处理。PROFIBUS-DP 特性如下：

① 传输技术，RS-485 双绞线、双线电缆或光缆。波特率从 9.6kbit/s 到 12Mbit/s。

② 总线存取，各主站间令牌传递，主站与从站间为主-从传送。支持单主或多主系统。

总线上最多站点（主-从设备）数为 126。

③ 通信，点对点（用户数据传送）或广播（控制指令）。循环主-从用户数据传送和非循环主-主数据传送。

④ 运行模式，运行、清除、停止。

⑤ 同步，控制指令允许输入和输出同步。同步模式，为输出同步，锁定模式，为输入同步。

⑥ 功能，DP 主站和 DP 从站间的循环用户有数据传送。各 DP 从站的动态激活和可激活。DP 从站组态的检查。强大的诊断功能，三级诊断信息。输入或输出的同步。通过总线给 DP 从站赋予地址。通过布线对 DP 主站（DPM1）进行配置，每个 DP 从站的输入和输出数据最大为 246byte。

⑦ 可靠性和保护机制，所有信息的传输按海明距离 HD＝4 进行。DP 从站带看门狗定时器（watchdog timer）。对 DP 从站的输入/输出进行存取保护。DP 主站上带可变定时器的用户数据传送监视。

⑧ 设备类型。第二类 DP 主站（DPM2）是可进行编程、组态、诊断的设备。第一类 DP 主站（DPM1）是中央可编程控制器，如 PLC、PC 等。DP 从站是带二进制值或模拟量输入输出的驱动器、阀门等。

PROFIBUS-DP 允许构成单主站或多主站系统。在同一总线上最多可连接 126 个站点。系统配置的描述包括，站数、站地址、输入/输出地址、输入/输出数据格式、诊断信息格式及所使用的总线参数。每个 PROFIBUS-DP 系统可包括以下几种不同类型设备：

① 一级 DP 主站（DPM1）。一级 DP 主站是中央控制器，它在预定的信息周期内与分散的站（如 DP 从站）交换信息。典型的 DPM1 如 PLC 或 PC。

② 二级 DP 主站（DPM2）。二级 DP 主站是编程器、组态设备或操作面板，在 DP 系统组态操作时使用，完成系统操作和监视目的。

③ DP 从站。DP 从站是进行输入和输出信息采集和发送的外围设备（I/O 设备、驱动器、HMI、阀门等）。

④ 单主站系统。在总线系统的运行阶段，只有一个活动主站。

PROFIBUS 支持主-从系统、纯主站系统、多主多从混合系统等几种传输方式。主站具有对总线的控制权，可主动发送信息。对多主站系统来说，主站之间采用令牌方式传递信息，得到令牌的站点可在一个事先规定的时间内拥有总线控制权，并事先规定好令牌在各主站中循环一周的最长时间。按 PROFIBUS 的通信规范，令牌在主站之间按地址编号顺序沿上行方向进行传递。主站在得到控制权时，可以按主-从方式，向从站发送或索取信息，实现点对点通信。主站可采取对所有站点广播（不要求应答），或有选择地向一组站点广播。

2.5.4 工业以太网

1. 协议系统

TCP/IP 是美国国防部（Department of Defense，DoD）高级研究计划局计算机网（Advanced Research Projects Agency Network，ARPAnet）和其后继因特网（Internet）使用的参考模型。ARPAnet 是由美国国防部赞助的研究网络。最初，它只连接了美国境内的四所大学。随后的几年中，它通过租用的电话线连接了数百所大学和政府部门。最终 ARPAnet 发展成为全球规模最大的互联网络——因特网。最初的 ARPAnet 于 1990 年永久性地关闭。TCP/IP 通常被认为是一个四层协议系统（见图 2-17），每一层负责不同的功能。

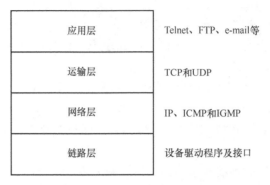

图 2-17 TCP/IP 族的四个层次

① 链路层，有时也称为数据链路层或网络接口层，通常包括操作系统中的设备驱动程序和计算机中对应的网络接口卡。它们一起处理与电缆（或其他任何传输媒介）的物理接口细节。

② 网络层，有时也称为互联网层，处理分组在网络中的活动，如分组的选路。在 TCP/IP 的协议栈中，网络层协议包括互联网协议（Internet Protocol，IP），互联网控制报文协议（Internet Control Message Protocol，ICMP），以及互联网组管理协议（Internet Group Management Protocol，IGMP）。

③ 运输层，主要为两台主机上的应用程序提供端到端的通信。在 TCP/IP 的协议栈中，有两个互不相同的传输协议：传输控制协议（Transmission Control Protocol，TCP）和用户数据报协议（User Datagram Protocol，UDP）。

TCP 为两台主机提供高可靠性的数据通信。它所做的工作包括把应用程序交给它的数据分成合适的小块交给下面的网络层，确认接收到的分组，设置发送最后确认分组的超时时钟等。由于运输层提供了高可靠性的端到端的通信，因此应用层可以忽略所有这些细节。

而另一方面，UDP 则为应用层提供一种非常简单的服务。它只是把称作数据报的分组从一台主机发送到另一台主机，但并不保证该数据报能到达另一端。任何必需的可靠性必须由应用层来提供。

这两种运输层协议分别在不同的应用程序中有不同的用途。

④ 应用层，负责处理特定的应用程序细节。几乎各种不同的 TCP/IP 实现都会提供下面这些通用的应用程序：

Telnet，远程登录。

FTP，文件传输协议。

SMTP，简单邮件传送协议。

SNMP，简单网络管理协议。

TCP 和 UDP，是两种最为著名的运输层协议，两者都使用 IP 作为网络层协议。

虽然 TCP 使用不可靠的 IP 服务，但它却提供一种可靠的运输层服务。UDP 为应用程序发送和接收数据报。一个数据报是指从发送方传输到接收方的一个信息单元（如发送方指定的一定字节数的信息）。但是与 TCP 不同的是，UDP 是不可靠的，它不能保证数据报能安全无误地到达最终目的。

2. 数据段格式

① TCP 是一种可靠的面向连接的字节流服务。源主机在传送数据前需要先和目标主机建立连接。然后，在此连接上，被编号的数据段按序收发。同时，要求对每个数据段进行确认，保证了可靠性。若在指定的时间内没有收到目标主机对所发数据段的确认，源主机将再次发送该数据段。

图 2-18 所示为 TCP 头部结构（RFC 793、1323）。

```
00 01 02 03 04 05 06 07 08 09 10 11 12 13 14 15 16 17 18 19 20 21 22 23 24 25 26 27 28 29 30 31  bit
```

源端口号		目标端口号	
顺序号			
确认号			
头部长度	保留	URG ACK PSH RST SYN FIN	窗口大小
校验和		紧急指针	
可选项			
数据			

图 2-18　TCP 头部结构

a. 源、目标端口号字段：占 16bit。TCP 通过使用"端口"来标识源端和目标端的应用进程。端口号可以使用 0~65535 的任何数字。在收到服务请求时，操作系统动态地为客户端的应用程序分配端口号。在服务器端，每种服务在周知端口（well-know port）为用户提供服务。

b. 顺序号字段：占 32bit。用来标识从 TCP 源端向 TCP 目标端发送的数据字节流，它表示在这个报文段中的第一个数据字节。

c. 确认号字段：占 32bit。只有 ACK 标志为 1 时，确认号字段才有效。它包含目标端所期望收到源端的下一个数据字节。

d. 头部长度字段：占 4bit。给出头部占 32bit 的数目。没有任何选项字段的 TCP 头部长度为 20byte；最多可以有 60byte 的 TCP 头部。

e. 标志位字段（U、A、P、R、S、F）：占 6bit。各 bit 的含义如下：

a）URG，紧急指针（Urgent Pointer）有效。

b）ACK，确认序号有效。

c）PSH，接收方应该尽快将这个报文段交给应用层。

d）RST，重建连接。

e）SYN，发起一个连接。

f）FIN，释放一个连接。

f. 窗口大小字段：占 16bit。此字段用来进行流量控制。单位为字节数，这个值是本机期望一次接收的字节数。

g. 校验和字段：占 16bit。对整个 TCP 报文段，即 TCP 头部和 TCP 数据进行校验和计算，并由目标端进行验证。

h. 紧急指针字段：占 16bit。它是一个偏移量，和序号字段中的值相加表示紧急数据最后 1byte 的序号。

i. 可选项字段：占 32bit。它可能包括"窗口扩大因子""时间戳"等选项。

② UDP 是一种不可靠的无连接的数据报服务。源主机在传送数据前不需要和目标主机建立连接。数据被以源、目标端口号等 UDP 报头字段后直接发往目的主机。这时，每个数据段的可靠性依靠上层协议来保证。在传送数据较少、较小的情况下，UDP 比 TCP 更加高效。

图 2-19 所示为 UDP 头部结构（RFC 793、1323）。

00 01 02 03 04 05 06 07 08 09 10 11 12 13 14 15 16 17 18 19 20 21 22 23 24 25 26 27 28 29 30 31 bit

源端口号	目标端口号
长度	校验和
数据	

图 2-19　UDP 头部结构

a. 源、目标端口号字段：占 16bit。它的作用与 TCP 数据段中的端口号字段相同，用来标识源端和目标端的应用进程。

b. 长度字段：占 16bit。它标明 UDP 头部和 UDP 数据的总长度字节。

c. 校验和字段：占 16bit。它用来对 UDP 头部和 UDP 数据进行校验。和 TCP 不同的是，对 UDP 来说，此字段是可选项，而 TCP 数据段中的校验和字段是必须有的。

3. 套接字

在每个 TCP、UDP 数据段中都包含源端口和目标端口字段。有时，把一个 IP 地址和一个端口号合称为一个套接字（socket），而一个套接字对（socket pair）可以唯一地确定因特网中每个 TCP 连接的双方（客户 IP 地址、客户端口号、服务器 IP 地址、服务器端口号）。

图 2-20 所示为常见的一些协议和它们对应的端口号。

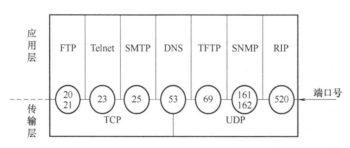

图 2-20　常见协议和对应的端口号

需要注意的是，不同的应用层协议可能基于不同的传输层协议，如 FTP、Telnet、SMTP 基于可靠的 TCP。TFTP、SNMP、RIP 基于不可靠的 UDP。

同时，有些应用层协议占用了两个不同的端口号，如 FTP 的 20、21 端口，SNMP 的 161、162 端口。这些应用层协议在不同的端口提供不同的功能。例如，FTP 21 端口用来侦听用户的连接请求，而 20 端口用来传送用户的文件数据。再比如，SNMP 161 端口用于 SNMP 管理进程获取 SNMP 代理的数据，而 162 端口用于 SNMP 代理主动向 SNMP 管理进程发送数据。

还有一些协议使用了传输层的不同协议提供的服务，如 DNS 协议同时使用了 TCP 53 端口和 UDP 53 端口。DNS 协议在 UDP 的 53 端口提供域名解析服务，在 TCP 的 53 端口提供 DNS 区域文件传输服务。

2.5.5　Modbus

1. Modbus 协议简介

Modbus 协议是一种普遍应用于电子控制器上的通用语言，通过此协议，控制器相互之间、控制器经由网络（如以太网）和其他设备之间可以通信。它已成为一种通用工业标准，通过此协议，不同厂商生产的控制设备可以连成工业网络，进行集中监控和管理。

Modbus 协议定义了控制网络内主机、从机及受控设备能够普遍识别的消息结构，包括消息域格局和内容的公共格式，并规定了网络内设备之间相互访问的过程，以及怎样侦测错误并记录。

当主从设备在同一 Modbus 网络上通信时，每个控制器必须明确网络内各设备的地址，识别按地址发来的信息，决定要产生何种动作。如需回应，控制器将生成反馈信息并用 Modbus 协议发出。

标准的 Modbus 接口是使用 RS-232、RS-422、RS-485 的兼容串行接口。它定义了连接口的引脚、电缆、信号位、传输波特率、奇偶校验位。控制器能直接经由调制解调器完成组网。

控制器通信使用主-从技术，即只有唯一主机能够初始化传输或查询信息，其他设备均为从机，只能根据主机查询提供的数据做出相应反应。常见的主-从机设备为：可编程仪表、可编程控制器。

主机可通过广播和单播两种模式访问从机，在 Modbus 协议中，主机访问查询的格式为，设备地址、功能代码、所有要发送的数据、错误检测域。从机回应的消息结构则包括，确认要行动的域、任何要返回的数据和错误检测域。其中，错误检测域负责记录数据传输错误或受控设备执行错的信息，并反馈给主机。

2. Modbus 传输模式简介

Modbus 协议包含两种传输模式，分别是 Modbus-ASCII 和 Modbus-RTU 协议。两种模式帧结构不同，各有优缺点，用户可根据需要选择其一。但在同一 Modbus 网络中，所有设备传输模式和串口参数必须统一。

其中，ASCII 传输方式具有明确的起始标志（":"）和结束标志（" \ r"），在消息中的每个 8bit（即 1byte）都作为两个 ASCII 码字符发送，即每个 ASCII 字符由一个十六进制字符组成。这种方式的主要优点是简单、直观、容易调试，字符发送的时间间隔可达 1s 而不产生错误，但传输速效率低，适用于数据量较小的应用场景。其数据帧结构如图 2-21 所示。

当控制器以 RTU 模式通信时，消息中的每 8bit 包含两个 4bit 的十六进制字符，在相同波特率下可比 ASCII 方式传送更多数据。但由于其没有明确的起始和结束标记，协议规定每 2byte 之间发送或接收的时间间隔不能超过 3.5 倍的字符传输时间，否则认为一帧数据已经接收，新的一帧数据传输开始，程序处理更复杂，但传输效率较高。Modbus-RTU 协议数据帧结构如图 2-22 所示。

:	地址	功能代码	数据数量	数据1	…	数据 *n*	LRC高4 bit字节值	LRC低4 bit字节值	回车	换行

图 2-21　Modbus-ASCII 协议数据帧结构

地址	功能代码	数据数量	数据1	…	数据 *n*	CRC高字节	CRC低字节

图 2-22　Modbus-RTU 协议数据帧结构

3. 数据帧内容介绍

（1）地址域

消息帧的地址域信息表示需要通信的从机地址，可能的从设备地址是 0～247（十进制）。地址为 0 时表示广播模式，所有从设备均能识别，单个从设备的地址范围是 1～247。主设备通过将要联络的从设备地址放入消息中的地址域来选通从设备，当从设备发送回应消息时，它把自己的地址放入回应的地址域中，以便主设备判断回应信息来源是否正确。

（2）功能代码域

功能代码域信息表示主机对从机发出的工作指令，可能的代码范围是 1～255，用于告知从设备需要执行的具体工作，如读取输入的开关状态、读取寄存器数据内容、读取设备诊断状态，以及允许调入、记录、校验在从设备中的程序等。

当从设备回应时，使用功能代码域来表示指令动作执行是否正确。当执行正确时，从设备仅回应相同的的功能代码；当执行异常时，从设备返回与该指令相应的异常执行代码。例如，主设备要求某从设备读取一组寄存器数据，将产生代码 00000011（0X03H）；若从设备回应正常，将在功能代码域内返回相同代码；若异常，则返回 10000011（0X83H）。主设备应用程序得到异常回应后，典型的处理方式是重发消息，或者诊断发给从设备的消息指令并报告用户。

（3）数据域

数据域是由两个十六进制数集合而成，范围是 00～FF，根据不同网络传输模式，这可以是一对 ASCII 字符或一个 RTU 字符组成。

由主设备发送至从设备消息的数据域包含的附加信息，是从设备只能将数据域内信息用于执行功能代码所示的动作过程。例如，主设备希望从设备读取一组寄存器内容（功能代码为 0X03H），数据域指定了起始寄存器及要读取寄存器的数量；若主设备要对一组寄存器进行写入（功能代码为 0X10H），数据域则表示要写入的起始寄存器及要写入的寄存器数量。

（4）错误检测域

ASCII 模式下，错误检测域包含两个 ASCII 字符，其内部数据是根据对消息内容进行 LRC（纵向冗长检测）检测方法计算得出的。

RTU 模式下，错误检测域包含一个 16bit 的值，其内部数据是根据对消息内容进行 CRC（循环冗长检测）检测方法计算得出。

4. 基于 Qt 的 Modbus 主从机通信实例

Modbus 协议是一个主/从（Master/Slave）架构的协议，有一个主（Master）节点，其他使用 Modbus 协议参与通信的节点是从（Slave）节点，每一个从（Slave）设备都有一个唯一的地址，在串行和 MB+网络中，只有一个主节点设备启动指令。

Qt 作为跨平台 UI 开发环境，被广泛应用于上位机软件编程工作。下面通过基于 Qt 的 Modbus-RTU 通信实例主要代码，进一步介绍 Modbus 协议通信过程。

（1）Qt 中几个常用的串口 Modbus 类型

QmodbusRtuSerialSlave：Modbus 串口通信方式下的服务器类。

QmodbusRtuSerialMaster：Modbus 串口通信方式下的客户端类。

QmodbusServer：QModbusServer 类接收和处理 Modbus 的请求。

QmodbusDataUnit：存储接收和发送数据的类，数据类型为 1bit 和 16bit。

QmodbusReply：客户端访问服务器后得到的回复。

（2）ModbusMaster 数据发送（见图 2-23）

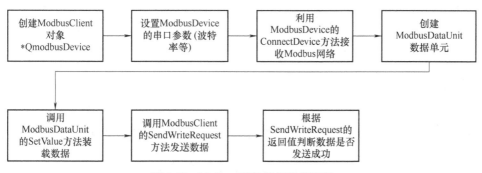

图 2-23　Modbus-RTU 数据发送流程

部分代码如下：

```
void modbusMaster::on_connectButton_clicked()//连接按钮单击槽方法
{
if(! modbusDevice)
return;
statusBar()→clearMessage();
QString comPortName=ui→lineEdit→text();
```

```
if(modbusDevice→state()! =QModbusDevice::ConnectedState)//如果
处在非连接状态,进行串口连接
modbusDevice→ setConnectionParameter (QModbusDevice:: SerialPort-
NameParameter,
comPortName);//获取串口,下面设置各种参数
modbusDevice→ setConnectionParameter (QModbusDevice:: SerialPari-
tyParameter,
QSerialPort::EvenParity);//偶校验
modbusDevice → setConnectionParameter (QModbusDevice:: Serial-
BaudRateParameter,
QSerialPort::Baud19200);//波特率为19200
modbusDevice → setConnectionParameter (QModbusDevice:: SerialDat-
aBitsParameter,
QSerialPort::Data8);//数据位为8bit
modbusDevice → setConnectionParameter (QModbusDevice:: SerialStop-
BitsParameter,
QSerialPort::OneStop);//停止位为1bit
modbusDevice→setTimeout(1000);//连接超时1s
modbusDevice→setNumberOfRetries(3);//连接失败重试三次连接
if(! modbusDevice→connectDevice()){
statusBar()→showMessage(tr("Connect failed: ")+modbusDevice→er-
rorString(),5000);
}
    }else{//处在连接状态进行断开连接的操作
modbusDevice→disconnectDevice();
}
}
void modbusMaster::on_sendButton_clicked()//执行数据发送
{
if(! modbusDevice)//如果设备没有被创建就返回
return;
QString strDis;
QString str1=ui→textEdit→toPlainText();
qDebug()<<str1;
QByteArray str2=QByteArray::fromHex(str1.toLatin1().data());//按
十六进制编码接入文本
//qDebug()<<str2;
QString str3=str2.toHex().data();//以十六进制显示
```

```
statusBar()→clearMessage();//清除状态栏显示的信息
QModbusDataUnit writeUnit (QModbusDataUnit::HoldingRegisters, 0,
10);//发送的数据信息(数据类型,起始地址,个数)
for(uint i=0; i<writeUnit.valueCount(); i++){
int j=2* i;
QString st=str3.mid(j,2);
bool ok;
int hex=st.toInt(&ok,16);//将 textedit 中读取到的数据转换为十六进制
发送
qDebug()<<hex;
writeUnit.setValue(i,hex);//设置发送数据
        }
if(auto* reply=modbusDevice→sendWriteRequest(writeUnit,1));// 1
是服务器地址(server address),sendWriteRequest 是向服务器写数据
    {
if(! reply→isFinished());//reply Returns true when the reply has
finished or was aborted.
    {connect(reply,&QModbusReply::finished,this,[this,reply](){
if(reply→error()==QModbusDevice::ProtocolError){
statusBar()→showMessage(tr("Write response error: % 1(Mobus excep-
tion: 0x% 2)")
.arg(reply→errorString()).arg(reply→rawResult().exceptionCode(),-
1,16),5000);
} else if(reply→error()! =QModbusDevice::NoError){
statusBar()→showMessage(tr("Write response error: % 1(code: 0x% 2)").
arg(reply→errorString()).arg(reply→error(),-1,16),5000);
}
reply→deleteLater();
});
} else {
// broadcast replies return immediately
reply→deleteLater();
}
} else {
statusBar()→showMessage(tr("Write error: ")+modbusDevice→error-
String(),5000);
    }
}
```

```
void modbusMaster::on_readButton_clicked()//从服务器读数据的读按钮槽
方法
{
if(! modbusDevice)
return;
statusBar()→clearMessage();
QModbusDataUnitreadUnit(QModbusDataUnit::HoldingRegisters,0,10);
if(auto * reply=modbusDevice→sendReadRequest(readUnit,1)){
if(! reply→isFinished())
connect(reply, &QModbusReply:: finished,this, &modbusMaster:: read-
Ready);
else
delete reply; // broadcast replies return immediately
} else {
statusBar()→showMessage(tr("Read error: ")+modbusDevice→error-
String(),5000);
    }
}
```

ModbusMaster 数据发送部分程序效果图如图 2-24 所示。

图 2-24 ModbusMaster 数据发送部分程序效果图

（3）ModbusSlave 数据接收（见图 2-25）

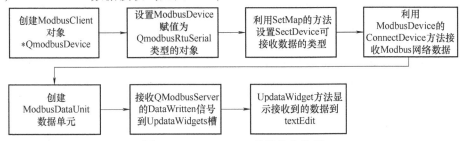

图 2-25　ModbusSlave 数据接收流程

部分代码如下：

```
modbusSlave::modbusSlave(QWidget * parent):
QMainWindow(parent),
ui(new Ui::modbusSlave)
{
ui→setupUi(this);
modbusDevice=new QModbusRtuSerialSlave(this);
QModbusDataUnitMap reg;//设置可接收的寄存器数据类型
reg.insert (QModbusDataUnit:: Coils,{ QModbusDataUnit:: Coils, 0,
10 });//
reg.insert (QModbusDataUnit:: DiscreteInputs,{ QModbusDataUnit::
DiscreteInputs,0,10 });
reg.insert(QModbusDataUnit:: InputRegisters,{QModbusDataUnit::In-
putRegisters,0,10 });
reg.insert (QModbusDataUnit:: HoldingRegisters,{ QModbusDataUnit::
HoldingRegisters,0,10});
modbusDevice→setMap(reg);//
connect (modbusDevice, &QModbusServer:: stateChanged, this, modbusS-
lave::onStateChanged);//连接状态发生改变时改变 connect 按钮上的显示文字
(connect or discennect)
connect(modbusDevice,&QModbusServer::dataWritten,
this,&modbusSlave::updateWidgets);//modbus 客户端向服务器写入数据时
dataWritten 信号被触发
connect(modbusDevice,&QModbusServer::errorOccurred,
this,&modbusSlave::handleDeviceError);
}
void modbusSlave::updateWidgets(QModbusDataUnit::RegisterType ta-
ble,int address,int size)//dataWriten 信号被触发后,得到数据做出显示
{
```

```
for(int i=0; i<size;++i){
quint16 value;
switch(table){
case QModbusDataUnit::Coils:
modbusDevice→data(QModbusDataUnit::Coils,address+i,&value);
qDebug()<<value;
break;
case QModbusDataUnit::HoldingRegisters:
modbusDevice→data(QModbusDataUnit::HoldingRegisters,address+i,
&value);//得到数据后做出显示
qDebug()<<value;
break;
default:
break;
}
QString s=QString::number(value,16);
ui→textEdit→append(s);
}
}
```

ModbusSlave 数据接收部分程序效果图如图 2-26 所示。

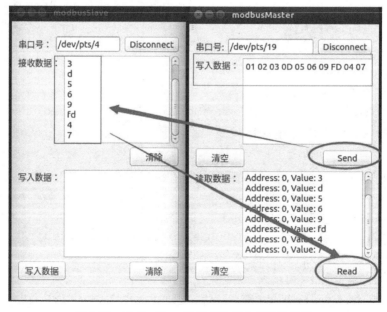

图 2-26　ModbusSlave 数据接收部分程序效果图

2.6　小结

本章，首先对测试系统的组成及功能进行了简要介绍，使读者初步了解测试系统的工作原理；其次对发射场设备控制系统常用物理量的测试方法和所使用的传感器进行了介绍；最后对用于信号传递的常用测试总线技术进行了讲解，使读者全面了解发射场设备实现控制过程所需的信号是如何获取和传递的。

需要说明的是，本章内容理论性和实践性都比较强。建议读者在学习的同时，尽量能够找一些传感器实物进行学习研究；对于总线技术，不具备硬件条件时，可以结合相关模拟软件来学习，如针对 Modbus 技术的 ModbusPoll、ModbusSlave/Master，针对网络及串口的 Socket 及串口助手等软件工具，这些软件都能够通过网络下载。

第 **3** 章　工程控制基础

3.1　概述

在工程实践中，自动控制的作用是，使系统以一定的响应速度和精度，完成规定的功能。比如，对于发射场中央空调系统来说，其控制任务是，在一定的时间间隔内，将某一封闭空间的温度、湿度调节到某状态值上，并以某种精度维持在该状态值上；再比如，光电经纬仪这样的伺服系统，其控制任务是，使拍摄镜头按照规定的精度跟踪参考目标的变化。

为了完成控制任务，控制系统通常采用图 3-1 所示的闭环负反馈结构，这种结构使得系统的输出精度和抗干扰能力比开环系统大大提高。不仅如此，通过设计不同的控制器，上述闭环系统能够取得不同的系统性能。假设图中控制器和被控对象的数学模型分别为 C、G（下面将进一步讨论数学模型的表示形式，这里只是用来简单展示），图 3-1 所示各信号具有下述关系：

$$e = r - y$$
$$u = Ce$$
$$y = Gu$$

合并上述关系可以得到整个闭环负反馈系统的数学模型 H：

$$H = \frac{y}{r} = \frac{GC}{1 + GC} \tag{3-1}$$

通常控制指标会要求系统的输出 y 尽可能快地跟踪输入信号 r（即 $y = r$），这就要求 H 越接近 1 越好。但是，限于模型精度、稳定性等诸多因素，H 不可能按接近 1 来选择模型参数，而是要根据系统运行的指标要求取一个折中模型。这时，如果知道了被控对象的数学模型 G，则控制器 C 就可以确定下来：

$$C = \frac{H}{G - HG} \tag{3-2}$$

尽管实际工程中不采用上述方法进行控制器设计，而是用其他一些更为合理的方法，但控制器 C 由系统期望的闭环性能（对应于闭环系统数学模型 H）、被控对象的数学模型 G 来确定——这一点并没有改变。

根据式（3-2）所示的控制指标 H、被控对象 G、控制器 C 三者的关系，可以知道，为了对系统实施高性能控制，需要事先获得被控对象全面、准确的数学模型。但是，在实际工程中，这是很难做到的，甚至是不可能做到的。这时，往往退而求其次去获得一个工程近似模型——控制设计就是依托这个近似模型来进行的。在实际控制工程中，有时为了节省时

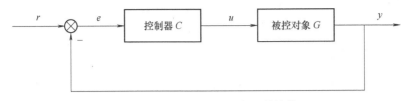

图 3-1   一个典型的闭环负反馈结构

间，甚至连这个近似模型都不要，而是直接根据系统输出情况调节控制参数，使系统输出满足一定的要求。

3.2   系统建模

首先介绍两个常见系统的建模过程，由此逐步引出更多的关于系统建模方面的内容。

3.2.1   两个被控系统的例子

1. 一阶系统的建模

首先考虑一个一阶系统，以发射场塔架封闭间的保温问题来说明系统建模过程。

火箭在点火发射之前需要进行垂直阶段测试。根据工艺要求，需要保障测试环境的温度满足要求。为此，要构建中央空调系统给塔架封闭间送风，使之满足要求，其工艺结构原理图如图 3-2 所示。图 3-2 所示的封闭间是由两个活动平台左右抱合构成，因此会产生较大的抱合缝隙（图 3-2 所示粗线部分）。为了防止封闭间产生负压而吸入外部空气，塔架封闭间的空调系统一般不采用回风机制，而是采用全新风方式。按照能量守恒定律，单位时间内进入封闭间的能量减去流出的能量，等于封闭间能量储存量的变化，即

封闭间能量变化率=单位时间进入的能量−单位时间排出的能量

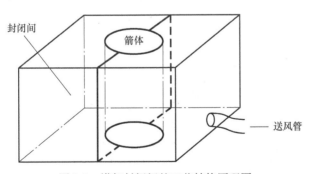

图 3-2   塔架封闭间的工艺结构原理图

表示成数学关系式为

$$C \frac{\mathrm{d}T_{\text{room}}}{\mathrm{d}t} = L\rho c T_{\text{in}} - L\rho c T_{\text{room}} \tag{3-3}$$

式中，C 为封闭间的热容系数；L 为送风量；ρ 为空气密度；c 为比热；T_{in} 为送风温度，是外部输入量；T_{room} 为封闭间内温度，是所要求出的状态量。

显然，式（3-3）是一个常系数微分方程。其对应的齐次方程为

$$C \frac{\mathrm{d}T_{room}}{\mathrm{d}t} + L\rho c T_{room} = 0 \qquad (3\text{-}4)$$

式（3-3）的解由式（3-4）对应的通解 $T_{room} = C_0 \mathrm{e}^{\lambda t}$（$C_0$ 为待定系数，$\lambda = -L\rho c/C$ 为特征方程的根），以及式（3-3）所对应的特解所构成。假设送风温度 T_{in} 为常数，采用待定系数方法可以求得式（3-3）的特解为 $y^* = T_{in}$。

进一步假设 $T_{room}|_{t=0} = 0$，则常系数微分方程式（3-3）的解为

$$T_{room}(t) = T_{in}(1 - \mathrm{e}^{\lambda t}) = T_{in}\left(1 - \mathrm{e}^{-\frac{L\rho c}{C}t}\right) \qquad (3\text{-}5)$$

其结构如图 3-3 所示，其中送风温度 T_{in} 是外部输入条件。在 T_{in} 为常数的情况下，封闭间的温度变化曲线 $T_{room}(t)$ 完全由特征方程的根 $\lambda = -L\rho c/C$ 确定。

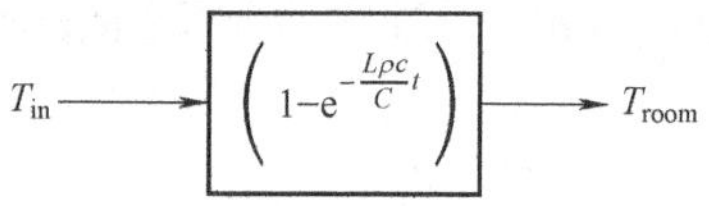

$$T_{in} \longrightarrow \left(1 - \mathrm{e}^{-\frac{L\rho c}{C}t}\right) \longrightarrow T_{room}$$

图 3-3 一阶微分方程解的结构

2. 二阶系统的建模

电动机系统是一个典型二阶系统，它在发射场有广泛的应用基础，如雷达伺服系统、光电经纬仪伺服系统、加注泵等，这些都和电动机密切相关。为了简化问题的描述，下面以他励直流电动机为例来说明二阶系统的建模过程。

他励直流电动机的原理简图如图 3-4 所示，这是一个简单的电动机系统，其电枢方程为

$$U - E_a = L_a \frac{\mathrm{d}I_a}{\mathrm{d}t} + R_a I_a$$

式中，U 为外加的电枢电压；L_a 和 R_a 为等效的电枢电感和电阻；E_a 为反电动势；I_a 为电枢回路的电流。

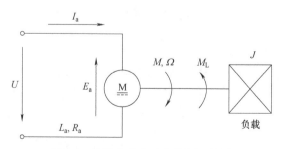

图 3-4 他励直流电动机的原理简图

机械方程为

$$M - M_L = J \frac{\mathrm{d}\Omega}{\mathrm{d}t}$$

式中，M 为电动机产生的电磁转矩；M_L 为阻尼转矩；Ω 为电动机轴的转速。

根据电动机工作原理，转速 Ω 和反电动势 E_a 相关，转矩 M 和电枢电流 I_a 相关，有

$$\begin{cases} E_a = k_d \Omega \\ M = k_d I_a \end{cases}$$

式中，k_d 为电动机系数，有

$$k_d = \frac{pN}{2\pi a}\varphi_d$$

综合上述方程，消去中间变量后，得

$$T_a T_m \frac{d^2\Omega}{dt^2} + T_m \frac{d\Omega}{dt} + \Omega = \frac{1}{k_d}U - \frac{R_a}{k_d^2}\left(T_a \frac{dM_L}{dt} + M_L\right) \tag{3-6}$$

式中，$T_a = L_a/R_a$，为电枢回路的电磁时间常数；$T_m = JR_a/k_d^2$，为机电时间常数。

显然，式（3-6）是一个二阶微分方程，其中的电动机转速 Ω 是方程的状态变量，而 U、M_L 为外部输入量。直接求解式（3-6）的微分方程十分复杂，为此引入记号 D 表示求导算子 d/dt；并考虑线性系统的叠加性，式（3-6）可以表示为图 3-5 所示左侧的两个输入量的叠加形式。

对记号 D 作代数分解，可以将式（3-6）变换成图 3-5 所示右侧的分解图结构。此时，二阶微分方程式（3-6）被化简成 4 个一阶微分方程的形式，每个分解部分的解和式（3-4）形式一致。

通过前面的两个例子，可以知道，为了建立系统的数学模型，需要根据系统受到的外部作用及内部相互作用的情况，列出相应的方程式，求解这些方程就可以得到系统响应的时间函数。

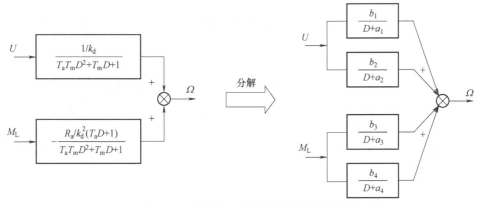

图 3-5　二阶微分方程解的结构及其分解

3.2.2　拉普拉斯变换

系统动力学建模所列出的方程往往都是一些微分方程，当系统较为复杂时，微分方程的阶次也会较高，求解起来十分困难，这时可以采用拉普拉斯（Laplace）变换进行简化。

1. 拉普拉斯变换及其性质、意义

拉普拉斯变换的定义：设函数 $f(t)$ 当 $t \geq 0$ 时有定义，且广义积分为

$$\int_0^{+\infty} f(t)e^{-st}dt$$

其在 s 的某一区域内收敛，则由此积分确定的参数为 s 的函数，即

$$F(s) = \int_0^{+\infty} f(t)e^{-st}dt \tag{3-7}$$

这称作函数 $f(t)$ 的拉普拉斯变换。记作 $F(s)=L[f(t)]$。

相应的，若 $F(s)$ 是 $f(t)$ 的拉普拉斯变换，则称 $f(t)$ 是 $F(s)$ 的拉普拉斯逆变换，即

$$f(t)=L^{-1}[F(s)]=\int_0^{+\infty}F(s)e^{st}ds \tag{3-8}$$

根据上述定义，可以证明拉普拉斯变换具有如下性质。

性质1（线性定理）：若 a、b 为常数，且有 $L[f_1(t)]=F_1(s)$、$L[f_2(t)]=F_2(s)$，则 $L[af_1(t)+bf_2(t)]=aL[f_1(t)]+bL[f_2(t)]=aF_1(s)+bF_2(s)$。

性质2（平移定理）：若 $L[f(t)]=F(s)$，则 $L[e^{at}f(t)]=F(s-a)$。

性质3（延滞定理）：若 $L[f(t)]=F(s)$，则 $L[f(t-a)]=e^{-as}F(s)$。

性质4（微分定理）：若 $L[f(t)]=F(s)$，则 $L[f^{(n)}(t)]=s^nF(s)-\sum_{k=1}^{n}s^{n-k}f^{(k-1)}(0)$。

性质5（积分定理）：若 $L[f(t)]=F(s)$，则 $L\left[\int\cdots\int_0^t f(t)dt^n\right]=\frac{F(s)}{s^n}+\sum_{k=1}^{0}\frac{1}{s^{n-k+1}}\left[\int\cdots\int_0^t f(t)dt^n\right]_{t=0}$。

性质6（初值定理）：若 $L[f(t)]=F(s)$，则 $\lim\limits_{t\to0}f(t)=\lim\limits_{s\to\infty}sF(s)$。

性质7（终值定理）：若 $L[f(t)]=F(s)$，则 $\lim\limits_{t\to\infty}f(t)=\lim\limits_{s\to0}sF(s)$。

性质8（卷积定理）：若 $L[f_1(t)]=F_1(s)$、$L[f_2(t)]=F_2(s)$，则 $L\left[\int_0^t f_1(t-\tau)f_2(\tau)d\tau\right]=L\left[\int_0^t f_1(t)f_2(t-\tau)d\tau\right]=F_1(s)F_2(s)$。

利用拉普拉斯变换的性质，可以将微分方程或积分方程转化为代数方程。例如，对于如下微分方程：

$$y''+6y'+5y=u'+3u$$

利用性质1、4，该微分方程可以转化为如下的代数方程的形式［一般假设系统的初始状态 $f(0)=0$］：

$$(s^2+6s+5)Y(s)=(s+3)U(s)$$

这正是奥利弗·亥维赛（Oliver Heaviside）提出的算子方法的理论依据。

那么，拉普拉斯变换的物理意义是什么呢？将式（3-7）、式（3-8）拉普拉斯变换的定义式和傅里叶（Fourier）变换的定义式作比较，可以看出两者形式一致，只是拉普拉斯变换的参数 s 的定义域是在整个复平面上，而傅里叶变换的参数定义域为复平面上的虚轴。因此，拉普拉斯变换是傅里叶变换的拓展形式。

傅里叶变换需要被变换函数 $f(t)$ 满足如下两个条件：

① 在无限区间 $(-\infty,+\infty)$ 上绝对可积。

② 在 $(-\infty,+\infty)$ 上有定义。

但是，在实际工程应用中大多数信号都不满足这两个条件，而拉普拉斯变换则不存在这些限制条件。将式（3-7）的参数 s 表示成 $s=\sigma+j\omega$ 的形式，式（3-7）展开为

$$F(s)=\int_0^{+\infty}e^{-\sigma t}e^{-j\omega t}f(t)dt=\int_0^{+\infty}e^{-j\omega t}[e^{-\sigma t}f(t)]dt$$

可见，拉普拉斯变换的实际意义是，对原信号 $f(t)$ 先进行指数 $e^{-\sigma t}$ 衰减（或增加），再对衰减后的信号 $e^{-\sigma t}f(t)$ 进行傅里叶变换，绝大多数信号都能满足在衰减后再进行傅里叶变换的条件。

2. 常用函数的拉普拉斯变换

表 3-1 给出了常用函数的拉普拉斯变换，利用该表可以解决许多和微分方程相关的计算问题。比如，假设一个实际的工程系统建模后得到如下的微分方程：

$$y''+2\xi\omega_n y'+\omega_n^2 y=\omega_n^2 u$$

式中，ξ、ω_n 均为系数。

表 3-1　常用函数的拉普拉斯变换

序号	拉普拉斯变换	时间函数	序号	拉普拉斯变换	时间函数
1	1	$\delta(t)$	9	$\dfrac{a}{s(s+a)}$	$1-e^{-at}$
2	$\dfrac{1}{1-e^{-Ts}}$	$\delta_T(t)=\sum\limits_{n=0}^{\infty}\delta(t-nT)$	10	$\dfrac{b-a}{(s+a)(s+b)}$	$e^{-at}-e^{-bt}$
3	$\dfrac{1}{s}$	1	11	$\dfrac{\omega}{s^2+\omega^2}$	$\sin\omega t$
4	$\dfrac{1}{s^2}$	t	12	$\dfrac{s}{s^2+\omega^2}$	$\cos\omega t$
5	$\dfrac{1}{s^3}$	$\dfrac{t^2}{2}$	13	$\dfrac{\omega}{(s+a)^2+\omega^2}$	$e^{-at}\sin\omega t$
6	$\dfrac{1}{s^n}$	$\dfrac{t^n}{n!}$	14	$\dfrac{s+a}{(s+a)^2+\omega^2}$	$e^{-at}\cos\omega t$
7	$\dfrac{1}{s+a}$	e^{-at}	15	$\dfrac{1}{s-(1/T)\ln a}$	$a^{t/T}$
8	$\dfrac{1}{(s+a)^2}$	te^{-at}			

当输入信号 u 为单位阶跃信号时，其输出变量的拉普拉斯变换为

$$Y(s)=\frac{\omega_n^2}{s^2+2\xi\omega_n s+\omega_n^2}U(s)=\frac{\omega_n^2}{s^2+2\xi\omega_n s+\omega_n^2}\frac{1}{s}$$

假设 $0<\xi<1$，则上式进一步可以变换为

$$Y(s)=\frac{1}{s}-\frac{s+2\xi\omega_n}{s^2+2\xi\omega_n s+\omega_n^2}=\frac{1}{s}-\frac{s+\xi\omega_n+\xi\omega_n}{s^2+2\xi\omega_n s+(\xi\omega_n)^2-(\xi\omega_n)^2+\omega_n^2}$$

$$=\frac{1}{s}-\frac{s+\xi\omega_n}{(s+\xi\omega_n)^2+(\sqrt{1-\xi^2}\,\omega_n)^2}-\frac{\xi\omega_n}{(s+\xi\omega_n)^2+(\sqrt{1-\xi^2}\,\omega_n)^2}$$

$$=\frac{1}{s}-\frac{s+\xi\omega_n}{(s+\xi\omega_n)^2+(\sqrt{1-\xi^2}\,\omega_n)^2}-\frac{\xi}{\sqrt{1-\xi^2}}\frac{\sqrt{1-\xi^2}\,\omega_n}{(s+\xi\omega_n)^2+(\sqrt{1-\xi^2}\,\omega_n)^2}$$

对上式进行拉普拉斯逆变换就可以得到微分方程的解，通过查表 3-1 所示的第 3、13、14 项，输出变量的时间响应为

$$y(t) = 1 - e^{-\xi\omega_n t}\cos(\sqrt{1-\xi^2}\,\omega_n t) + \frac{\xi}{\sqrt{1-\xi^2}}e^{-\xi\omega_n t}\sin(\sqrt{1-\xi^2}\,\omega_n t)$$

$$= 1 - \frac{e^{-\xi\omega_n t}}{\sqrt{1-\xi^2}}\sin\left(\sqrt{1-\xi^2}\,\omega_n t + \arctan\frac{\sqrt{1-\xi^2}}{\xi}\right)$$

(3-9)

式 (3-9) 为二阶系统的单位阶跃响应，它在进行控制系统性能分析时有重要意义。通过这个例子也可以看到，引入拉普拉斯变换是能够简化微分方程求解的。

3. 传递函数及其响应性能

前面通过两个例子，介绍了动力学系统的建模过程，所得模型一般为微分方程形式。为了简化微分方程的求解，又引入了拉普拉斯变换，将微分方程转化为代数方程进行求解。

但是，这在工程应用中仍然是十分烦琐的。比如，当需要评价系统的响应性能时，就得先建模，列出系统的微分方程关系；再对这些微分方程进行拉普拉斯变换；然后，进行代数化简，把拉普拉斯变换后的代数方程变成表 3-1 所示的形式；最后，才能通过拉普拉斯逆变换，转成时间函数的形式，由此得到系统的时间响应特性。

为了简化问题，实际工程往往不需要直接求解微分方程，而是采用一些简单的特征参量来大概反映系统的特性。下面，将先给出传递函数的定义，再介绍传递函数的零极点及频率特性指标，它们可以作为特征参量对系统的响应特性进行大体的描述。

（1）传递函数的定义

传递函数的定义：在零初始条件下，线性系统的输出量的拉普拉斯变换与输入量的拉普拉斯变换之比，即

$$G(s) = \frac{Y(s)}{U(s)}$$

式中，$Y(s)$、$U(s)$ 分别为输出量和输入量的拉普拉斯变换。

传递函数采用相除形式能够剔除输入信号的因素，从而使传递函数主要反映系统本身的特征，而和外部输入信号无关。

（2）传递函数的零极点

设某一传递函数具有如下的一般形式：

$$G(s) = \frac{b_m s^m + \cdots + b_1 s + b_0}{a_n s^n + \cdots + a_1 s + a_0} = \frac{k_0 \prod\limits_{i=1}^{m}(s - z_i)}{\prod\limits_{i=1}^{n}(s - p_i)}$$

(3-10)

式中，z_i 为传递函数的零点；p_i 为传递函数的极点。通常传递函数 $G(s)$ 是真有理分式，有 $m \leq n$。在单位阶跃响应的激励下，系统的输出响应为

$$Y(s) = G(s)U(s) = \frac{b_m s^m + \cdots + b_1 s + b_0}{a_n s^n + \cdots + a_1 s + a_0}\frac{1}{s} = \frac{k_0 \prod\limits_{i=1}^{m}(s - z_i)}{s\prod\limits_{i=1}^{n}(s - p_i)}$$

利用留数定理将上式分解成并联结构，有

$$Y(s) = \frac{A_0}{s} + \sum_{i=1}^{n} \frac{A_i}{(s-p_i)} \tag{3-11}$$

式中，系数 A_0、A_i 分别为 $Y(s)$ 在原点和极点 p_i 处的留数，有

$$\begin{cases} A_0 = [Y(s)s]_{s=0} \\ A_i = [Y(s)(s-p_i)]_{s=p_i} \end{cases} \tag{3-12}$$

式（3-11）的拉普拉斯逆变换为

$$y(t) = A_0 + \sum_{i=1}^{n} A_i e^{p_i t} = A_0 + \sum_{i=1}^{n} A_i e^{\sigma_i t} e^{j\omega_i t}$$
$$p_i = \sigma_i + j\omega_i \tag{3-13}$$

由式（3-13）可知，在单位阶跃信号的激励下，系统的输出由多个分量叠加而成，每个分量是由一个极点的指数函数所构成，极点的实部 σ_i 决定了信号衰减（或增加）的快慢。因此，传递函数的极点决定了系统的响应性能：极点在复平面的左半部，则输出分量衰减，且极点的实部越小衰减越快；极点在复平面的虚轴上，则输出分量衰减等幅振荡；极点在复平面的右半部，则输出分量发散。

零点的作用是，它会影响式（3-11）中的留数计算，即各分量的幅值大小。一般说来，零点离虚轴越近，系统的响应会加快，超调响应变大。

（3）传递函数的截止频率和稳定裕度

如果令传递函数中的参量 $s=j\omega$，这时的传递函数就变成频率特性函数：

$$G(j\omega) = \frac{b_m(j\omega)^m + \cdots + b_1 j\omega + b_0}{a_n(j\omega)^n + \cdots + a_1 j\omega + a_0} = |G(j\omega)| \angle G(j\omega) \tag{3-14}$$

式中，$|G(j\omega)|$ 为频率特性函数的幅值；$\angle G(j\omega)$ 为相角。以频率的底数为 10 的对数作为横坐标，以分贝作为幅值的纵坐标，相角直接作为纵坐标，画出的幅值和相角图即伯德（Bode）图，如图 3-6 所示。图 3-6 所示的 3 个特征参量可以用来刻画频率特性函数（可以看作系统的传递函数）的主要特征。

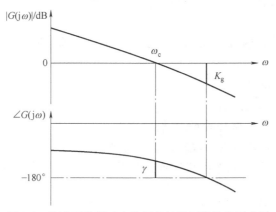

图 3-6　传递函数所对应的频率特性函数的特征参量

截止频率 ω_c：它反映了系统的频带宽度，在 ω_c 处的幅值增益为 1；而频率超过 ω_c，则幅值开始衰减，相当于信号被截止。按照傅里叶级数原理，ω_c 越大，则输入信号中的高频

部分被传递函数滤掉得相对少些，输出波形更接近输入的阶跃信号，其时间响应特性要好一些。

相角稳定裕度 γ：截止频率 ω_c 的大小受系统稳定性要求的限制，即在通频带（0，ω_c）内系统的相角不能超过 $-180°$。考虑到实际工程中一些不确定因素，常会留一些余量，即图 3-6 所示的相角稳定裕度 γ。

增益稳定裕度 K_g：稳定裕度的另一种表示形式是采用图 3-6 所示的增益形式，它在实际工程中应用较少，而前两个特征量 ω_c、γ 用得较多。

3.2.3 传递函数的参数辨识

前面介绍过，利用传递函数既可以求解系统微分方程的解（见 3.2.2 节中的常用函数的拉普拉斯变换部分），从而得知系统的时间响应性能，也可以直接计算出系统零极点。或者，利用计算机画出伯德图得到系统的频率响应的特征量，从而可以对系统的特性给出评价。

做到这一切的前提条件是，必须知道系统的传递函数。也就是说，需要知道式（3-10）中的参数 m、n 的大小（即系统结构的确定），以及参数 b_i（$i=0$，1，…，m）、a_j（$j=0$，1，…，n）的值，即系统确定参数。要确定这些参数的值就得像 3.2.1 节描述的那样，列出系统方程并代入相应的物理量，得到微分方程，经拉普拉斯变换才能得到系统的传递函数，这在工程上仍然是十分烦琐的。

为了进一步简化系统建模过程，可以采用系统辨识的方法。这种方法不需要罗列系统的物理关系方程，而只需要系统输入输出数据，采用某种辨识方法就可以得到系统的模型。这在工程上无疑比理论建模方法要简单得多。并且，在绝大多数情况下，辨识方法所得出系统模型的精度要比理论建模的精度高一些。

对实际系统辨识时，一般采用固定的结构（即人为确定参数 m、n 的大小），而系统参数则根据系统输入输出的数据来确定。这样做的优点是，工程实现非常简单；缺点是有近似误差，不过，对于控制器设计而言，这个近似误差是完全可以容忍的。

下面针对控制系统设计中经常遇到的一些辨识方法做简单介绍。

1. 阶跃响应方法

系统辨识过程首先需要得到和系统相关的输入输出数据，为此，采用如下步骤生成阶跃响应数据：

① 等待过程系统衰减到零初始状态。

② 将控制器打到手动状态。

③ 快速改变控制量（即施加阶跃激励）。

④ 记录过程系统输出值，并除以输入量进行规范化。

得到阶跃响应数据后，可以采用下面的图形法和最小二乘法来辨识系统传递函数的参数。

（1）图形法

首先，考虑一阶惯性环节所表示的模型：

$$G(s) = \frac{K}{1 + sT_{av}} \tag{3-15}$$

式中，K 为静态增益；T_{av} 为平均驻留时间，有

$$T_{av} = \frac{A_0}{K}$$

将 A_0 定义为

$$A_0 = \int_0^\infty [y(\infty) - y(t)] \, dt$$

式中，$y(t)$ 为阶跃响应，显然有 $K = y(\infty)$，A_0 是图 3-7 所示阴影部分的面积。

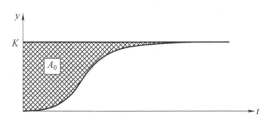

图 3-7　用阶跃响应图形法确定两参数模型的参数

由阶跃响应数据积分可以求得面积 A_0，从而确定式（3-15）的模型参数。

显然式（3-15）的模型不具有典型意义，因为没有考虑工程中常遇到的延时因素。下面考虑如下的一阶惯性加纯延时的模型：

$$G(s) = \frac{K}{1+sT} e^{-sL} \tag{3-16}$$

式中，K 为静态增益；T 为时间常数；L 为延迟时间。这是控制系统最常用的系统模型。其参数确定方法如下：

静态增益 K，从阶跃响应最终的稳态幅值可以直接得到静态增益 K 的值。

延迟时间 L，阶跃响应最大斜率切线和水平轴交于距离原点为 L 的点处（见图 3-8）；或者通过阶跃响应曲线估计出来——从阶跃响应的起始点上升到终态值的几个百分点处，其间的时间即为 L。

时间常数 T，参数 T 的值也可以用几种方法来确定。其中一种方法是以图 3-8 所示的 AC 之间的距离来确定的，点 C 是当切线与水平线 $y(t) = K$ 相交时所对应的时间量；另一种方法是以图 3-8 所示的 AB 之间的距离来确定的，点 B 是阶跃响应上升到 $0.63K$ 处所对应的时间量。对于式（3-16）的系统模型，这两种方法的结果是相似的，但对于其他形式的模型，其结果可能会有较大差异。通常，采用点 B 方法的结果会更准确些，其他方法给出的 T 值往往偏大。

为了获得更好的模型近似效果，也可以采用如下二阶惯性加纯延时的模型：

$$G(s) = \frac{K}{(1+sT_1)(1+sT_2)} e^{-sL} \tag{3-17}$$

式（3-17）的参数的确定方法如下：

静态增益 K，同前一阶惯性加纯延时模型所用的方法。

延迟时间 L，同前一阶惯性加纯延时模型所用的方法。

时间常数 T_1、T_2，通过如下方法计算。式（3-17）的模型的阶跃响应为

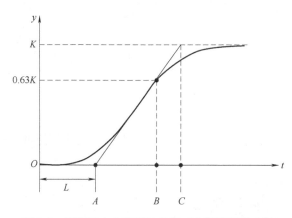

图3-8 用阶跃响应图形法确定三参数模型的参数

$$y(t) = K\left(1 + \frac{T_2 e^{-(t-L)/T_2} - T_1 e^{-(t-L)/T_1}}{T_1 - T_2}\right) \quad T_1 \neq T_2 \tag{3-18}$$

当已知阶跃响应 $y(t)$ 的两个点的值时，时间常数 T_1 和 T_2 可以通过解式（3-18）的方程计算出来。式（3-18）含有超越方程，需要采用数值方式求解。

图形法的主要缺点是不够精确，如在画图3-8所示的最大斜率处的切线时，人的主观因素影响较大。为了提高模型辨识精度，可以考虑采用如下的最小二乘法。

（2）最小二乘法

控制系统常用的模型结构有以下几种：

1）一阶惯性加纯延时

$$G(s) = \frac{K}{1+sT} e^{-sL}$$

2）二阶振荡加纯延时

$$G(s) = \frac{K}{T^2 s^2 + 2\xi Ts + 1} e^{-sL}$$

3）积分加一阶惯性加纯延时

$$G(s) = \frac{K}{s(Ts+1)} e^{-sL}$$

4）二阶振荡加零点加纯延时

$$G(s) = \frac{K(T_0 s + 1)}{T^2 s^2 + 2\xi Ts + 1} e^{-sL}$$

选择具有代表意义的二阶振荡加零点加纯延时模型，来说明基于阶跃响应数据的最小二乘辨识方法。假设阶跃响应的幅值为 U_0，则系统的输出为

$$Y(s) = \left(\frac{K(T_0 s + 1)}{T^2 s^2 + 2\xi Ts + 1} e^{-sL}\right)\frac{U_0}{s}$$

展开为

$$T^2 s^3 Y(s) + 2\xi Ts^2 Y(s) + sY(s) = (KU_0 T_0 s + KU_0) e^{-sL}$$

两边同除以 s^3，得

$$T^2 Y(s) + 2\xi T \frac{Y(s)}{s} + \frac{Y(s)}{s^2} = KU_0 T_0 \frac{1}{s^2} \mathrm{e}^{-sL} + KU_0 \frac{1}{s^3} \mathrm{e}^{-sL}$$

进行拉普拉斯逆变换得到如下时间函数：

$$T^2 y(t) + 2\xi T \int_0^t y(\tau)\,\mathrm{d}\tau + \int_0^t \int_0^{\tau_2} y(\tau_1)\,\mathrm{d}\tau_1 \mathrm{d}\tau_2$$

$$= KU_0 T_0 (t-L) + \frac{1}{2} KU_0 (t-L)^2 - \int_0^t \int_0^{\tau_2} y(\tau_1)\,\mathrm{d}\tau_1 \mathrm{d}\tau_2 \tag{3-19}$$

$$= T^2 y(t) + 2\xi T \int_0^t y(\tau)\,\mathrm{d}\tau - \frac{KU_0}{2} t^2 + KU_0 (L-T_0) t - \frac{KU_0}{2} L(L-2T_0)$$

式（3-19）的左边展开为

$$A(t) = \int_0^t \int_0^{\tau_2} y(\tau_1)\,\mathrm{d}\tau_1 \mathrm{d}\tau_2 = t \int_0^t y(\tau)\,\mathrm{d}\tau - \int_0^t \tau y(\tau)\,\mathrm{d}\tau \tag{3-20}$$

令

$$\begin{cases} \boldsymbol{\varphi}(t) = \left[y(t), \quad \int_0^t y(\tau)\,\mathrm{d}\tau, \quad -\frac{U_0 t^2}{2}, \quad U_0 t, \quad -\frac{U_0}{2} \right]^{\mathrm{T}} \\ \boldsymbol{\theta} = \left[T^2, \quad 2\xi T, \quad K, \quad K(L-T_0), \quad KL(L-T_0) \right]^{\mathrm{T}} \end{cases} \tag{3-21}$$

式中，右上角的符号 T 代表转置运算。由此，式（3-19）可以表示为如下最小二乘形式：

$$-A(t) = \boldsymbol{\varphi}(t)^{\mathrm{T}} \boldsymbol{\theta}$$

$$\boldsymbol{\theta} = (\boldsymbol{\Phi}^{\mathrm{T}} \boldsymbol{\Phi})^{-1} \boldsymbol{\Phi}^{\mathrm{T}} \boldsymbol{\Gamma} \tag{3-22}$$

式（3-22）中的各参数为各数据点的数据所构成的矩阵：

$$\begin{cases} \boldsymbol{\Phi} = [\varphi(t_1), \quad \varphi(t_2), \quad \cdots, \quad \varphi(t_n)]^{\mathrm{T}} \\ \boldsymbol{\Gamma} = [-A(t_1), \quad -A(t_2), \quad \cdots, \quad -A(t_n)]^{\mathrm{T}} \end{cases} \tag{3-23}$$

利用输入输出数据求得向量 $\boldsymbol{\theta}$ 后，即可得到二阶振荡加零点加纯延时模型中的各参数。同样，对于其他模型结构也可以方便地列出它的最小二乘形式，并利用输入输出数据求得相应的模型参数。

2. 频率响应方法

对一个稳定的线性系统 $G(s)$，在频率为 ω 的正弦信号激励下，系统的频率响应函数为

$$G(\mathrm{j}\omega) = |G(\mathrm{j}\omega)| \angle G(\mathrm{j}\omega)$$

式中，$|G(\mathrm{j}\omega)|$ 为幅值函数；$\angle G(\mathrm{j}\omega)$ 为幅角函数，即频率响应函数 $G(\mathrm{j}\omega)$ 可以用一个长度为 $|G(\mathrm{j}\omega)|$、与实轴夹角为 $\angle G(\mathrm{j}\omega)$ 的矢量来表示（见图 3-9）。

当频率 ω 从 0 变化到 $+\infty$ 时，矢量的终点在平面上画出一条曲线，该曲线称为系统的奈奎斯特曲线。奈奎斯特曲线和传递函数一样，能够对系统进行完备的描述。它可以根据不同频率的正弦信号通过系统响应来获得。

获得完整的奈奎斯特曲线是一件烦琐的工作，对控制器设计整定而言，只需要用到奈奎斯特曲线中的某些特定的部分：相位为 $-180°$ 时所对应的最低频率称为极限频率 ω_{u}，相应的奈奎斯特曲线上所对应的点称为极限点，极限点的值 $G(\mathrm{j}\omega)$ 是后面所要讲到的齐格勒-尼科尔斯（Ziegle-Nichols）控制器整定方法所需的参量。

那么，极限点参数如何确定呢？考虑图 3-10 所示的闭环负反馈结构，对于实际工程中

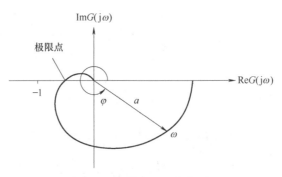

图 3-9　系统的奈奎斯特图

的绝大部分系统，当比例增益系数 K 足够大时，闭环系统的输出会不稳定。如果调节增益系数 K，使得系统的输出为等幅值振荡，则控制信号 u 和系统输出 y 之间会有 $-180°$ 的相移（见图 3-10）。因为是比例反馈，所以有下列关系：

$$u = -Ky$$

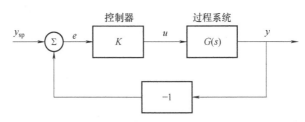

图 3-10　比例控制闭环负反馈结构图

由于是等幅值振荡，环路总的增益必须为 1，那么有

$$K_u G(j\omega_u) = -1$$

此时，系统处于极限环状态，控制器的增益 K_u 称为极限增益，从上面的等式可得

$$G(j\omega_u) = -\frac{1}{K_u} \tag{3-24}$$

极限频率 ω_u 为输出的等幅值振荡信号的频率。

采用上述比例控制方法的缺点是输出的振荡幅值太大，对设备不利。其改进的措施是将图 3-9 所示的比例控制器改成继电器。

3. 系统模型的化简

除了上述两种方法外，参数辨识方法还有很多种，具体采用哪一种方法，需要根据实际工程条件来确定。

另外一个需要说明的是系统模型化简的问题。在工程中，为了方便建模，通常把一个系统分割成若干互联的子系统，如把一个系统分成执行器、过程系统及传感器等；另外，在串级控制中，总回路也是由若干子系统构成的。在控制回路中，即使每个子系统（部件）的模型是简单的，但总系统的模型可能会相当复杂，而控制设计往往只需要用到一些简单的回路模型，因此需要对复杂模型进行简化处理。

一种显然的简化方法是，采用数据拟合的方法，如可以用复杂模型生成阶跃响应数据，再用相应的辨识方法得到低阶模型。

另一种做法是，先需要确定一个频率范围，在这一范围内，简化模型是有效的。简单地说就是，在频率 ω_0 附近，简单模型能很好地描述系统的动态特征。考虑如下传递函数：

$$G(s) = K\frac{1+b_1 s+b_2 s^2+\cdots+b_m s^m}{1+a_1 s+a_2 s^2+\cdots+a_n s^n}e^{-sL}$$

其简化原则如下：

① 比 ω_0 慢的零极点用积分器近似。

② 保留和 ω_0 相同阶的零极点。

③ 比 ω_0 快的零极点忽略或用一个小的时间延迟代替。

④ 当延迟时间 $\omega_0 L\ll 1$ 时，忽略或用一个时间常数代替。

比如，对于如下形式的传递函数：

$$G(s) = \frac{K(1+sT_1)(1+sT_2)}{(1+sT_3)(1+sT_4)(1+sT_5)(1+sT_6)}e^{-sL}$$

这里有

$$T = T_3+T_4+T_5+T_6-T_1-T_2-L>0$$

并假设 $L\ll T$，则传递函数 G 能够被简化为

$$G(s) = \frac{K}{1+sT}$$

进一步假设，$T_3>T_4>T_5>T_6$ 和 $T_5>\max(T_1, T_2, L)$；并假设在下列频率范围内，近似模型能较好地描述系统：

$$\frac{1}{T_4}<\omega_0<\frac{1}{T_5}$$

由于时间常数 T_3 比 T_4、T_5 慢，用如下积分器来简化它：

$$\frac{1}{1+sT_3}\approx\frac{1}{sT_3}$$

由于时间常数 T_1、T_2、T_6 及延迟时间 L 均小于 T_5，它们可以用如下时间常数近似：

$$T = T_6-T_1-T_2-L$$

若 T 为正值，则系统近似模型为

$$G(s) = \frac{K}{sT_3(1+sT_4)(1+sT_5)(1+sT)}$$

若 T 为负值，则系统近似模型为

$$G(s) = \frac{K(1+sT)}{sT_3(1+sT_4)(1+sT_5)}$$

3.3 PID 控制

执行 PID 控制的 PID 控制器，是目前工程中用的最多的控制器。其工程利用率有 80%～90%，几乎所有工业控制器厂商都把 PID 控制作为一种标准控制算法集成在芯片中，这一方面大大方便了控制器的设计调试工作，另一方面也要求控制工程师对 PID 控制有深入的了

解。PID 控制不仅工程应用占主导地位，在理论研究领域也具有十分重要的意义，每年都有不少关于 PID 控制的论文在国内外一线刊物上发表。

PID 控制的成功应用，得益于它巧妙的组成：它由比例（proportional，P）、积分（integral，I）、微分（derivative，D）这三项组成。其中，比例项是用比例系数乘以控制误差构成控制量，它反映了系统刚度的大小；积分项是对控制误差进行积分再乘以积分系数构成控制量，它反映了控制器对系统过去运行情况的修正；微分项是用控制误差的微分乘以微分系数构成控制量，它反映了控制器对系统未来运行趋势的修正。PID 控制以十分简单的形式刻画了一般系统的运动特点，因而它的工程适用范围较宽。

PID 控制器采用固定的结构（即比例、积分、微分这三项）。控制器设计的主要任务就是找到比例系数、积分系数、微分系数这三个系数。就是这么一件看似简单的事，却引出了大量的内容。

3.3.1 标准型 PID 控制结构

1. 开关控制作为切入点

实际工程系统一般具有这样的单调性特点：系统输入量越大，其输出量也越大；输入量越小，其输出量也变小。

对于这样的系统，为了使其输出维持在一个恒定值（如液位、温度等）上，按照一般的思维方法，自然而然的解决方法是采用图 3-11 所示的开关控制。

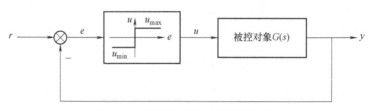

图 3-11　闭环负反馈开关控制框图

它的思路是这样的：

① 当系统实际的输出值 y 大于期望的值 r 时，则要降低系统输入量 u 为 u_{min}，按照系统单调性特点，其输出量也将变小。

② 当系统实际的输出值 y 小于期望的值 r 时，则要加大系统输入量 u 为 u_{max}，按照系统单调性特点，其输出量将增加。

显然，图 3-11 所示的闭环负反馈满足了误差判断的要求，开关控制满足了和单调性吻合的控制要求，两者一起构成了一个有效的控制策略。

开关控制的缺点是控制精度不高，输出值存在振荡，但这种控制方式成本低廉，很多要求不高的控制场合往往采用这种控制方式。

2. 比例控制的作用

一个系统多多少少会具有一定的惯性，如当施加的控制作用为 u_{max} 时，系统输出 y 并不是立即变大并超过期望输出 r，而是经过一段时间后才变大到期望输出 r，这时系统的控制作用变为 u_{min}；由于惯性，系统输出并不下降，而是上升一段时间再下降，因此开关控制容易产生振荡。为了克服这一缺点，用比例控制来代替开关控制。

比例控制就是用比例系数和控制误差相乘作为控制量（图 3-12 所示的比例控制部分）：

$$u_p = k_p e \tag{3-25}$$

采用比例控制能有效解决开关控制中的振荡现象。当系统的输出 y 远大于期望输出信号 r 时，由式（3-25）得到比例控制作用 u_p 为较大的负值，它使得总控制量 u 变小，从而使 y 减小；而当 y 逐渐接近期望输出 r 时，比例控制作用 u_p 为较小的负值，总控制量 u 变化较小，系统输出逐步趋于恒定，避免了开关控制的振荡现象。

虽然比例控制解决了开关控制振荡的问题，但它也存在控制误差不能为 0 的缺陷。按照式（3-25），当控制误差 $e = 0$ 时，$u_p = 0$，按照系统单调性特点，则此时系统的输出 $y = 0$；而当 $y = 0$ 时，则控制误差为 $e = r - y = r$，因此，比例控制的控制误差不可能为 0，而是恒定在某一值上，从而驱动系统产生一定的输出（利用拉普拉斯变换性质中的终值定理可以求出比例控制的稳态误差的值）。解决这一问题的做法是引入积分控制。

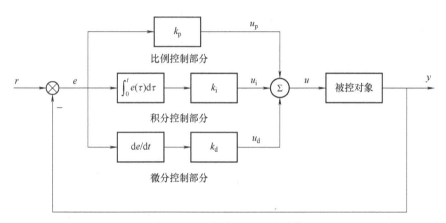

图 3-12　PID 控制器的组成结构

3. 积分控制的作用

按照式（3-25），单独采用比例控制是无法消除系统稳态误差的，但如果加入一个偏置项 u_{offset} 作为附加的控制量，就有可能消除稳态误差。假设控制误差 $e = 0$，则比例控制作用为 $u_p = 0$，此时总的控制作用为 $u = u_p + u_{offset} = u_{offset}$。此时，若偏置项 u_{offset} 的取值合适，就有可能使系统的输出 $y = r$，从而使控制误差维持为 $e = 0$。

那么，如何自动地确定偏置项 u_{offset} 的值呢？采用积分控制就能巧妙地实现这一目的：

$$u_i = k_i \int_0^t e(\tau) d\tau \tag{3-26}$$

式（3-26）的作用原理：假设某一时刻的积分控制量为 u_i^0（即偏置项 $u_{offset} = u_i^0$），而此时的控制误差 $e = r - y > 0$，即系统输出值 y 较小；按照式（3-26），积分控制量将变大为 $u_i^1 = u_i^0 + k_i e$，由于系统的输入输出具有单调性的特点，u_i^1 将使系统输出值 y 变大，这样逐步调整直至 u_i 对应的系统输出值 $y = r$，从而消除了系统的稳态误差。

对于图 3-12 所示的积分控制部分，它和比例控制一起构成了工程中常用的 PI 控制形式。

PI 控制存在的一个缺点是，由于系统具有惯性，PI 控制容易造成系统过冲，从而使系统产生振荡。在图 3-13 所示的阶跃响应中，为了加快系统的响应，PI 控制的系数应适当加大些，而这会导致系统输出 y 在过点 A 时有较大的速度；进入 AC 段后，由于控制误差 $e<0$，PI 控制量很快变小，到点 C 时，系统输出量 y 会以较大的速度反向冲入 CD 段。

解决系统过冲的一个想法是，引入阻尼来限制系统的运动速度，而采用微分控制则能起到阻尼的作用。

4. 微分控制的作用

在 PI 控制的基础上引入微分控制（图 3-12 所示的微分控制部分）：

$$u_{\mathrm{d}} = k_{\mathrm{d}} \frac{\mathrm{d}e}{\mathrm{d}t} \tag{3-27}$$

将三部分结合就构成了完整的 PID 控制器。

微分控制式（3-27）所起的作用，可以通过分析图 3-13 所示的阶跃响应各个阶段来了解。

OE 段：此时，系统的误差状态较大，控制量应适当大些以尽快减小系统误差。由于 OA 段的误差逐渐变小，因而 $u_{\mathrm{d}} = k_{\mathrm{d}} \dfrac{\mathrm{d}e}{\mathrm{d}t} < 0$（图 3-13 所示的微分曲线的正负变化），微分控制会使得总控制量 $u = u_{\mathrm{p}} + u_{\mathrm{i}} + u_{\mathrm{d}}$ 变小，而在起始的 OE 段，系统速度还没有升起来，因此，这一阶段的微分作用较弱，主要还是比例控制在起作用。

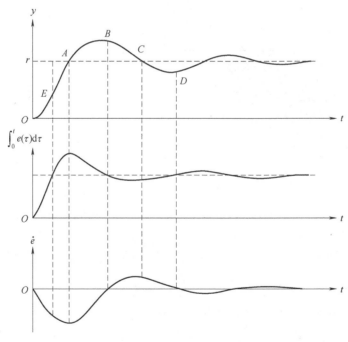

图 3-13　阶跃响应各个阶段及相应的误差积分和微分值

EA 段：系统误差状态变小，控制的主要任务是防止系统过冲而形成振荡。此时，PI 控制中的积分部分较大，但相应的系统的速度也较大，因而微分作用较强，所以微分作用能有效地限制总的控制量产生较大的变化，防止系统产生过冲。

AB 段：这一阶段的比例控制和微分控制为负，从而限制系统的超调量。

其他阶段也可以做类似的分析。

由上面的分析知，微分项和系统运动的速度有关，它总是起到阻止系统运动的作用，并且速度越快，阻力作用越大。微分项的另一个物理意义是，能对系统运动预测。在微分项 $u_d = k_d \dot{e}$ 中，$\dot{e}$ 是误差曲线上的方向导数，它指明了误差曲线未来的发展势态。

至此，已经介绍了基本型 PID 控制器的结构，以及采用这种结构的合理性。基本型 PID 控制器由式（3-25）~式（3-27）叠加而成：

$$u = u_p + u_i + u_d = k_p e(t) + k_i \int_0^t e(\tau)\mathrm{d}\tau + k_d \dot{e}(t) \tag{3-28}$$

由式（3-28）可以得到控制器的传递函数 $C(s)$ 为

$$C(s) = \frac{U(s)}{E(s)} = k_p + \frac{k_i}{s} + k_d s \tag{3-29}$$

式中，$U(s)$ 为控制量 u 的拉普拉斯变换；$E(s)$ 为控制误差 e 的拉普拉斯变换。式（3-29）中系数也可以采用时间常数的形式：

$$C(s) = K\left(1 + \frac{1}{T_i s} + T_d s\right) \tag{3-30}$$

这也是工程调试中最常采用的 PID 结构。

除了上述基本型 PID 控制结构外，根据具体情况，PID 控制器可以灵活分解成 PI、PD 等控制结构。其中，PI 控制结构通常用来控制一阶被控对象，而 PID 控制结构通常用来控制二阶系统。除了一些复杂的控制问题需要采用其他的方法外，一般的控制问题采用 PI 或 PID 就足以完成控制任务了。

5. PID 控制器的数字实现

当前的 PID 控制器都是以数字方式集成在芯片中，许多控制器制造厂商把和控制相关的一些功能都集成在一起，如采样、前置滤波、离散化等。控制工程师只需连接输入输出信号线并做一些参数设定即可，控制器的参数整定才是他们的主要任务。也有一些场合需要工程师自己编制控制程序，这时就需要考虑 PID 控制器的数字实现方面的问题。

PID 控制的数字实现也较为简单。比例项式（3-25）直接用采样值代替连续量即可，而积分项式（3-26）和微分项式（3-27）则可以采用下面的差分方程来近似：

$$u_i(n) = k_i \sum_{k=1}^n T_p e(k)$$

$$u_d(n) = k_d \frac{e(n) - e(n-1)}{T_p}$$

式中，T_p 为采样周期；$e(n)$ 为第 n 次的采样值。将两式代入式（3-28），可得出 PID 控制器的数字实现：

$$u(n) = k_p e(n) + k_i \sum_{k=1}^n T_p e(k) + k_d \frac{e(n) - e(n-1)}{T_p} \tag{3-31}$$

本书第 10 章会介绍增量式数字 PID 控制技术，详细内容见 10.5.3 节。

3.3.2　PID 结构的改进

为了提高系统的控制性能和操纵性能，基本型 PID 派生出许多其他形式的结构，下面对一些改进的结构进行介绍。

1. 串联结构

在 PID 控制的发展过程中，早期的气动控制器就是串联结构的，随着技术进步，现在的芯片时代仍保留串联 PID 控制结构，如图 3-14 所示。

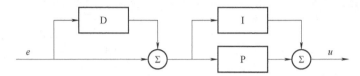

图 3-14　串联结构的 PID 控制器的控制原理框图

假设图 3-14 所示的比例系数、积分系数、微分系数分别为 k_p、k_i、k_d ［也可以采用式（3-30）的时间常数形式］，则由图 3-14 所示可以得到串联 PID 控制器的传递函数：

$$C(s) = \left(k_p + \frac{k_i}{s} \right)(1 + k_d s) = k_p \left(1 + \frac{k_i}{k_p s} \right)(1 + k_d s) \tag{3-32}$$

由式（3-32）可以看到，串联 PID 控制器的参数直接和控制器零点相对应，在手动调节控制参数时，参数变化的效果要比并联 PID 控制器更明显一些，因此它适于手动调试控制器参数。

2. 微分先行及微分增益限制

微分先行的思想是，微分只对系统输出信号 y 进行微分，而不是对误差信号 $e=r-y$ 进行微分。这是因为误差信号中包含设定值信号 r，它的变化通常是阶跃信号形式（如按钮接通等），对它进行微分会产生一个大的跳变，那么为了缓和控制量，可以采用对输出信号 y 进行微分来代替误差信号 e 的微分。微分先行特别适合设定值 r 频繁切换的场合。微分先行的 PID 控制原理框图如图 3-15 所示。微分作用存在的另外一个问题是高频噪声放大的问题。例如，对于如下正弦型的测量噪声：

$$n = a\sin\omega t$$

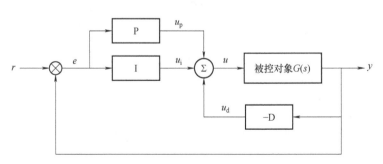

图 3-15　微分先行的 PID 控制原理框图

该噪声所形成的微分控制量为

$$u = KT_d \frac{\mathrm{d}n}{\mathrm{d}t} = aKT_d \omega \cos\omega t$$

从上式可以看到，如果反映噪声频率的 ω 足够大，则控制信号可以有任意大的幅值。在实际工程中，一定量的噪声经微分作用后足以淹没系统的控制信号。为了避免这种情况，微分项的高频增益需要进行限制，为此采用一个低通滤波器对微分进行修正：

$$U_\mathrm{d}(s) = \frac{k_\mathrm{d}s}{1+\alpha k_\mathrm{d}s} \quad \alpha < 1 \tag{3-33}$$

低频时，式（3-33）起到微分的作用；高频时，式（3-33）的增益系数限制为 $1/\alpha$。
式（3-33）可以作为图 3-15 所示的微分计算式。

3. 设定值加权

基本型 PID 控制是以误差信号形成控制量，一种更为灵活的控制方法是对误差信号中的设定值采用某种加权形式实施控制。考虑如下形式的误差：

比例部分的误差为

$$e_\mathrm{p} = br - y \tag{3-34}$$

微分部分的误差为

$$e_\mathrm{d} = cr - y \tag{3-35}$$

为避免出现稳态误差，积分误差形式维持不变，即 $e_\mathrm{i} = r - y$。

三种误差形式下的 PID 控制为

$$u = u_\mathrm{p} + u_\mathrm{i} + u_\mathrm{d} = k_\mathrm{p}e_\mathrm{p} + k_\mathrm{i}\int_0^t e_\mathrm{i}(\tau)\mathrm{d}\tau + k_\mathrm{d}e_\mathrm{d}$$

$$= k_\mathrm{p}br + k_\mathrm{i}\int_0^t r(\tau)\mathrm{d}\tau + k_\mathrm{d}cr - \left(k_\mathrm{p}y + k_\mathrm{i}\int_0^t y(\tau)\mathrm{d}\tau + k_\mathrm{d}y\right)$$

上式经拉普拉斯变换后得

$$U(s) = \left(k_\mathrm{p}b + \frac{k_\mathrm{i}}{s} + k_\mathrm{d}cs\right)R(s) - \left(k_\mathrm{p} + \frac{k_\mathrm{i}}{s} + k_\mathrm{d}s\right)Y(s) \tag{3-36}$$

式（3-36）对应的控制原理框图如图 3-16 所示，设定值 r 到控制量 u 之间的传递函数为

$$C_{ru}(s) = k_\mathrm{p}b + \frac{k_\mathrm{i}}{s} + k_\mathrm{d}cs \tag{3-37}$$

而系统输出 y 到控制量 u 之间的传递函数为

$$C_{yu}(s) = k_\mathrm{p} + \frac{k_\mathrm{i}}{s} + k_\mathrm{d}s \tag{3-38}$$

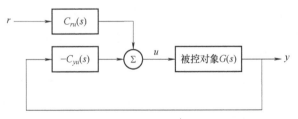

图 3-16　设定值加权方法所对应的控制原理框图

由图 3-16 所示的框图，可以进一步求得系统设定值响应的闭环传递函数为

$$H_{ry}(s) = \frac{G(s)C_{ru}(s)}{1 + G(s)C_{yu}(s)} \tag{3-39}$$

而系统扰动抑制性能、测量噪声灵敏度等指标和参数 b、c 没有关系，因此，设定值加权方法可以将设定值跟踪指标和扰动抑制、测量噪声灵敏度等指标分开考虑。

图 3-17 给出了参数 b 对系统性能的影响。当 $b=0$ 时，只有积分项中有设定值，因而设定值变化引起的超调最小；随着参数 b 的增大，超调量也加大。另外，也可以看出，负载扰动及测量噪声的响应并不随参数 b 的变化而发生变化。

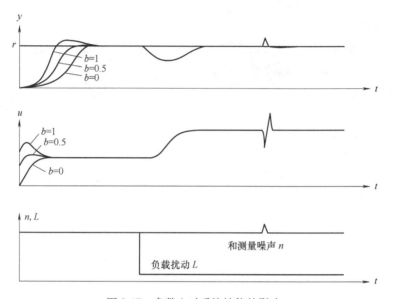

图 3-17　参数 b 对系统性能的影响

对于参数 c，通常选 $c=0$，这样可以得到前面介绍的微分先行控制。

4. 抗积分饱和控制

PID 控制经常出现的一个问题是积分饱和问题。当执行机构已经到极限位置时仍然不能消除静差，此时，由于积分作用，尽管 PID 所得的控制量继续增大或减小，但执行机构已无相应的动作，这种现象就叫积分饱和。积分饱和时，积分项就会变得很大，需要反向误差经过长时间的消减才能使积分项恢复正常。

解决积分饱和问题的一种做法是采用图 3-18 所示的抗积分饱和控制器。通过测量实际的执行器输出 u 和控制输出 v，两者形成误差信号 e_s，将这一误差信号反馈给控制器的积分部分构成一个附加反馈通路，反馈增益为 k_s。如果没有饱和，则误差信号 $e_s=0$，因次，当执行器没有饱和时，这一附加反馈通路对控制没有任何影响；当执行器饱和时，误差信号 e_s 不为 0，此时，由于过程系统的输入 u 保持不变，过程系统的反馈通路被中断，但附加的反馈通路还存在。如图 3-18 所示，在附加回路中，积分器的输出力图使积分器的输入为 0，参数 k_s 用来调节积分器置位的快慢。

抗积分饱和控制器的控制效果如图 3-19 所示。可以看到，积分器迅速被置位到一个值，该值使得控制器输出处于饱和限值，此时附加回路开始工作，积分器的值也随之减小，并最终使积分器重新进入非饱和状态。抗积分饱和控制器能有效解决积分饱和问题，避免出现积分饱和时那种长时间的输出振荡现象。

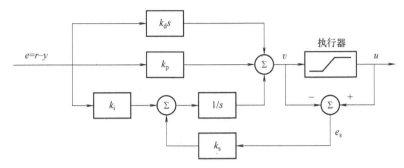

图 3-18　抗积分饱和控制器框图

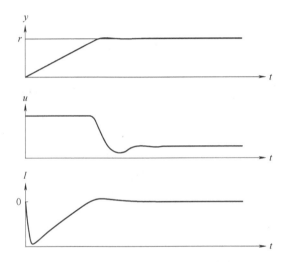

图 3-19　抗积分饱和控制器的控制效果

3.3.3　PID 控制参数的手动调试

本章开始的时候介绍了系统建模问题，接着又介绍了系统性能指标问题，按照式（3-1）、式（3-2）所揭示的关系，控制器 $C(s)$ 可以根据被控对象 $G(s)$、闭环系统性能指标来确定。对于 PID 控制器来说，其结构是固定的，需要确定的只是 PID 控制器的三个参数：k_p、k_i、k_d。也就是说，确定了这 3 个参数，整个控制器设计工作也就完成了。

那么，如何确定这 3 个参数呢？这实际上是 PID 控制的核心问题。

在实际工程中，当一个有经验的控制工程师面临一个工程控制任务时，一般不会按照前面所讲的内容按部就班地先建模，确定闭环性能指标，再设计控制器参数，而是根据经验先设定一组 PID 控制参数，根据这组控制参数的运行情况，再有针对性地进行调整，直至系统的运行情况满足指标要求。

在指标要求不高的情况下，这种试凑方法往往是可行的。由于它实施起来比较简单，因而在工程中用的较多。当指标要求较高时，试凑方法可能难以奏效。这时，需要根据具体情况做一些系统建模、指标计算、控制器设计等相关工作，以避免盲目的试凑。另外，一些不稳定的被控对象无法直接进行参数试凑（如倒立摆控制），它也需要先进行一定的设计计算，使系统能稳定工作后，再进行有针对性的参数调试。

手动调试可以考虑如下调试步骤：

① 按照先比例、再积分、最后微分的顺序进行调试。

② 先关断积分项、微分项 [即式（3-30）的参数 $T_i = \infty$、$T_d = 0$]，比例参数 k_p 先选一个经验值，再逐步调整 K 使得阶跃响应的衰减率 $d = 1/4$（见图 3-14）。

③ 减小比例参数 K 到 $0.8K$，加入积分项，逐步减小 T_i 的值，使阶跃响应性能进一步提高。

④ 如需引入微分项，可以按照 $T_d = (1/4 \sim 1/3) T_i$ 来设置，或者由小到大逐步调试。

上述调试步骤只是针对常见工业对象而言的，由于被控对象包罗万象，不可能有一个普适性的调试步骤，还是要依靠工程师的经验和对 PID 控制的深入了解。

3.3.4 齐格勒-尼科尔斯整定方法

齐格勒-尼科尔斯（Ziegler-Nichols）整定方法包含两个整定方法：一种方法是以阶跃响应数据为基础，求出被控制系统模型的特征量，进而用经验公式求出 PID 控制参数；另一种方法是以频率响应特征量为基础，求出 PID 控制参数。下面，分别介绍这两种参数整定方法。

1. 阶跃响应整定方法

被控系统的开环阶跃响应及其模型特征量如图 3-20 所示。首先，确定阶跃响应曲线上具有最大斜率的点，在该点处画出相应的切线，该切线分别与两个坐标轴相交，交点至原点的距离分别为 L（横轴上距离）和 a（纵轴上距离）。

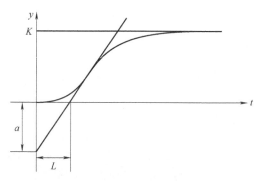

图 3-20　被控系统的开环阶跃响应及其模型特征量

以参数 L、a 为反映被控对象的特征量，闭环性能指标取衰减率 $d = 1/4$，用齐格勒-尼科尔斯整定方法，针对不同类型的系统进行了大量的仿真试验，得到表 3-2 所示的公式为 PID 控制参数整定的经验公式。其中，PID 控制器以式（3-30）形式表示。

表 3-2　齐格勒-尼科尔斯阶跃响应方法的 PID 控制器参数整定公式

控制器	K	T_i	T_d
P	$1/a$		
PI	$0.9/a$	$3L$	
PID	$1.2/a$	$2L$	$L/2$

下面用一个例子来检验一下齐格勒-尼科尔斯阶跃响应方法的参数整定效果。

【例 3-1】 齐格勒-尼科尔斯阶跃响应方法的参数整定效果。

考虑被控系统为

$$G(s) = \frac{1}{(s+1)(2s+1)(3s+1)}$$

它的阶跃响应特征量为 $L = 1.4$、$a = 0.2$，按照表 3-2 所示，得到 PID 控制参数为 $K = 6$、$K_i = 2.8$、$T_d = 0.7$。在这些控制参数下，得到闭环系统的单位阶跃响应，如图 3-21 所示。显然，这个阶跃响应的超调过大，其原因在于衰减率 $d = 1/4$ 对应的阻尼较小 [约为 $X = 0.22$]，因而振荡较大。

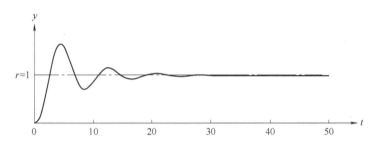

图 3-21　利用齐格勒-尼科尔斯阶跃响应方法所得控制器的闭环阶跃响应

2. 频率响应整定方法

将一个比例控制器和被控系统构成闭环负反馈系统，逐步增加比例增益值直至过程系统开始振荡，此时的开环增益值为 K_u，振荡的周期为 T_u。参数 K_u 和 T_u 分别称为极限增益和极限周期。

同样，以参数 K_u、T_u 作为反映被控对象的特征量，闭环性能指标取衰减率 $d = 1/4$，齐格勒-尼科尔斯频率响应方法的控制器参数整定公式见表 3-3。

表 3-3　齐格勒-尼科尔斯频率响应方法的控制器参数整定公式

控制器	K	T_i	T_d
P	$0.5K_u$		
PI	$0.4K_u$	$0.8T_u$	
PID	$0.6K_u$	$0.5T_u$	$0.125T_u$

【例 3-2】　齐格勒-尼科尔斯频率响应方法的参数整定效果。

被控系统和例 3-1 一致，则系统对应的极限增益和极限周期为 $K_u = 10$、$T_u = 6.3$，按照表 3-3 所示，得到 PID 控制参数为 $K = 6$、$T_i = 3.15$、$T_d = 0.7875$，得到相应的控制效果，如图 3-22 所示。

可以看到，频率响应方法和前面的阶跃响应方法效果差不多，闭环系统的阻尼指标都比较小。

3. 修正的齐格勒-尼科尔斯整定方法

经典的齐格勒-尼科尔斯整定方法所得控制参数的控制效果不能令人满意，为此一些研究者对齐格勒-尼科尔斯整定方法进行修正。下面，介绍一种修正的齐格勒-尼科尔斯整定方

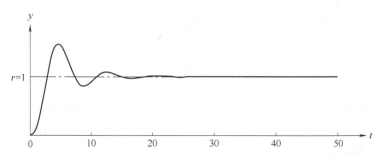

图 3-22　齐格勒-尼科尔斯频率响应方法所得控制器的闭环阶跃响应

法，其 PID 控制结构采用如下设定值加权形式：

$$u = K\left[(\beta r - y) + \frac{1}{T_i}\int_0^t e(\tau)\mathrm{d}\tau - T_d \frac{\mathrm{d}y}{\mathrm{d}t}\right] \quad (3\text{-}40)$$

对式（3-40）中的控制参数进行整定，需要用到规范化的增益 κ 和延迟时间 τ 这两个参数。这两个参数同样可以用来反映被控对象特性，其定义如下：

$$\kappa = KK_u \quad (3\text{-}41)$$
$$\tau = L/T \quad (3\text{-}42)$$

式中，κ 为被控对象的极限增益［见式（3-24）］和静态增益之积；τ 为纯延迟时间和时间常数之比。

针对不同的参数 κ、τ 的值，式（3-40）所示的齐格勒-尼科尔斯参数整定方法的修正见表 3-4。

表 3-4　齐格勒-尼科尔斯参数整定方法的修正

κ、τ 的取值范围	设定值加权 b 和积分修正系数 m	备注
$2.25 < \kappa < 15$ $0.16 < \tau < 0.57$	$\beta = \begin{cases} \dfrac{15-\kappa}{15+\kappa} & 10\%超调 \\[2mm] \dfrac{36}{27+5\kappa} & 20\%超调 \end{cases}$	式（3-40）中的其他参数的整定和表 3-3 所示的一致
$1.5 < \kappa < 2.25$ $0.57 < \tau < 0.96$	$\begin{cases} \beta = \dfrac{8}{17}\left(\dfrac{4}{9}\kappa + 1\right) \\[2mm] \mu = \dfrac{4}{9}\kappa \end{cases}$	$T_i = 0.5\mu T_u$ 式（3-40）中的其他参数的整定和表 3-3 所示的一致

齐格勒-尼科尔斯参数整定方法是基于系统阶跃响应和频率响应试验得出控制参数的。它实施起来比较简单，因而在一些参数自整定场合用得较多。下面，介绍一些基于被控对象传递函数模型的控制参数设计方法。

另外，参数整定方法还有极点配置参数设计、最优 PID 整定等方法，感兴趣的读者可参考相关资料。

3.4　基本控制系统结构

前面对 PID 控制器的来龙去脉作了较为详细的介绍，这些控制方法都是针对单回路控制问题的，而实际工程中的控制问题则要复杂得多，不仅有多变量控制问题，而且控制的目标也可能不再是输出跟踪设定值这样简单直接的目标。

对于一个实际的工程系统，首先需要把相关的问题进行细化，按照自顶向下的设计原则，把复杂的工程问题细化成一些简单问题，而这些简单问题则可以采用常规控制器、运算器及一些简单的控制回路所构成的基本控制系统结构来解决。

本节主要介绍一些常见的基本控制系统结构。注意，这里的控制系统结构和前面介绍的PID 控制器结构是完全不同的两个概念。PID 控制器结构是指 PID 三项的构成形式及其改进形式。而这里的基本控制系统结构是指由控制器、运算器、被控系统的连接而成简单控制系统统，它是构建复杂系统的基础。

3.4.1　比值控制

工业生产中常见的一个问题是，如何控制不同物料的混合比例。例如，在燃烧控制问题中，通常希望燃油和空气具有特定的混合比例。比值控制原理框图如图 3-23 所示，一个进料 y_k 由其他的系统给出；另一个进料 y 采用图 3-23 所示的方式控制，其设定值为 a、反馈变量 y/y_k 由除法器得到。由于 y_k 是变化的，因而对进料 y 控制的控制器增益与信号 y_k 有关，这种方法会使得控制回路为非线性的。

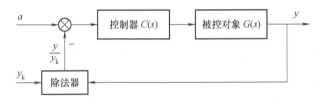

图 3-23　比值控制原理框图

更好的做法是采用图 3-24 所示的控制原理，它是将 y_k 和偏差项 b 相加再乘以比值 a 作为设定值，再以常规的 PI 控制对 y 进行控制，其控制误差信号为

$$e=a(y_k+b)-y$$

式中，a 为期望的比值，若误差为 0，则有

$$y=ay_k+b \qquad (3-43)$$

引入偏差项 b 的目的是为了防止 y、y_k 同时为 0，有些设备工艺可能不允许两者同时为 0。

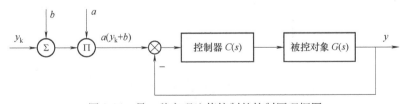

图 3-24　另一种实现比值控制的控制原理框图

3.4.2　平行系统控制

以平行结构连接的系统较为常见，如驱动同一负载的多个电动机系统、电力系统及蒸汽

分配网络等，对这类系统的控制有一些特殊要求。下面以两个电动机驱动同一负载的情况为例，来说明这类控制问题的难点。

图 3-25 所示的系统是一个电动机转速控制系统，图中的 ω_{sp} 为期望转速，ω 为实际输出转速，M_1、M_2 分别为两个电动机输出转矩，总的惯量为 J，阻尼系数为 D，则图中系统的动力学方程为

$$J\frac{d\omega}{dt}+D\omega=M_1+M_2-M_L \tag{3-44}$$

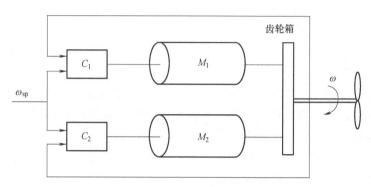

图 3-25　平行系统的结构原理图

假设图 3-25 所示的控制器 C_1、C_2 均采用带有积分项的 PI 或 PID 控制器，则上述平行系统是不可控系统。其原因如下：假设回路 C_1、M_1 满负荷工作，而回路 C_2、M_2 不工作，由于有积分项，这样的状态是可以存在的；同样，系统也可以是回路 C_1、M_1 负担大部分负荷，而回路 C_2、M_2 负担小部分负荷。系统不可能根据误差信号独立地对 M_1 和 M_2 进行调节。

为了使负荷均匀分配，可以采用图 3-26 所示的平行系统控制，它采用一个 PI 控制器，因此不存在前面所说的不可控问题；为了使两个电动机均匀出力，采用了分配系数 α 对电动机的输出转矩进行调节。图 3-26 中，PI 控制器用来调节总的输出力矩 M_1+M_2 的大小，而按照式（3-44），总的输出转矩 M_1+M_2 影响着输出转速 ω；分配系数 α 只是对总的输出转矩进行分配，让每个电动机分别承担一定的转矩配额。

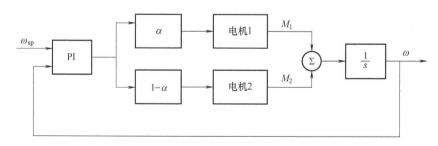

图 3-26　改进的平行系统 PI 控制原理框图

3.4.3　串级控制

如果过程系统具有若干个测量信号和一个控制变量，则可以考虑使用串级控制，这种方法特别适合具有长延迟时间和长惯性时间的难于控制的过程系统。

　　串级控制是由嵌套的控制回路构成的,其控制原理框图如图 3-27 所示。图中的系统有两个回路或内环:内部的回路称作副回路或内环;而外部的回路称作主回路或外环,这是因为外部回路处理的是主测量信号。串级控制也可以有更多的嵌套回路。通过若干个测量信号,系统的性能能够提高到一定的程度。如果所有的状态变量是可测量的,控制通常不需要引入其他的测量变量,因为在这种情况下,串级控制和状态反馈是相同的。

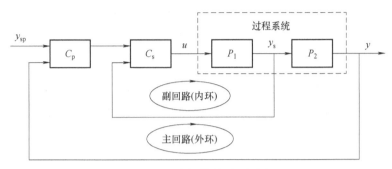

图 3-27　串级控制原理框图

　　下面用一个例子来说明串级控制结构的优点。考虑图 3-27 所示的过程系统的传递函数为

$$G_{P1} = \frac{1}{s+1}$$

$$G_{P2} = \frac{1}{(s+1)^3}$$

　　假设负载扰动在过程系统的输入端进入系统。可以看出,从控制变量到过程系统主输出之间的动态特性是难以控制的。采用 PI 控制比较合理,其控制器参数整定为 $K = 0.37$、$T_i = 2.2$,相应的负载扰动阶跃变化的响应如图 3-28 虚线所示,上为输出曲线,下为控制曲线。

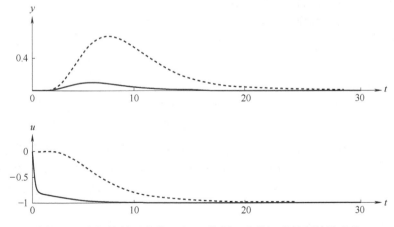

图 3-28　串级控制(实线)和 PI 控制(虚线)的控制效果比较

　　由于副测量变量对控制信号的响应很快,因此,副回路可以采用较高的回路增益。若副回路采用增益为 K_s 的比例控制,则从图 3-27 所示的设定值 C_s 处至过程系统的输出的传递函

数为

$$G(s) = \frac{K_s}{(s+1+K_s)(s+1)^3}$$

这个传递函数对应的动态特性要比过程系统的开环动态特性快一些，这就使得主回路可以采用更高的控制增益。当副回路增益 $K_s = 5$ 时，主回路的 PI 控制器的参数为 $K = 0.55$、$T_i = 1.9$，相应的响应曲线如图 3-28 实线所示（同样的，上为输出曲线，下为控制曲线）。

由图可以看出，串级控制使系统扰动响应的性能得到大幅提高，特别是它的控制变量下降得非常快。这主要是因为副回路反馈响应速度快，和主回路相比，它能很快检测到扰动并做出响应。

这里的副回路控制器是比例控制器，其回路增益为 5，大部分扰动可以由副回路抑制掉，而其余的误差速度较慢，它需要由主回路消除掉，因此主回路一般需要具有积分作用，而积分作用往往会使扰动响应有一定的超调。

（1）副回路测量变量的选择

判断串级控制能否提高系统性能及如何选择副回路测量变量是十分重要的。这实际上也不难，只要牢记一条：串级控制是围绕扰动而设置的一个刚度相对较大的反馈控制。在理想情况下，副回路较大的控制刚度使得它是一个良好的伺服系统，它能使测量变量很快地跟踪控制信号。选择副回路测量变量的基本原则如下：

① 主回路测量变量和副回路测量变量之间的关系要有明确的定义。

② 系统的主要扰动要处于副回路之中。

③ 副回路要快于主回路，通常的经验准则是两者的平均调整时间之比大于 5。

④ 副回路应有较大的增益。

⑤ 副回路通常要包含执行器，这样，副回路的参考变量可以表示为一个确定的物理量，如流量、压力、转矩、速度等，而副回路的控制变量则为阀门压力、控制电流等。

（2）控制模式的选择

选择了副回路测量变量后，还需要选择主、副回路控制器的合适的控制模式，并对它们的控制参数进行整定。控制模式需要根据过程系统的动态特性和扰动特性来选择，由于工程条件千差万别，很难能够给出一般性的选择原则。在一些场合，控制模式需要经过分析仿真才能确定下来。

对于图 3-27 所示的系统，为了使串级控制有效，需要系统 P_2 慢于 P_1，并且主扰动作用在 P_1 上。假设这些条件都满足，副回路控制器则通常选择为一个纯比例控制器或 PD 控制器。在某些情况下，积分作用有利于提高低频扰动的抑制能力。如果没有积分作用，副回路可能会有静态误差，但实际上并不会造成太大的影响。这是因为副回路主要是用来消除高频扰动的，慢扰动则由具有积分作用的主回路来消除。另外，副回路实际上最好不要有积分作用，否则往往会造成主回路的超调过大，只有当过程系统 P_2 的延迟特性相对较大时，副回路才考虑积分。

在实际工程中，常常会遇到系统 P_2 为纯积分的情形。这时，副回路的积分控制等效于主回路的比例控制。若副回路采用了积分控制，则主回路的比例控制必须减小，这对系统的控制性能是特别不利的。较好的解决办法是去掉副回路的积分作用，增加主回路的回路增益。

（3）串级控制的整定与调试

串级控制的控制器整定是有一定的顺序的，它是先将主回路打在手动状态，对副回路先进行整定；整定完副回路后，将副回路打在自动控制的状态，再对主回路进行整定。副回路通常整定成临界阻尼或过阻尼状态（对应一个小的灵敏度 M_s），否则，主回路的稳定裕度会较小。

串级控制的调试需要注意一些问题，下面给出了在手动状态下两个控制器的调试步骤：

① 手动调整副回路控制器，使得副回路输出与副回路的设定值一致。

② 设置副回路控制器为自动模式，其设定值设置为内部设定值状态。

③ 手动调节主回路控制器，使得其过程变量和设定值相等。主回路的控制信号是副回路的设定值信号。

④ 切换副回路控制器至外部设定值状态。

⑤ 切换主回路控制器至自动模式。

对不同控制器，上面步骤中的阶跃响应的程度是不同的。另外，若步骤不正确，将会产生切换暂态效应。

3.5　小结

本章首先介绍了两个工程实例的建模过程，通过系统的微分方程及拉普拉斯变换来对系统响应进行求解。在此基础上，引出传递函数作为系统数学模型，并通过传递函数的零极点对系统的响应性能进行评价。同时，本章还介绍了没有传递函数的情况下，通过系统辨识获得传递函数的方法。即，系统辨识的本质是数据拟合——利用输入输出数据拟合出传递函数的系数。

对于控制系统来，选择合适的控制结构是十分重要的。它涉及控制系统能否达到预定的功能，而控制器的选择只是影响到功能实现的好坏问题。从这个方面讲，控制系统结构的选择比控制器更为重要。因此，3.3、3.4 节分别介绍了控制系统中常用的 PID 控制器及基本控制结构，尤其针对 PID 参数的整定进行了详细介绍。

本章知识理论性很强，需要较深的数学功底，在具体学习过程中，可以通过 Matlab 软件等工具来辅助学习。

第 **4** 章 常用设施设备

工业电气控制系统，通常由被控对象、控制器件、检测元件和执行器组成。本章主要介绍发射场设备控制系统中常用的设施设备，包括按钮、开关、继电器等电气控制器件，温度、压力、流量等主要参数的检测设备，电动、气动、电液驱动等执行器件；重点介绍典型器件的应用场景、工作原理和使用方法。常用检测设备本书第 2 章已经进行了介绍，本章主要介绍发射场设备中常用的电气控制器件、执行设备和机械传动机构。

4.1 电气控制器件

电气控制器件，在控制系统中起着控制信号传递和放大、电路接通和断开、状态检测和指示等作用，同时对控制对象进行保护，避免出现损坏控制对象的情况。常用电气控制器件及分类如图 4-1 所示。

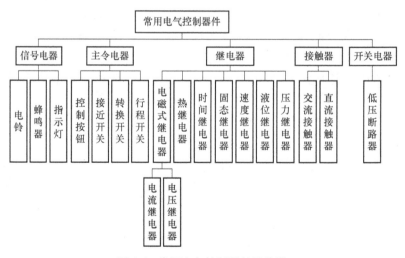

图 4-1 常用电气控制器件及分类

发射场设备的电气控制系统，通常按照规范要求分为配电柜和控制柜。图 4-2 所示为某组合式空调机组的配电柜的内部布局，柜内的典型器件包括断路器、接触器、熔断器、变频器、固态继电器、热继电器等，主要用于风机、电加热器等大功率设备的供电和控制。图 4-3 所示为某组合式空调机组的控制柜的内部布局，柜内的典型器件包括 PLC 控制器、开关电源、断路器、继电器、隔离器等，主要用于输出指令传递、输入信号检测。配电柜和控制柜面板（见图 4-4）都会设置转换开关、按钮开关、指示灯、蜂鸣器、数字或指针电能表、触摸屏等指令器件和指示器件，用于发出控制指令、显示设备状态和故障信息。

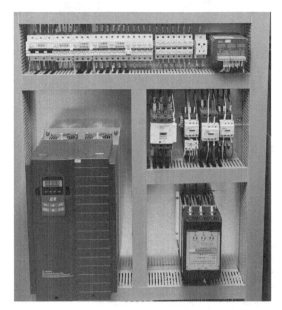

图 4-2　某组合式空调机组的配电柜的内部布局

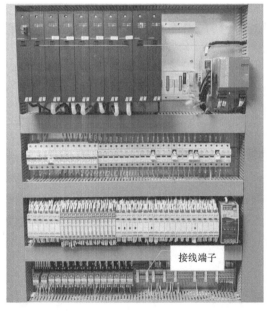

图 4-3　某组合式空调机组的控制柜的内部布局

4.1.1　继电器

继电器是一种常用的控制元件，在各种控制电路中用来进行信号传递、放大、转换、联锁等，可以将电压、电流等电量信号或温度、压力、转速、时间等非电量信号转换为开关量

图 4-4　控制柜面板

输出，控制主电路和辅助电路中的器件或设备按预定的动作程序进行工作，实现自动控制和保护的目的。

继电器种类多样、用途广泛，按工作原理分为电磁式继电器、感应式继电器、电动式继电器、热继电器、电子式继电器等；按输入信号的性质分为电压继电器、电流继电器、时间继电器、温度继电器、速度继电器、压力继电器等；按输出形式分为有触点和无触点两类；按用途分为控制继电器和保护继电器等。本章按照工作原理结合功能用途，对发射场设备控制系统中常用的几类继电器进行介绍。

1. 电磁式继电器

电磁式继电器可以分为电磁机构和触头机构两部分，一组触头通常由一对常开触头和一对常闭触头组成，其工作原理可以用图 4-5 所示来说明。图中，虚线部分为一个交流电磁机构，按下 SF 后，线圈通电，产生磁力将衔铁吸合，带动常开触头闭合，负载端电路接通，指示灯 PG 被点亮；断开开关 SF 后，线圈断电，衔铁释放，常开触头断开，负载端电路断开，指示灯 PG 断电熄灭。

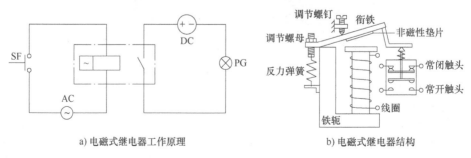

a) 电磁式继电器工作原理　　　　　b) 电磁式继电器结构

图 4-5　电磁式电器工作原理及结构

（1）电流继电器

电流继电器通过感应加载到线圈上的电流大小来驱动触头机构动作，使用时线圈与负载串联。根据线圈电流的种类分为直流和交流电流继电器，按吸合电流相较于负载电流的大小分为过电流继电器和欠电流继电器。其图形符号如图 4-6a 所示。

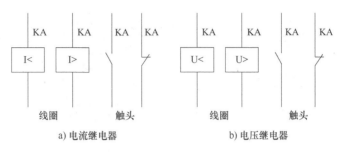

a) 电流继电器　　　　　　　　　b) 电压继电器

图 4-6　电磁继电器的图形符号

① 过电流继电器的吸合电流高于负载工作电流，其常闭触头串联接入负载控制回路、线圈串联接入负载工作回路。负载设备正常工作时，衔铁处于释放状态，常闭触头吸合，负载电路正常接通；当负载电路出现过载电流时，衔铁吸合，带动常闭触头断开，分断负载控制回路，起到过电流保护的作用。

② 欠电流继电器的吸合电流低于负载工作电流，其常开触头串联接入负载控制回路、线圈串联接入负载工作回路。正常工作时，衔铁吸合，常开触头闭合；当负载电流降低至继电器释放电流时，衔铁释放，带动常开触头断开，切断负载控制回路，起到欠电流保护作用。

选型时需注意，因直流电路负载电流降低或消失通常会产生严重的后果，因此有直流欠电流产品而没有交流欠电流继电器产品。

（2）电压继电器

电压继电器根据加载到线圈上的电压大小而动作，使用时其线圈与负载回路并联。根据线圈电流的种类分为直流和交流电流继电器，按吸合电压相较于负载电压的大小分为过电压继电器和欠电压继电器。其图形符号如图 4-6b 所示。

① 过电压继电器的吸合电压高于负载额定电压，其常闭触头串联接入负载控制回路、线圈与负载工作回路并联。负载设备正常工作时，衔铁处于释放状态，常闭触头吸合，负载电路正常接通；当负载电路电压超过额定电压时，衔铁吸合，带动常闭触头断开，分断负载控制回路，起到过电压保护的作用。

选型时需注意，因直流电路不会产生波动较大的过电压现象，因此没有直流过电压继电器产品。

② 欠电压继电器的吸合电压低于负载额定电压，其常开触头串联接入负载控制回路、线圈与负载工作回路并联。正常工作时，衔铁吸合，常开触头闭合；当负载电压降低至继电器释放电压时，衔铁释放，带动常开触头断开，切断负载控制回路，起到欠电压保护作用。

（3）中间继电器

中间继电器实际上是电压继电器的一种，被广泛应用于控制信号的传递、放大和切换，主要用于扩展控制电路的触头数量，实现逻辑控制。中间继电器通常为插座式、导轨安装，一般有常开触头和常闭触头各 4 组，根据线圈工作电压的类型分为交流中间继电器和直流中间继电器。其实物如图 4-7 所示。

图 4-7　中间继电器实物图片

中间继电器的典型应用有以下几种：

① 代替小型接触器。中间继电器的触头具有一定的带负载能力，当负载比较小时，可以用来替代小型接触器使用。

② 扩展触头。中间继电器用在主回路中，和交流接触器并联，用来扩展交流接触器的触头，弥补接触器触头数量不足的缺点。

③ 电气隔离。继电器线圈接 DC 24V 控制电源和开关，常开触头接 AC 220V 电源和负载，用小电流来控制大电流，用小电压来控制大电压，对主回路中大电流和大电压进行隔离，便于维修和使用安全。

2. 热继电器

热继电器是一种利用电流热效应和发热元件热膨胀原理工作的保护器件，通常与接触器配合使用，实现对三相异步电机的过载或断相保护功能。三相双金属片式热继电器应用最为广泛，按功能又可分为带断相保护和不带断相保护两种。

（1）热继电器的工作原理

热继电器主要由发热元件、双金属片、触头及传动机构、调整机构组成，如图 4-8a 所示。发热元件一般由铜镍合金、镍铬铁合金或铁铬铝等合金电阻材料制成，其形状有圆丝、扁丝、片状和带材几种。双金属片是一种将两种线膨胀系数不同的金属用机械辗压方法使之形成一体的金属片，当产生热效应时，膨胀系数的差异使双金属片向膨胀系数小的一侧弯曲，由弯曲产生的位移带动触头动作。

发热元件与被保护的电动机的主回路串联，它的一组常闭触头与接触器线圈串联。电动机正常运行时，其工作电流通过发热元件产生的热量不足以使双金属片变形，热继电器不会动作。当电动机发生过电流且超过热继电器整定值时，发热元件产生的热量增大而使双金属片弯曲，弯曲产生的位移经过一定时间的积累后，使触头机构动作，带动常闭触头断开，接触器线圈断电，主触头断开，切断电动机的工作电源。之后，发热元件也因失电而逐渐降温，经过一段时间的冷却，双金属片恢复到原来状态。

热继电器复位方式有自动复位和手动复位两种，将复位螺钉旋入，使常开的静触头向动触头靠近，这样动触头在闭合时处于不稳定状态，在双金属片冷却后动触头也返回，为自动

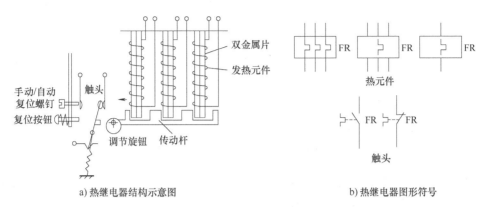

a) 热继电器结构示意图　　　　　　　　　　b) 热继电器图形符号

图 4-8　热继电器结构示意图及图形符号

复位方式。如将复位螺钉旋出，触头不能自动复位，为手动复位方式。在手动复位方式下，需在双金属片恢复原状时按下复位按钮才能使触头复位。

（2）热继电器的选用

热继电器主要用于电动机的过载保护。整定电流是热继电器选用时的一个主要指标，指的是热元件能长期稳定工作的电流，在此电流下不会引起触头机构动作。通过调整机构可在一定范围内对热继电器的整定电流进行调整。使用中应综合考虑电动机的工作环境、起动转矩情况、负载性质等因素进行选择。

① 星形联结的电动机可选用两相或三相结构热继电器，三角形联结的电动机应选用带断相保护装置的三相结构热继电器。

② 热继电器的整定电流一般依据电动机的额定电流进行选择，通常设定为电动机额定电流的 1~1.15 倍。如果电动机的过载能力较差，热继电器的整定电流设定为电动机额定电流的 0.6~0.8 倍。

③ 对于重复短时工作的电动机（如起重机电动机），由于电动机不断重复升温，热继电器双金属片的温升跟不上电动机绕组的温升，电动机将得不到可靠的过载保护。因此，不宜选用双金属片热继电器，而应选用过电流继电器或能反映绕组实际温度的温度继电器来进行保护。

3. 时间继电器

时间继电器是一种利用电磁原理、机械动作原理、电子技术或计算机技术实现触点延时接通或断开的自动控制电器，广泛用于电动机的起动转矩和停止控制及其他自动控制系统中。

时间继电器有通电延时和断电延时两种工作方式，通电延时继电器在其输入线圈得电后，开始计时，延时结束后动作，常开触点闭合、常闭触点断开，输出信号；当输入信号消失后，输出部分立即复位。断电延时继电器在其输入线圈得电后，输出触点立即动作，常开触点闭合、常闭触点断开；当输入信号消失后，开始计时，延时结束后触点复位，并输出信号。时间继电器的图形符号如图 4-9 所示。

（1）时间继电器原理和分类

时间继电器的工作原理有空气阻尼式、电动式、电子式、电磁式等。

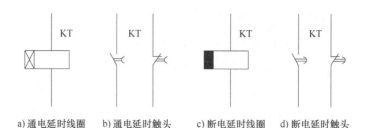

a) 通电延时线圈   b) 通电延时触头   c) 断电延时线圈   d) 断电延时触头

图 4-9   时间继电器的图形符号

① 空气阻尼式时间继电器又称气囊式时间继电器，它利用空气的阻尼作用进行延时，结构简单、价格低廉、延时范围大，常用于对延时精度要求不高的场合。

② 电动式时间继电器主要由带减速器的同步电机、离合电磁铁和凸轮机构组成，其延时范围宽，不受电压波动和周围介质温度变化影响。

③ 电子式时间继电器又称晶体管式时间继电器、半导体时间继电器，除触头机构为机械结构外，其余均为电子元器件，具有寿命长、体积小、延时范围大和调节范围宽等优点，因而得到了广泛应用，已经成为时间继电器的主流产品。采用大规模集成电路技术的电子智能式数字显示时间继电器，具有多种工作模式，不但可以实现长延时时间，而且延时精度高、体积小、调节方便、使用寿命长，使得控制系统更加简单可靠。

图 4-10a 所示的电子式时间继电器，通过旋转码盘设置延时时间，"UP"为延时状态指示，灯亮时表示延时结束，"PW"为工作状态指示，灯亮表示正在延时计时过程中。

图 4-10b 所示的电子式时间继电器，通过拨码设置延时范围，通过按键调节延时时间，工作过程通过数显表显示。

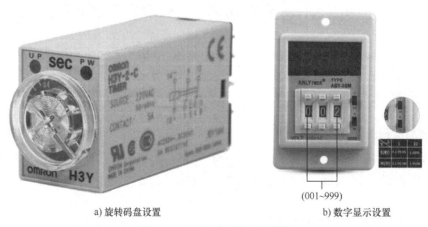

a) 旋转码盘设置   b) 数字显示设置

图 4-10   电子时间继电器实物

（2）时间继电器的选用

时间继电器主要根据控制电路的要求进行选用。对于延时精度要求不高、操作频率较低的场合，一般选用空气阻尼式；对延时精度要求高、控制回路需无触头输出时，选用电子式；对于要求延时较长、调节范围较宽、精度要求较高的场合，宜选用电动式。

4. 固态继电器

固态继电器是一种无触头开关，利用半导体元件的开关特性控制负载电路的接通和断开。固态继电器是四端有源器件，由输入电路、驱动电路和输出电路组成，如图 4-11 所示。输入电路为固态继电器提供控制信号源，输入电路与驱动电路间通过光电耦合器或高频变压器耦合的方式实现控制信号到驱动信号的转换，由驱动信号驱动触发电路发出触发信号，控制输出电路的开关状态切换。

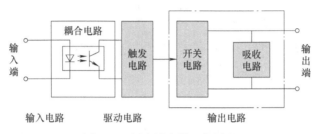

图 4-11　固态继电器工作原理

固态继电器的输入端和输出端是隔离的，这使得固态继电器可以通过在输入端加载低功率信号直接驱动输出端的大功率负载。固态继电器的输出组件主要包括双极结型晶体管、晶闸管、三端双向晶闸管、绝缘栅双极晶体管（IGBT）、碳化硅（SiC）MOSFET 等。常用的控制电压有 4~32V 和 8~32V 两种，驱动电流有 6~30mA 和 16~30mA 两种。

固态继电器常用于组合式空调机组的微调电加热、转轮再生加热等需要精确控制温度的场合。由于空调系统电加热器电流较大，用于控制电加热器的固态继电器一般需要和散热器配合使用，常用型号有 SSR-3H380D60。三相交流固态继电器是集三只单相交流固态继电器为一体，以单一输入端对三相负载进行直接开关切换。图 4-12a 所示为三相交流固态继电器实物，图 4-12b 所示为三相交流固态继电器命名规则。

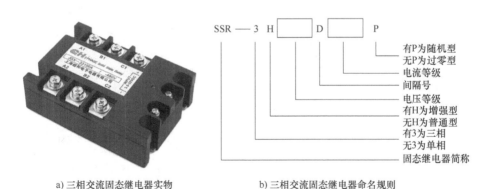

a) 三相交流固态继电器实物　　　　　b) 三相交流固态继电器命名规则

图 4-12　三相交流固态继电器

相较于电磁式继电器，固态继电器没有机械接触部件，切换速度快，在控制大功率负载电路时没有电弧打火问题，常用在开关动作频繁及对安全性、防爆要求高的场合。在看到固态继电器优点的同时，也要注意到固态继电器存在通态电压降和输出漏电流、过载能力差等缺点，在选用时需要注意规避。

5. 其他继电器

其他类型的继电器主要包括速度继电器、液位继电器和压力继电器等特殊用途继电器。

① 速度继电器，是根据转速大小来接通或切断控制电路的一种继电器，主要用于三相笼型异步电机的反接制动控制，因此又称为反接制动继电器。

② 液位继电器，主要用于对液位的高低进行检测并发出开关量信号，以控制电磁阀、液泵等设备对液位的高低进行控制。

③ 压力继电器，主要用于对液体或气体压力的高低进行检测并发出开关量信号，以控制电磁阀、液泵等设备对压力的高低进行控制。

以上几种类型的继电器在发射场及工业应用中都比较少，在此不做详细介绍。

4.1.2 接触器

接触器是一种用于中远距离频繁地接通与断开交/直流主电路及大功率或容量控制电路的一种自动开关电器。它主要用于配合自动控制交直流电动机、电热设备、电容器组等设备。接触器具有大的执行机构，大容量的主触头及迅速熄灭电弧的能力。当电路发生故障时，能迅速、可靠地切断电源，并有低压释放功能，与保护电器配合可用于电动机的控制及保护，故应用十分广泛。

（1）接触器的结构

接触器由电磁机构、触头系统、灭弧装置、释放弹簧、触头弹簧、触头压力弹簧、支架及底座等组成，如图 4-13 所示。

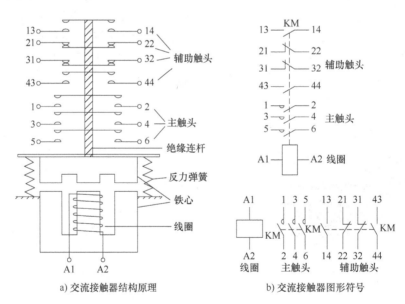

a) 交流接触器结构原理　　b) 交流接触器图形符号

图 4-13　交流接触器的结构示意图及图形符号

电磁机构由线圈、静铁心和动铁心（衔铁）组成，用于产生电磁吸力，带动触头动作。触头系统有主触头和辅助触头两种，中小容量的交直流接触器的主、辅助触头一般都采用直动式双断口桥式结构，大容量的主触头采用转动式单断口指型触点。辅助触头在结构上通常是常开和常闭成对的。当线圈通电后，衔铁在电磁吸力作用下吸向铁心，同时带动动触头动作，实现动断触头断开、动合触头闭合。当线圈断电或线圈电压降低时，电磁吸力消失或减弱，衔铁在释放弹簧作用下释放，触头复位，实现低压释放保护功能。

由于接触器主触头用来接通或断开主电路或大电流电路，在触头间隙中就会产生电弧，需要灭弧装置来消除电弧。小容量接触器常采用电动力吹弧、灭弧罩灭弧；对于大容量接触器常采用窄缝灭弧装置或栅片灭弧装置灭弧。直流接触器常采用磁吹式灭弧装置来灭弧。

（2）接触器的分类

接触器按操作方式分，有电磁接触器、气动接触器和电磁气动接触器；按灭弧介质分，有空气电磁式接触器、油浸式接触器和真空接触器等；按主触头控制的电流性质分，有交流接触器、直流接触器。而按电磁机构的励磁方式可分为直流励磁操作与交流励磁操作两种。其中，应用最广泛的是空气电磁式交流接触器和空气电磁式直流接触器，简称为交流接触器和直流接触器。

① 空气电磁式交流接触器。在接触器中，空气电磁式交流接触器应用最广泛，其产品系列、品种最多，结构和工作原理基本相同。典型产品有 CJ20、CJ21、CJ26、CJ29、CJ35、CJ40、NC、B、LC1-D、3TB 和 3TF 系列交流接触器等。

② 切换电容器接触器。切换电容器接触器是专用于低压无功补偿设备中投入或切除的并联接触器，分为交流接触器（AC）和直流接触器（DC），应用于电力、配电与用电场合。接触器广义上是指工业电中利用线圈流过电流产生磁场，使触头闭合，以达到控制负载的电器。

③ 真空交流接触器。真空交流接触器是以真空为灭弧介质，其主触头密封在真空开关管内，特别适用于条件恶劣的危险环境中。常用的真空接触器有 3RT12、CKJ 和 EVS 系列等。

④ 直流接触器。直流接触器应用于直流电力线路中，供远距离接通与分断电路及直流电动机的频繁起动、停止、反转或反接制动控制，以及 CD 系列电磁操作机构合闸线圈或频繁接通和断开起重电磁铁、电磁阀、离合器和电磁线圈等。常用的直流接触器有 CZ18、CZ21、CZ22、CZO 和 CZT 系列等。

（3）接触器的工作原理

因接触器最主要的用途是控制电动机，现以接触器控制电动机为例来说明其工作原理。电磁线圈经过按钮和熔断器接到电源上，当按下按钮线圈通电后，会产生一个磁场将静铁心磁化，吸引动铁心，使它向着静铁心运动，并最终与静铁心吸合在一起。接触器触头系统中的动触头是同动铁心经机械机构固定在一起的，当动铁心被静铁心吸引向下运动时，动触头也随之向下运动，并与静触头结合在一起。这样，电动机便经接触器的触头系统和熔断器接通电源，开始起动转矩运转。一旦电源电压消失或明显降低，以致磁线圈没有励磁或励磁不足，动铁心就会因电磁吸力消失或过小而在释放弹簧的反作用力作用下释放，与静铁心分离。与此同时，和动铁心固定安装在一起的动触头也与静触头分离，使电动机与电源断开，停止运转，这就是所谓的失电压保护。

（4）接触器的选择

① 接触器极数和电流种类的确定。根据主触头接通或分断电路的性质，来选择直流接触器还是交流接触器。在三相交流系统中，一般选用三极接触器；当需要同时控制中性线时，则选用四极交流接触器。单相交流和直流系统中则常用两极或三极并联。一般场合选用

电磁式接触器；易爆易燃场合，应选用防爆型及真空接触器。

② 根据接触器所控制负载的工作任务来选择相应类别的接触器。如果负载是一般任务，则选用 AC3 类别；如果负载为重任务，则选用 AC4 类别。如果负载为一般任务与重任务混合时，则可根据实际情况选用 AC3 或 AC4 类接触器，但如选用 AC3 类时应降级使用。

③ 根据负载功率和操作情况来确定接触器主触头的电流等级。当接触器使用类别与所控制负载的工作任务相对应时，一般按控制负载电流值来决定接触器主触头的额定电流值；若不对应时，应降低接触器主触头电流等级使用。

④ 根据接触器主触头接通与分断主电路电压等级，来决定接触器的额定电压。

⑤ 接触器吸引线圈的额定电压，应由所接控制电路电压确定。

⑥ 接触器触头数和种类，应满足主电路和控制电路的要求。

4.1.3 低压断路器

低压断路器俗称自动开关或空气开关。用于控制电路在特定情况下的通断。当电路发生短路、过载或欠电压等故障时，它能自动断开故障电路，是一种对电源线路及电动机等实行保护的电器。

（1）断路器的结构

断路器主要由三个基本部分组成，即触头系统、灭弧系统和各种脱扣器。触头系统包括用于断路器分、合状态显示的辅助触头，以及用于断路器事故的报警触头。脱扣器包括过电流脱扣器、欠电压脱扣器、热脱扣器、分励脱扣器和自由脱扣器。

（2）断路器的种类

断路器的种类繁多，按其用途和结构特点可分为 DW 型框架式断路器，DZ 型塑料外壳式断路器，DS 型直流快速断路器，以及 DWX 型、DWZ 型限流式断路器等。框架式断路器主要用作配电线路的保护开关，而塑料外壳式断路器除可用作配电线路的保护开关外，还可用作电动机、照明电路及电热电路的控制开关。

（3）断路器的工作原理

图 4-14 所示为断路器工作原理示意图及图形符号。断路器开关是靠操作机构手动或电动合闸的，触头闭合后，自由脱扣机构将触头锁在合闸位置上。当电路发生上述故障时，通过各自的脱扣器使自由脱扣机构动作，自动跳闸以实现保护作用。

① 过电流脱扣器，用于线路的短路和过电流保护。当线路的电流大于整定的电流值时，过电流脱扣器所产生的电磁力使挂钩脱扣，动触头在弹簧的拉力下迅速断开，实现短路器的跳闸功能。

② 热脱扣器，用于线路的过负荷保护。当断路器过载时，热脱扣器动作，断开断路器，主要为了防止电动机发热。

③ 欠电压脱扣器，用于欠电压保护。当停电或电压很低时，欠电压脱扣器的吸力小于弹簧的力，弹簧使动铁心向上而使挂钩脱扣，实现短路器的跳闸功能。

④ 分励脱扣器，用于远方跳闸。当在远方按下按钮时，分励脱扣器得电产生电磁力，使其脱扣跳闸。

（4）断路器的选择原则

断路器类型，应根据使用场合和保护要求来选择。例如，一般选用塑壳式；短路电流很

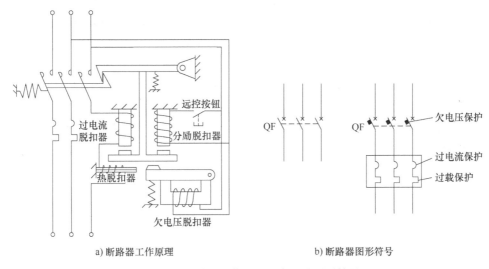

a) 断路器工作原理　　　　　　　　　　　b) 断路器图形符号

图 4-14　断路器工作原理示意图及图形符号

大时，选用限流型；额定电流比较大或有选择性保护要求时，选用框架式；控制和保护含有半导体器件的直流电路时，应选用直流快速断路器等。此外，断路器额定电压、额定电流，应大于或等于线路、设备的正常工作电压、工作电流；断路器极限通断能力，应大于或等于电路最大短路电流。

4.1.4　信号隔离器

信号隔离器，是利用光电隔离或磁电隔离原理将输入信号进行转换后输出的器件，可以实现输入、输出和电源间的相互隔离，避免工业控制系统中因信号参考点之间存在电势差而形成的"接地环路"造成信号在传输过程中失真。信号隔离器，通常与现场仪表、传感器等配套使用，主要形式有单通道、双通道、一进二出等。

信号隔离器常见的供电方式有独立供电、输入回路供电和输出回路供电。

独立供电的信号隔离器需要配备独立的 DC 20~35V 电源，输入可以接无源或有源信号，输出为有源信号。这种方式的优点是隔离传输精度高，电源、输入、输出之间完全隔离，多路系统供电电源不需隔离，可保证高抗干扰性能，输入信号可以变换为其他类型的型号。

输入回路供电的信号隔离器无须独立的电源，通过输入信号获取电能，实现隔离输出，输入为有源信号，输出为无源信号。在实际工业监控系统中，DCS、PLC 或其他显示仪表具有卡件内部供电的使用情况越来越广泛，输入回路供电型信号隔离器往往不能满足这些卡件对信号隔离传输精度要求高和二线制变送器配电电压要求高的条件。

输出回路供电的信号隔离器本身是独立电源供电的，但输出为无源信号，需要 PLC、DCS 或仪表提供电源，既保留了独立供电型信号隔离器的优越性能，又满足输出回路供电接口的要求。

在工业控制系统中使用信号隔离器，可以有效避免因现场传感器电路短路造成 PLC 模块烧毁的情况。一般情况下，自控系统都是采用独立供电的信号隔离器产品。

图 4-15 所示的接线原理图为空调控制系统中温湿度传感器通过信号隔离器与 PLC 和巡

检仪连接的接线原理。所选用的 CZ3035 为独立供电型一进二出信号隔离器，传感器采集的温度或湿度信号接入隔离器输入端，隔离器的两个输出端分别与巡检仪和 PLC 的 AI 模块连接，实现温湿度数据的现场显示和数据采集。

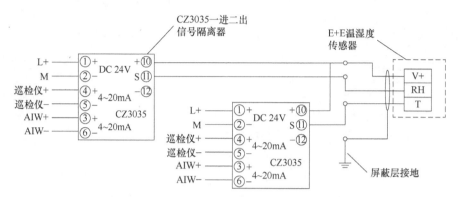

图 4-15　隔离器与传感器配合使用的接线原理图

4.1.5　指令器件

指令器件，是在控制系统中发出控制信号并对控制信号进行传递和转换的器件，主要包括各类按钮、转换开关、行程开关、接近开关等。

1. 按钮

按钮是一种常用的控制电路接通或断开的电器元件，通过按下按钮连通或断开触头，从而达到控制电气设备运行的目的，在发射场控制系统中广泛应用。

（1）按钮的结构

按钮由按钮帽、复位弹簧、触头和外壳等组成。两种常用按钮的结构示意图及图形符号如图 4-16a 和 b 所示。按钮帽，即平时能看到的安装在控制面板上的需要人为去按动的装置，通常用不同的颜色指示所用按钮不同的功能。复位弹簧主要用于控制按钮在按下后复位，从而实现开关通的控制。触头在结构上一般采用桥式触头，即有两个断开触头，通常具有良好的灭弧功能；还有一种为指示触头，其结构比较简单、体积较小，因此常用于低压继电器中。外壳是用来起保护作用的装置。

（2）按钮的种类

按钮从外形和操作方式上可以分为平头按钮和急停按钮。平头按钮就是平时比较常见的按钮，急停按钮也叫蘑菇头按钮，如图 4-16c 所示。除此之外，还有钥匙钮、旋钮、拉式钮、万向操纵杆式、带灯式等多种类型。

按钮按触头的动作方式又可以分为直动式和微动式两种。图 4-16 所示的两种按钮均为直动式，其触头分合速度取决于机械的运行速度。而微动式按钮的触头动作变换速度快，和手按下的速度无关，其动作原理如图 4-17 所示。动触头由变形簧片组成，当变形簧片受压向下运动低于平形簧片时，变形簧片迅速变形，将变形簧片触头弹向上方，实现触点瞬间动作。这种按钮常用于各种继电器和限位开关中。

（3）按钮的颜色选择

一般来说，红色按钮用于"停止"或"断电"及作为急停按钮；绿色按钮用于"启

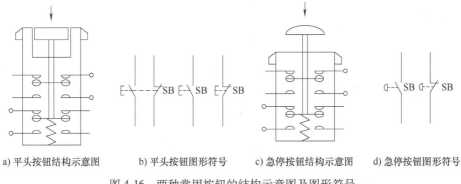

a) 平头按钮结构示意图　　b) 平头按钮图形符号　　c) 急停按钮结构示意图　　d) 急停按钮图形符号

图 4-16　两种常用按钮的结构示意图及图形符号

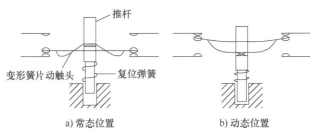

a) 常态位置　　　　　　　b) 动态位置

图 4-17　微动式按钮动作原理图

动"或"通电"；黄色按钮多用于警告，防止意外情况发生，避免事故；按压时运动，抬起时停止运动（如点动、微动），应用黑、白、灰或绿色按钮，最好是黑色按钮，而不能用红色按钮；用于单一复位功能的，用蓝、黑、白或灰色按钮。常用按钮颜色及其含义如表 4-1 所示。

表 4-1　常用按钮颜色及其含义

颜色	含义	举例
红	处理事故	紧急停机
	"停止"或"断电"	正常停机，停止一台或多台电动机，装置的局部停机，切断一个开关，带有"停止"或"断电"功能的复位
绿	"启动"或"通电"	正常启动，起动一台或多台电动机，装置的局部启动，接通一个开关装置（投入运行）
黄	参与	防止意外情况，参与抑制反常的状态，避免不需要的变化（事故）
蓝	上述颜色未包含的任何指定用意	凡红、黄和绿色未包含的用意，皆可用蓝色
黑、灰、白	无特定用意	凡不能用红色、绿色、黄色的用意，可用黑、白、灰色

（4）按钮的种类选择

根据使用场合，可以选择开启式、防水式、防腐式等类型的控制按钮。例如，紧急按钮、急停按钮，通常在按钮外侧加装保护盖，用于防止误操作。按照用途，选用合适的形式，如钥匙式、紧急式、带灯式等。根据控制回路的需要，确定不同的按钮数，如单钮、双钮、三钮、多钮等。

2. 转换开关

转换开关是一种多档位、多触头、能够控制多回路的主令电器，主要用于发射场各种控制设备中线路的换接、遥控和电流表、电压表的换相测量等，也可用于控制小功率电动机的起动、换向、调速。

转换开关的工作原理和凸轮控制器一样，只是使用情况不同。凸轮控制器主要用于主电路，直接对电动机等电气设备进行控制；而转换开关主要用于控制电路，通过继电器和接触器间接控制电动机。常用的转换开关类型主要有两大类，即万能转换开关和组合开关。两者的结构和工作原理基本相似，在某些应用场合下两者可相互替代。转换开关的图形符号和凸轮控制器一样，如图 4-18 所示。

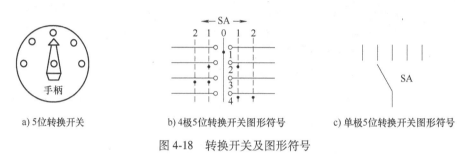

a) 5位转换开关　　　　b) 4极5位转换开关图形符号　　　　c) 单极5位转换开关图形符号

图 4-18　转换开关及图形符号

转换开关的主要参数有形式、手柄类型、触头通断状态、工作电压、触头数量及其电流容量。可以根据以下四个方面，进行转换开关的选择：

① 额定电压和工作电流。

② 手柄形式和定位特征。

③ 触点数量和接线图编号。

④ 面板形式及标志。

常用的转换开关有 LW2、LW5、LW6、LW8、LW9、LW12、LW16、VK、3LB 和 HZ 等系列。其中，LW2 系列，多用于高压断路器操作回路的控制；LW5、LW6 系列，多用于电力拖动系统中对线路或电动机的控制。LW6 系列还可装成双列形式，列与列之间用齿轮啮合，并由同一手柄操作，此种开关最多可装 60 对触头。

3. 行程开关

行程开关又叫限位开关，常被用来限制机械运动的位置或行程，使机械运动可以人为地控制，如自动启停、往返运动、变速运动等。按运动形式，它可分为直动式、微动式、旋转式等，主要应用于发射场非标系统进行位置检测，如图 4-19 所示。

（1）行程开关的分类及工作原理

直动式行程开关，它是靠机械运动部件上的撞块来碰撞行程开关的推杆。其优点是结构简单、成本较低，但缺点是触头的分合速度完全取决于撞块移动的速度。若撞块移动速度太慢，则触头就不能瞬时切断电路，使电弧在触头上停留时间过长，易于烧蚀触头。而微动式行程开关则克服了直动式结构的缺点，采用具有弯片状弹簧的瞬动机构。采用瞬动机构可以使开关触头的接触速度不受推杆压下速度的影响，这样不仅可以减轻电弧对触头的烧蚀，而且也能提高触头动作的准确性。微动开关的体积小、动作灵敏，适合在小型机构中使用。滚轮旋转式行程开关采用瞬时动作的滚轮旋转式结构，也可以有效减轻电弧对触头的烧蚀，并能保证动作的可靠，适用于低速运动的机械。

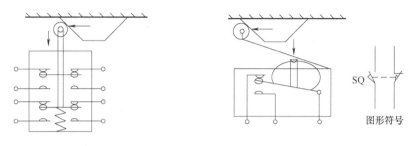

a) 直动式行程开关示意图　　　　　b) 微动式行程开关示意图及图形符号

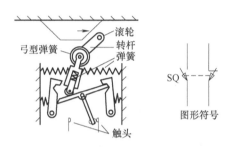

c) 旋转式双向机械碰压限位开关示意图及图形符号

图 4-19　常用的行程开关结构示意图及图形符号

（2）行程开关的选用

行程开关的主要参数有形式、动作行程、工作电压及触头的电流容量。目前，我国生产的行程开关有 LXK3、3SE3、LX19、LXW 和 LX 等系列。常用的行程开关有 LX19、XW5、LXK3、LX32 和 LX33 等系列。

选择行程开关时应注意以下四点：

① 应用场合及控制对象选择。

② 安装环境选择防护形式，如开启式或保护式。

③ 控制回路的电压和电流。

④ 根据机械与行程开关的传力与位移关系，选择合适的触头的形式。

4. 接近开关

接近开关又称无触头行程开关，通过检测与某种物体间因相对位置改变而产生的介质能力变化来发出动作信号。它可以代替有触头行程开关来完成行程控制和限位保护，还可用于高频计数、测速、液位控制等场合。接近开关具有非接触式触发、动作速度快、可在不同的检测距离内动作、发出的信号稳定无脉动、工作稳定可靠、寿命长、重复定位精度高及能适应恶劣的工作环境等特点。

（1）接近开关的分类及工作原理

接近开关分为有源型和无源型两种，多为有源型，主要包括检测元件、放大电路、输出驱动电路三部分，一般采用 5~24V 的直流电流或 220V 交流电源。图 4-20 所示为三线式有源型接近开关结构框图。

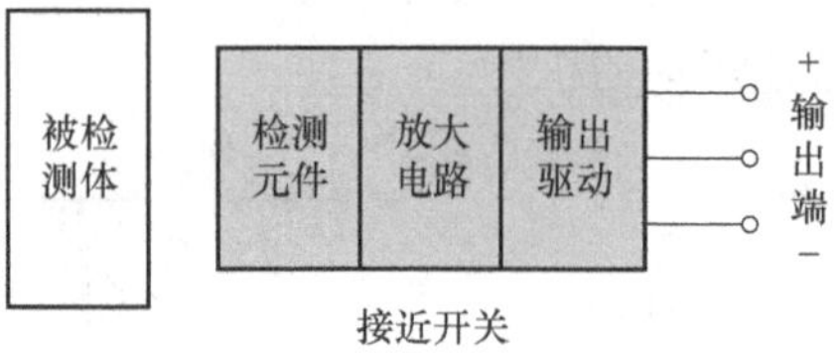

图 4-20　三线式有源型接近开关结构框图

接近开关按检测元件工作原理可分为高频振荡式、超声波式、电容式、霍尔式等。不同形式的接近开关所检测的被检测体不同。

高频振荡式接近开关用于检测各种金属，主要由高频振荡器、集成电路或晶体管放大器和输出器三部分组成。其基本工作原理是，当金属物体接近振荡器的线圈时，该金属物体内部产生的涡流将吸取振荡器的能量，致使振荡器停振。振荡器的振荡和停振这两个信号，经整形放大后转换成开关信号输出。

超声波接近开关适于检测不能或不可触及的目标。其控制功能不受声、电、光等因素干扰。被检测体可以是固体、液体或粉末状态的物体，只要能反射超声波即可。其主要由压电陶瓷传感器、发射超声波和接收反射波用的电子装置及调节检测范围用的程控桥式开关等部分组成。

电容式接近开关可以检测各种固体、液体或粉状物体。其主要由电容式振荡器及电子电路组成。它的电容位于传感界面，当物体接近时会因改变了电容值而振荡，从而产生输出信号。

霍尔式接近开关用于检测磁场，一般用磁钢作为被检测体。其内部的磁敏感器件仅对垂直于传感器端面的磁场敏感。当磁极 S 极正对接近开关时，接近开关的输出产生正跳变，输出为高电平；若磁极 N 极正对接近开关时，输出为低电平。

接近开关按输出形式分有两线式、三线式和四线式共三种，接晶体管输出类型分有 NPN 和 PNP 共两种，按外形分有方形、圆形、槽形和分离型等多种，图 4-21 所示为槽型三线式 NPN 型光电式接近开关的工作原理图和远距分离型光电开关工作示意图。

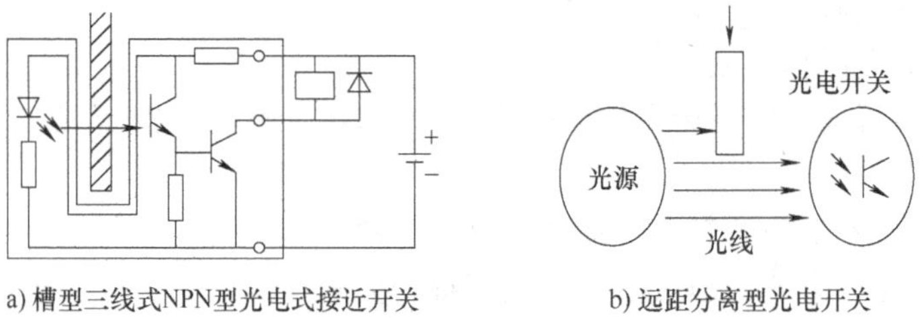

a) 槽型三线式NPN型光电式接近开关　　b) 远距分离型光电开关

图 4-21　槽型三线式 NPN 型光电式接近开关的工作原理图和远距分离型光电开关工作示意图

（2）接近开关的选用

接近开关的主要参数有形式、动作距离范围、动作频率、响应时间、重复精度、输出形式、工作电压及输出触头容量等。接近开关的图形符号如图 4-22 所示。选用时考虑以下几方面的因素：

① 工作频率、可靠性及精度。

② 检测距离、安装尺寸。

③ 输出信号的类型（有触头、无触头）、触头数量及输出形式（NPN 型、PNP 型）。

④ 电源类型（直流、交流）、电压等级。

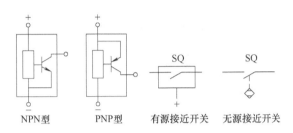

NPN型   PNP型   有源接近开关   无源接近开关

图 4-22　接近开关的图形符号

4.1.6　指示器件

指示器件用于对设备运行过程中的状态变化进行指示和提醒，辅助操作人员掌握设备状态、发现报警信息，以保持设备正常运行并及时处置问题。典型的指示器件包括指示灯、电铃和蜂鸣器，如图 4-23 所示。

a) 指示灯　　　　b) 电铃　　　　c) 蜂鸣器

图 4-23　指示器件图形符号

1. 指示灯

指示灯是用灯光监视电路和电气设备工作或位置状态的器件。在控制系统中，指示灯通常用于反映电路的工作状态，如上电或断电；用于指示电气设备的工作状态，如运行、停止或故障；用于指示位置状态，如到达限位或解除限位等。

指示灯由外壳、光源、灯罩等组成，通常安装在控制柜、设备、操作台面板上比较醒目的位置，通过灯罩颜色进行设备状态的指示。

反映设备工作状态的指示灯，通常以红灯亮表示处于运行工作状态，绿灯亮表示处于停运状态，乳白色灯亮表示处于试验状态；反映设备位置状态的指示灯，通常以灯亮表示设备带电，灯灭表示设备失电；反映电路工作状态的指示灯，通常红灯亮表示带电，绿灯亮表示无电。为避免误判断，运行中要经常或定期检查灯泡或发光二极管的完好情况。

2. 电铃和蜂鸣器

电铃和蜂鸣器通过声响来发出指示信号，来提醒操作人员及时发现可能存在的风险或出现的故障。

电铃一般用于比较空旷的操作现场。例如，发射塔架进行运载火箭吊装时，操作手在进行塔吊设备操作前，会按响电铃，提醒现场的操作人员注意可能的高空坠物或注意避开产品的运动轨迹。

蜂鸣器一般安装与设备控制柜面板上，在控制系统检测到故障信号时，发出蜂鸣声，提醒操作人员及时对出现的故障进行处置。

4.2 执行设备

执行设备是在控制系统中接收控制指令，直接改变转速、流量、电压等操纵量，实现对温度、压力、流量、液位等工艺参数的控制，由执行机构和调节机构组成。执行机构将控制信号转换成角位移或直线位移输出，驱动调节机构改变操纵量。

执行设备通常需要有动力装置作为能量来源才能对外做功，完成相应的动作。能量的传递方式有机械传动、电力传动、液压传动和气压传动，常用的动力装置主要有电动机、泵和压缩机等设备。

执行装置使用的动力源可为电动、气动、液动或此三者的任意组合，主要有机械传动机构、电磁驱动装置、液压马达、气动马达、液压缸、气缸、调节阀等。

非标系统的控制对象为回转平台、电缆摆杆等大型设备，采用机械传动和液压传动方式，由液压泵提供动力，主要执行设备有液压缸、液动推杆等。

空调系统的调节对象为风机、冷却水、制冷剂、电加热器等，采用电力传动方式，由电动机或电磁器件提供动力，主要执行设备有电磁阀、电动调节阀、电动风阀执行器等。

加注供气系统的控制对象为压缩空气和液体推进剂，采用电力传动和气压传动方式，由电动机、泵、压缩机等提供动力，主要执行设备有电磁阀、电动调节阀、气动阀等。

本节对发射场使用的动力装置和执行装置进行介绍，主要包括设备原理、功能组成和使用要求。

4.2.1 电动装置

1. 电动机

电动机作为主要动力输出装置广泛地应用于发射场各系统中，将电能转换为机械能，通过传动机构输出直线位移或旋转角位移，驱动泵、压缩机、风机等装置对外做功。

电动机按输入电源分为交流电动机和直流电动机。其中，交流电动机又有单相电动机和三相电动机之分；按转子的结构，可分为笼型异步电动机和绕线转子异步电动机；按结构及工作原理，可分为直流电动机、异步电动机和同步电动机。其中，三相交流异步电动机应用最为广泛，相关内容本书第 5 章有详细介绍，不再赘述。

选用电动机主要是确定电动机的类型和规格。选择电动机的类型时，需要考虑工作机的载荷特性、生产工艺要求、运转环境和电网的供电条件。电动机规格的确定，主要是根据生产工艺和载荷条件校验电动机的发热、起动转矩和过载转矩。表 4-2 给出了电动机常用起动方式和主要特点，可作为电动机选用的参考。如果生产工艺不要求调节速度，应首先考虑选用交流电动机，若载荷平稳，可选用一般笼型异步电动机；若机械需要在重载下起动，可以选用高起动转矩的笼型异步电动机或绕线转子异步电动机。在有调速要求的工艺场合，如只需要电动机作少数几级调速的，可采用多速交流异步电动机；如对调节速度有较高的要求，则应采用他励直流电动机。

表 4-2 电动机常用起动方式和主要特点

起动转矩方式		主要特点
全压起动	直接起动	最简单、最可靠、最经济的起动方式，但是起动电流大，对配电系统引起的电压下降也大
减压起动	星-三角	起动电流小，起动转矩也小，比较经济，但可靠性略差。起动过程有 1 个级差，适用电动机功率不能过大
	自耦变压器	起动电流小，起动较大，一般起动过程有 2 到 3 个级差，价格较贵
软起动	逐步改变晶闸管的导通角来抬升电压	起动过程可以达到无级调节，可靠性较高。电动机起动后直接切换到旁路供电
变频器起动	IGBT 开断调整输出电源电压电流	根据电动机参数和负载要求起动，方便的配置；适当的起动电阻值可获得最佳的起动参数，即在较小的起动电流下，获得足够大的起动转矩。电动机端电压逐步升高，起动转矩逐步增加，平稳起动

2. 电磁阀

电磁阀是用电磁力控制阀门开启与关闭动作的，用在工业控制系统中来调整液体或气体介质的方向、流量、速度和其他的参数，能实现接通、切断或转换气路、液路等功能。电磁阀的主要优点是体积小、动作可靠、维修方便、价格便宜，通常用于口径在 40mm 以下的两位式控制中，最常用的是单向阀、安全阀、方向控制阀、速度调节阀等。电磁阀实物如图 4-24所示。电磁阀从原理上分为直动式电磁阀、先导式电磁阀、分步直动式电磁阀三大类。

a) 双头电磁阀

b) 单头电磁阀

图 4-24 电磁阀实物

（1）直动式电磁阀

直动式电磁阀有常闭型和常开型两种。常闭型断电时呈关闭状态，当线圈通电时产生磁力，使动铁心克服弹簧力同静铁心吸合直接开启阀口，连通介质通路；当线圈断时磁力消失，动铁心在弹簧力的作用下复位，直接关闭阀口，切断介质通路。常开型正好相反，断电时阀门呈打开状态，通电时呈关闭状态。

直动式电磁阀结构简单、动作可靠，可在真空、零压差和负压状态下正常工作，但通径一般不超过 25mm。

（2）先导式电磁阀

先导式电磁阀由电磁先导阀输出先导压力，再由先导压力推动主阀阀芯换向。当线圈通电时，产生的磁力使动铁心和静铁心吸合，先导阀口打开，介质流向出口，此时主阀芯上腔压力减少，低于进口侧的压力，形成压差克服弹簧阻力而随之向上运动，达到开启主阀口的目的，介质流通。当线圈断电时，磁力消失，动铁心在弹簧力作用下复位关闭先导阀口，此时介质从平衡孔流入，主阀芯上腔压力增大，并在弹簧力的作用下向下运动，关闭主阀口。

先导式电磁阀适用的压力上限高，但使用时必须具备压差条件，不能在零压条件下使用。

（3）分步直动式电磁阀

分步直动式电磁阀结合了直动式和先导式的工作原理。当线圈通电时，磁力使动铁心和静铁心吸合，先导阀口开启而先导阀口设在主阀口上，且动铁心与主阀芯连在一起，此时主阀上腔的压力通过导阀口卸荷，在压力差和磁力的同时作用下使主阀芯向上运动，开启主阀。当线圈断电时，磁力消失，动铁心在自重和弹簧力的作用下关闭先导阀口，此时介质在平衡孔中进入主阀芯上腔，使上腔压力升高，主阀阀芯在弹簧力和压力的作用下关闭。

分步直动式电磁阀通常使用在大功率条件下，在零压差、真空和高压条件下均可可靠工作。

3. 电动调节阀

电动调节阀在发射场空调和加注系统中使用比较普遍，常用于热水、冷冻水、蒸汽、推进剂等的流量控制，由电动执行机构和调节阀两部分组成。

电动执行机构包括电动机、机械减速器、复位弹簧（无手动复位机构时）及电子转换器、反馈电位器、阀位指示电位器等附件。电动机有的为交流电容式单相异步电动机，有的为磁滞电动机。电源电压有 DC 24V、AC 220V 两种。

电动调节阀又称为电动阀门定位器。它接收控制器 DC 0~10V（或 4~20mA）连续控制信号，对以 AC 24V 供电的电动机的输出轴位置进行控制，使阀门位置与控制信号成比例关系，从而使阀位按输入的信号实现正确的定位，故得名阀门定位器，电动阀门定位器装在执行机构内。

电动调节阀可以在控制器输出的 0%~100% 的范围内，任意选择执行器的起始点（执行器开始动作时，所对应的调节器输出电压值）；在控制器输出的 20%~100% 的范围内，任意选择全行程的间隔，又称工作范围（执行器从全开到全关或从全关到全开，所对应的控制器输出电压值）；具有正、反作用的给定。当阀门开度随输入电压升高而加大时称为正作用，反之则称为反作用。因此，电动调节阀与连续输出的控制器配套可实现分程控制。

图 4-25 所示为空调系统用电动调节阀外形和内部结构示意图。

开启阀门时，液压泵 6 推动贮油缸 3 中的液压油到压力腔 8 中，同时压力缸 2 向下移动。阀杆 11 收缩并且阀门开启，同时复位弹簧 4 收缩。

关闭阀门时，旁通阀 5 打开，允许压力腔中的液压油流回贮油缸。收缩的复位弹簧向上推动压力缸，阀杆伸长，阀门关闭。

手动操作模式时，顺时针旋转手动调节器 1，压力缸向下动作，阀门开启，同时复位弹簧被压缩。手动操作模式下，信号 Y 和 Z 可以进一步打开阀门，但是无法到达"0%"行程位置。

要保持手动设置位置，须关闭电源或断开控制信号 Y 和 Z。红色指示器"MAN"可见。

自动模式时逆时针方向旋转手动调节器到终点。压力缸上移到"0%"行程位置。红色指示器"MAN"不可见。

调节阀主要由上下阀盖、阀体、阀芯、阀座、填料及压板等部件组成，按结构、安装方式及阀芯形式的不同可分为多种类型。以阀芯形式分类，有平板形、柱塞形、窗口形和套筒

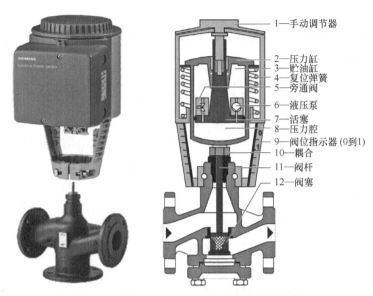

1—手动调节器
2—压力缸
3—贮油缸
4—复位弹簧
5—旁通阀
6—液压泵
7—活塞
8—压力腔
9—阀位指示器 (0到1)
10—耦合
11—阀杆
12—阀塞

图 4-25　空调系统用电动调节阀外形和内部结构示意图

形等；按结构分类有直通单座阀、直通双座阀、角形阀和蝶阀等。表 4-3 所示为常用调节阀的结构和主要特点。

表 4-3　常用调节阀的结构和主要特点

类型	分类	结构	主要特点
两通阀	单座		结构简单、价廉。关闭时泄漏量很小，阀座前后存在的压差对阀芯产生的不平衡力较大，适用于低压差的场合
	双座		有两个阀芯阀座，结构复杂，阀芯所受的不平衡力非常小，适用于阀前后压差较大的场合与单座阀的口径相同时，流通能力更大
三通阀	分流		A+B=C、C-A=B 或 C-B=A 两个阀芯同时上、下移动时，一路流量增加，同时另一路流量减少
	合流		

调节阀选用时注意以下三个方面：

① 结构的选择。选择调节阀的结构时，要考虑被测介质的工艺条件、流体特性及生产流程。直通单座阀的泄漏量小，但阀前后允许（或关闭）的压差也较小；双座阀承受的阀前后压差大，但泄漏量也较大。蒸汽的流量控制应选用单座阀。当在大口径、大流量、低压差的场合工作时，应选蝶阀，但此时泄漏量较大。当介质为高压时，应选高压调节阀。为便于排污、防止阀门堵塞，可选角形调节阀。

② 弹簧复位功能的选择。一般情况下，电动调节阀在无电信号时停在当时阀位状态。对于蒸汽阀，必须有复位关闭的功能，即断电时能够停止蒸汽流入用汽设备。

③ 执行机构输出力矩的选择。执行机构的输出力要足以克服介质的不平衡力、摩擦力和阀芯的重力等阻力，以避免阀门关不严或打不开、动作不自如等问题的出现。不平衡力主要受阀的结构、压差、流量等因素影响，为简化计算，生产厂商根据工作条件对常用阀门计算出允许压差，保证工作压差小于允许压差即可。

4. 风阀执行器

风阀执行器是由电动机驱动对空调系统风阀进行控制的执行部件。发射场常用的风阀执行器品牌主要为北京吉胜，常用型号有 JSA21KK、JSA21KP。图 4-26 所示为吉胜品牌风阀执行器命名规则。

JSA21KK 表示该型号执行器为输出力矩为 16 N·m，电源电压为 AC 220V，控制方式为开关信号控制，带有反馈电位器（即能反馈风阀开度），如图 4-27a 所示。JSA21KP 表示该型号执行器输出力矩为 16N·m，电源电压为 AC 220V，控制方式为开关信号控制，带微动开关，但无风阀开度反馈，如图 4-27b 所示。

图 4-26 吉胜品牌风阀执行器命名规则　　　　图 4-27 风阀执行器实物

图 4-28 所示为风阀执行器控制原理。电位器指示的阀位信号通过隔离器接入 PLC 模拟量模块，与触摸屏设定的目标开度进行比较，如果设定值与反馈至的差值大于 1.5，输出开阀信号给继电器线圈，继电器线圈得电、常开触头吸合，电动机得电正转驱动风阀打开；如果设定值与反馈至的差值小于 -1.5，输出关阀信号给继电器线圈，继电器线圈得电、常开触头吸合，电动机得电反转驱动风阀关闭。

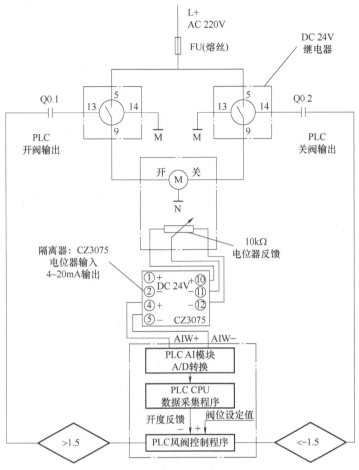

图 4-28　风阀执行器控制原理

4.2.2　液动装置

1. 液压泵

液压泵是液压系统的动力元件，由电动机驱动，将机械能转换成液体的压力能，通过密封管道将带压液体输送至执行装置，完成控制动作。

（1）常用液压泵的种类

① 按流量是否可调节，可分为变量泵和定量泵。输出流量可以根据需要来调节的称为变量泵，流量不能调节的称为定量泵。

② 按液压系统中常用的泵结构，可分为齿轮泵、叶片泵和柱塞泵三种：

a. 齿轮泵体积较小，结构较简单，对油的清洁度要求不高，价格较便宜，但泵轴承受不平衡力、磨损严重、泄漏较大。

b. 叶片泵分为双作用叶片泵和单作用叶片泵。这种泵流量均匀、运转平稳、噪声小、作压力和容积效率比齿轮泵高、结构比齿轮泵复杂。

c. 柱塞泵容积效率高、泄漏小、可在高压下工作、大多用于大功率液压系统，但结构复杂、材料和加工精度要求高、价格贵、对油液的清洁度要求高。

一般在齿轮泵和叶片泵不能满足要求时才用柱塞泵。还有一些其他形式的液压泵，如螺杆泵等，但其应用不如上述三种普遍。

（2）液压泵选用原则

① 是否有变量要求。要求变量时，则选用变量泵。其中单作用叶片泵的工作压力较低，仅适用于机床系统。

② 工作压力。目前，各类液压泵的额定压力都有所提高，但相对而言，柱塞泵的额定压力高。

③ 工作环境。齿轮泵的抗污染能力最好，因此特别适合工作环境较差的场合。

④ 噪声指标。属于低噪声的液压泵，有内啮合齿轮泵、双作用叶片泵和螺杆泵。

⑤ 效率。按结构分，轴向柱塞泵的总效率最高，而同一种结构的液压泵排量大的总效率高。同一排量的液压泵，在额定工况（额定压力、额定转速、最大排量）时总效率最高，若工作压力低于额定压力或转速低于额定转速、排量小于最大排量，泵的总效率将下降，甚至下降很多。因此，液压泵应在额定工况（额定压力和额定转速）或接近额定工况的条件下工作。

2. 液压马达

液压马达是液压系统的一种执行元件。它将液压泵提供的液体压力能转变为其输出轴的机械能（转矩和转速）。按结构，可以分为柱塞式、叶片式和齿轮式。按排量能否改变，可以分为定量马达和变量马达。按调节方式，可以分为手动式和自动式，自动式又分限压式、恒功率式、恒压式和恒流式等。按自吸能力，可以分为自吸式和非自吸式。

下面介绍液压马达的主要性能参数。

（1）流量、排量和转速

设定马达的排量为 q，转速为 n，泄露量为 ΔQ，则实际流量 Q 为

$$Q = nq + \Delta Q$$

容积效率为

$$\eta_{mv} = nq / Q$$

可见，q 和 η_{mv} 是决定液压马达转速的主要参数。

（2）转矩

理论输出转矩为 $M_T = pq/(2\pi)$，实际输出转矩为 $M_M = M_T - \Delta M$，因机械效率 $\eta_{Mm} = M_M / M_T = 1 - \Delta M / M_T$，故有

$$M_M = M_T \eta_{Mm} = [pq/(2\pi)] \eta_{Mm}$$

可见液压马达的排量 q 是决定其输出转矩的主要参数。

有时采用液压马达的每弧度排量 $D_M = q/(2\pi)$ 来代替其每转排量 q 作为主要参数，这样有

$$\omega = 2\pi n = Q \eta_{mv} / D_M$$

$$M_M = p D_M \eta_{Mm}$$

（3）总效率

液压马达总效率为

$$\eta_M = 2\pi M_M n / (pQ) = \eta_{mv} \eta_{Mm}$$

可见，容积效率和机械效率是液压泵和马达的重要性能指标。因总功率为它们两者的乘

积，故液压传动系统效率低下。总功率过低将使能耗增加并因此引起系统发热，因此提高泵和马达的效率有其重要意义。

3. 液压缸

液压缸是液压系统的执行元件，将液体的压力能转换为机械能，驱动工作部件做直线运动或往复运动。液压缸按结构特点，可分为活塞式、柱塞式和摆动式三大类；按照作用方式，可分为单作用式和双作用式，见表 4-4。单作用式液压缸由液压油驱动做单向运动，靠弹簧或外力复位，双作用式液压缸由液压油驱动做双向运动。

表 4-4　液压缸的类型及主要特点

类型			主要特点
活塞式液压缸	单杆	单作用	活塞单向作用，依靠弹簧使活塞复位
		双作用	活塞双向作用，左右移动速度不等，差动连接时可提高运动速度
	双杆		活塞左右运动速度相等
柱塞式液压缸	单柱塞		柱塞单向作用，依靠外力使柱塞复位
	双柱塞		双柱塞双向作用
摆动式液压缸	单叶片		输出转轴摆动角度小于 300°
	双叶片		输出转轴摆动角度小于 150°

（1）活塞式液压缸

活塞式液压缸由缸筒、活塞和活塞杆、端盖、密封件的部件组成，有单杆和双杆两种形式。单杆活塞缸左右两腔活塞的有效作用面积不相等，左右移动的速度不相等；双杆活塞缸左右两腔的有效面积相等，因此左右移动的速度相等。根据作用形式不同，可分为缸筒固定和活塞杆固定两种。活塞式液压缸的运动行程为活塞运动行程的两倍。液压缸内壁需要达到一定的加工精度，不适用于行程较长的应用场合。

（2）柱塞式液压缸

柱塞式液压缸由缸体、柱塞、导套、密封圈、压盖等零件组成，只能在液压油作用下产生单向运动，需要借助运动件的自重或外力作用复位，成对使用时可实现双向运动。

柱塞式液压缸内壁无须精加工，结构简单、制造方便，在行程较长的场合多采用柱塞式液压缸。同时，为了防止柱塞水平放置时因自重下垂，柱塞常被做成空心的以减轻重量。

（3）摆动式液压缸

摆动式液压缸的工作原理类似液压马达，用于把油液的压力能转换为摆动运动的机械能，按结构有单叶片式和双叶片式两种。

4. 液压阀

液压阀是利用阀芯在阀体内的相对运动来控制阀口的通断及开口的大小，实现对油液压力、流量和方向的控制，为液压缸、液压马达等执行元件提供符合要求的压力油。根据其在液压系统中的作用分为方向控制阀、压力控制阀和流量控制阀。根据结构，可分为滑阀类、锥阀类、球阀类等。

（1）方向控制阀

方向控制阀通过控制油路通断或改变油液流动方向，来改变执行元件的运动方向，常用的有单向阀和换向阀。

1）单向阀。单向阀用于控制液流的方向，只允许油液沿一个方向通过，分为普通单向阀和液控单向阀。

普通单向阀简称单向阀，又称止回阀，允许正向流动而截止反向流动，通常安装于泵的出口，一方面防止系统压力对泵产生冲击，另一方面防止油液倒流使泵倒转。单向阀还可用于分隔油路消除干扰，并与其他阀并联组成复合阀，如单向顺序阀、单向节流阀等。

液控单向阀设置有控制油路，除具备普通单向阀的功能外，还可实现油液的逆向流动。分为不带卸荷阀芯的简式液控单向阀和带卸荷阀芯的卸载式液控单向阀。液控单向阀具有良好的单向密封性能，常用于执行元件需要长时间保压、锁紧的场合。

2）换向阀。换向阀是利用阀芯和阀体间相对位置的不同，来变换阀体上各油口的通断关系，实现各油路连通、切断或改变液流方向的阀类。最常用的分类方式是按照工作位置和控制通道数划分，如二位二通、二位三通、二位四通、三位四通、二位五通和三位五通等。"位"指的是阀芯相对于阀体的稳定工作位置的数量；"通"指的是阀体上与外部连接的主油口的数量。

图4-29所示为换向阀的图形符号，其含义如下：

① 用方框表示阀的工作位置，有几个方框就表示几"位"。

② 一个方框上与外部相连接的主油口数有几个，就表示几"通"。

③ 方框内的箭头表示该位置上油路处于接通状态，但箭头的方向不一定表示液流的实际方向。

④ 方框内的符号┰或┴表示此通路被阀芯封闭，不通。

⑤ 通常情况下，换向阀与系统供油管路连接的油口用 P 表示，与回油管路连接的油口用 T 表示，与执行元件连接的工作油用 A、B 表示。

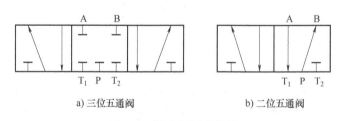

a) 三位五通阀   b) 二位五通阀

图4-29　换向阀图形符号

（2）压力控制阀

压力控制阀是利用力平衡原理来调节和控制液压系统中油液压力，油液压力和弹簧力同时作用于阀芯上，通过调整弹簧力即可实现对系统压力的调节和控制。根据功能用途不同，主要有溢流阀、减压阀、顺序阀等几种。

1）溢流阀。溢流阀常用于保持系统压力恒定，如摆杆系统通过溢流阀将工作压力设定在5MPa；也可在系统中用作安全阀，如平台系统最高工作压力为14MPa。正常工作时，溢流阀处于关闭状态，当系统压力达到或超过14MPa时，溢流阀开启溢流，起到过载保护作用。溢流阀根据结构不同，分为直动式和先导式：

① 直动式溢流阀工作时，压力油直接作用于阀芯上；当液压作用力与调压弹簧作用力

相平衡时，阀门开启；通常用于压力小于 2.5MPa 的小流量场合。

② 先导式溢流阀由先导阀来控制和调节溢流压力，其工作原理类似直动式溢流阀，主阀则主要用于溢流，因此，先导式溢流阀为两级阀；适用于高压、大流量场合，但其响应不如直动式溢流阀灵敏。

2）减压阀。减压阀是利用液流流过缝隙产生压力损失，使其出口压力低于进口压力的压力控制阀；主要应用于单泵多工作支路的液压系统，组成不同压力级别的液压回路。根据减压效果的不同，分为定压输出减压阀、定差减压阀和定比减压阀：

① 定压输出减压阀的出口压力为定值，按结构分为直动式和先导式两种，先导式应用较多。先导式减压阀与先导式溢流阀工作原理相似，主要区别在于先导式减压阀保持出口压力不变而溢流阀是保持进口压力不变，减压阀常开而溢流阀常闭。

② 定差减压阀可以使进出口压力差为定值，通常与其他类型的阀门组合使用，如定差减压阀和节流阀串联组成调速阀。

③ 定比减压阀可以使进出口压力的比值保持恒定。

（3）流量控制阀

流量控制阀，是通过改变节流口的通流面积或通流通道的长短，来改变局部阻力的大小，实现对流量的控制。流量控制阀应用于定量泵供油系统时，需要与溢流阀配合使用，将多余大的油液排回油箱。流量控制阀包括节流阀、调速阀、溢流节流阀和分流集流阀等。

4.2.3　气动装置

1. 空气压缩机

气动装置的动力源为具有一定压力和流量的压缩空气。压缩空气在供执行装置使用前需要进行制备和储存。这些用于制备和储存压缩气体的装置为气源装置。气源装置一般由以下三部分组成：

① 产生压缩空气的空气压缩机及其配套的干燥器、过滤器、油水分离器等。

② 用于贮存压缩空气的气瓶、贮罐等。

③ 用于输送压缩空气的供气管道。

空气压缩机作为供气系统的能量转换装置，将电动机提供的机械能转换成气体的压力能，按工作原理可分为容积式和速度式两大类。容积式压缩机，通过压缩空气的体积，使空气密度增大以提高压力；速度式压缩机，通过提高气体的运动速度，使气体的动能转化为压力能，从而提高空气的压力。容积式压缩机，按照结构分为活塞式、膜片式和螺杆式等；速度式压缩机，按机构形式分为离心式和轴流式。

空气压缩机的选用主要考虑排气压力和排气流量两个指标。排气压力按照系统中气动装置的最高工作压力并考虑输送给压力损失选取，一般配有减压器来适应系统中不同的用气压力需求。排气流量以系统中所有气动装置在一定时间内的平均耗气量之和为选取依据。

从气源装置产生的压缩空气经过净化后输往各个工作部分，期间需经过控制元件对其压力、流量和方向等进行控制、调节和变换。气动执行元件常用的有气缸和气动马达，它们是将压缩空气的压力能转化为机械能的元件。气缸用于实现直线往复运动，输出力和直线位移；气动马达用于实现连续回转运动，输出力矩和角位移。

2. 气缸

在气动自动化系统中，气缸由于其具有相对较低的成本，且容易安装、结构简单、耐用，以及各种缸径尺寸及行程可选等优点。它是在发射场应用较为广泛的一种执行元件。

（1）气缸类型

气缸通常按照功能、结构特点、驱动方式等进行分类，常用的有以下几种：

① 按驱动方式分类。按驱动气缸时压缩空气作用在活塞端面上的方向，可分为单作用气缸和双作用气缸。单作用气缸的特点是压缩空气只能使活塞向一个方向运动，另一个方向的运动则需要借助外力或重力。双作用气缸的特点是压缩空气可使活塞向两个方向运动。

② 按结构特点分类，可分为活塞式和膜片式。

③ 按安装方式分类，可分为耳座式、法兰式、轴销式和凸缘式。

④ 按气缸的功能分类，可分为普通气缸和特殊气缸。普通气缸主要是指活塞式单作用气缸和双作用气缸，用于无特殊使用要求的场合，如一般的驱动、定位、夹紧装置的驱动等。特殊气缸包括气-液阻尼缸、薄膜式气缸、冲击气缸、伸缩气缸、回转气缸、摆动式气缸等。

⑤ 按气缸的尺寸分类。通常称缸径为 2.3～6mm 的为微型气缸，8～25mm 的为小型气缸，32～320mm 的为中型气缸，大于 320mm 的为大型气缸。

（2）气缸结构及工作原理

图 4-30 所示为串联式气-液阻尼缸的工作原理图。它将液压缸和气缸串联成一个整体，两个活塞固定在一根活塞杆上。一般是将双活塞杆腔作为液压缸，因为这样可以使液压缸两腔的排油量相等。若压缩空气自 A 口进入气缸左侧，气缸克服外载荷并推动活塞向右运动；此时，液压缸右腔排油，单向阀关闭，油液只能经节流阀缓慢流入液压缸左侧，对整个活塞的运动起阻尼作用；调节节流阀的通道面积，就能达到调节活塞运动速度的目的。反之，当压缩空气经 B 口进入时，液压缸左腔排油，此时单向阀开启，无阻尼作用，活塞快速向左运动。

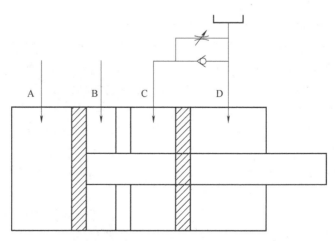

图 4-30　串联式气-液阻尼缸的工作原理图

气-液阻尼缸是由气缸和液压缸组合而成的。它以压缩空气为能源，利用油液的不可压缩性和控制流量来获得活塞的平稳运动和调节活塞的运动速度。与普通气缸相比，它传动平稳、停位精确、噪声小；与液压缸相比，它不需要液压源、油液的污染小、经济性好，同时具有气动和液压的优点。

3. 气动马达

常用的气动马达有叶片式、活塞式和薄膜式。各种常用气动马达的性能并不完全相同，在选择和使用时可参考表 4-5 所示参的数。

表 4-5　常用气动马达的性能

形式	转矩	速度	功率	每千瓦耗气量 m³/min	特点及应用范围
叶片式	低转矩	高速度	零点几千瓦到 13kW	小型：1.8~2.3 大型：1~1.4	制造简单、结构紧凑，但低速起动转矩小。适合要求低或中等功率的机械，如手提工具、复合工具传动带、升降机、泵等
活塞式	中、高转矩	低速和中速	零点几千瓦到 17kW	小型：1.8~2.3 大型：1~1.4	在低速时，有较大的功率输出和较好的转矩特性。起动准确，且起动和停止特性均较叶片式好。适用于载荷较大和要求转矩较高的机械，如拉管机、绞车等
薄模式	高转矩	低速	小于 1kW	1.2~1.4	适用于控制要求很精确、起动转矩大和速度低的机械

4.3　机械传动机构

发射场常用机械设备是由各种金属和非金属部件组装成的装置，零件、部件间有确定的相对运动，其消耗能源，可以运转、做功。常用设备包括联轴器、制动器、减速器及齿轮、齿条等机构。

4.3.1　联轴器

联轴器属于机械通用零部件，用来连接不同机构中的两根轴（主动轴和从动轴）使之共同旋转以传递转矩。在高速重载的动力传动中，有些联轴器还有缓冲、减振和提高轴系动态性能的作用。联轴器分别与主动轴和从动轴联接。一般动力机大都借助于联轴器与工作机相联接，是机械产品轴系传动最常用的联接部件。

发射场中联轴器主要应用于卷扬系统中，多采用万向节联轴器，该型联轴器不但能够传递转矩，同时还具有一定的补偿两轴偏移的能力，可降低连接部件同轴度要求，安装方便。

1. 制动器的种类

常用联轴器有凸缘式联轴器、弹性联轴器、安全联轴器、刚性联轴器、挠性联轴器、万向联轴器、膜片联轴器、齿式联轴器、梅花联轴器、滑块联轴器、鼓形齿式联轴器及蛇形弹簧联轴器等。

（1）凸缘式联轴器

凸缘式联轴器构造简单、成本低，可传递较大转矩，不允许两轴有相对位移、无缓冲，主要应用在转速低、无冲击、轴的刚性大、对中性较好的场合。

（2）弹性联轴器

弹性联轴器能缓冲吸振，可补偿较大的轴向位移，允许微量的径向位移和角位移；主要应用于正反向变化多、启动频繁的高速轴。

（3）安全联轴器

安全联轴器在结构上的特点是，存在一个保险环节（如销钉可动联接等），只能承受限定载荷。当实际载荷超过事前限定的载荷时，保险环节就发生变化，截断运动和动力的传递，从而保护机器的其余部分不致损坏，即起安全保护作用。

（4）刚性联轴器

刚性联轴器不具有补偿被联两轴轴线相对偏移的能力，也不具有缓冲减震性能，但结构简单、价格便宜。只有在载荷平稳、转速稳、能保证被联两轴轴线相对偏移极小的情况下，才可选用刚性联轴器。

（5）挠性联轴器

挠性联轴器具有一定的补偿被联两轴轴线相对偏移的能力，最大偏移量随型号不同而异。

无弹性元件的挠性联轴器，承载能力大，但也不具有缓冲减震性能，在高速或转速不稳定或经常正、反转时有冲击噪声。其适用于低速、重载、转速平稳的场合。

非金属弹性元件的挠性联轴器，在转速不平稳时有很好的缓冲减震性能，但由于非金属（橡胶、尼龙等）弹性元件强度低、寿命短、承载能力小、不耐高温和低温，故适用于高速、轻载和常温的场合。金属弹性元件的挠性联轴器，除了具有较好的缓冲减震性能外，承载能力较大，适用于速度和载荷变化较大及高温或低温场合。

（6）万向联轴器

万向联轴器有多种结构，如十字轴式、球笼式、球叉式、凸块式、球销式、球铰式、球铰柱塞式、三销式、三叉杆式、三球销式、铰杆式等，最常用的为十字轴式，其次为球笼式。万向联轴器的共同特点是角向补偿量较大，不同结构万向联轴器两轴线夹角不相同，最大值一般为5°~45°。万向联轴器利用其机构的特点，使两轴不在同一轴线，存在轴线夹角的情况下能实现所联接的两轴连续回转，并可靠地传递转矩和运动。万向联轴器最大的特点是具有较大的角向补偿能力，结构紧凑，传动效率高。在实际应用中根据所传递转矩大小分为重型、中型、轻型和小型。

2. 选用原则

根据原动机类别和工作载荷类别、工作转速、传动精度、两轴偏移状况、温度、湿度、工作环境等综合因素，来选择联轴器。根据配套主机的需要，选择联轴器的结构。当联轴器与制动器配套使用时，宜选择带制动轮或制动盘形式的联轴器；需要过载保护时，宜选择安全联轴器；与法兰联接时，宜选择法兰式；长距离传动联接的轴向尺寸较大时，宜选择接中间轴型或接中间套型。

4.3.2 制动器

制动器又俗称刹车，是利用摩擦副中产生的摩擦力矩来实现制动作用使机械中的运动件停止或减速的机械零件，主要由制动架、制动件和操纵装置等组成。摩擦副中的一组与机构的固定机架相连，另一组则与机构转动轴相连。当机构起动时，使摩擦面脱开，机构转动件便可运转；当机构需要制动时，使摩擦面接触并压紧，这时摩擦面间产生足够大的摩擦力矩，消耗动能，使机构减速，直到停止运动。制动状态还能阻止机构在外载荷作用下运动。有些制动器还装有制动件间隙的自动调整装置。

目前，发射场中常见的制动器包括三类：一是液压推杆制动器，这种制动器最为常见，制动力矩可以调节；二是电磁离合制动器，主要用于防爆门制动系统中；三是电动机本身自带的制动器，主要用于电动机制动，同时具备手动功能。

1. 制动器的种类

（1）根据构造形式分类

① 带式制动器。利用挠性钢带压紧制动轮产生制动力矩。带式制动器构造简单、尺寸紧凑，但制动轮轴受力较大（使制动轮轴受到弯曲载荷），摩擦面上压力分布不均匀，因而磨损也不均匀。它常用于中小起重机和流动式起重机。

② 块式制动器。两个对称布置的制动瓦块在径向抱紧制动轮产生制动力矩，从而使制动轮轴向所受制动力抵消。块式制动器结构紧凑，紧闸和松闸动作快，但冲击力大。在桥架类型起重机上大多采用这种制动器。

③ 多盘式与圆锥式制动器的上闸力是轴向力，它的制动轮轴也不受弯曲载荷。这两种制动器都需要较小的尺寸与轴向压力就可以产生相当大的制动力矩，常用于电动葫芦上，结构非常紧凑。

④ 盘式制动器。其上闸力是轴向力，成对互相平衡，但其摩擦力对制动轮轴产生制动力矩，其大小依制动块的数目与安装而定。这种制动器的优点是对同一直径的制动盘可采用不同数量的制动块以达到不同的制动力矩。制动块的形状是平面的，摩擦面易于跑合。有时制动盘做成通风盘，更易于散热。其体积小、质量小、动作灵敏、摩擦面积大、制动力矩大。它较多地应用于各类起重机中。

（2）根据操作情况分类

① 常闭式制动器。在机构停止工作时，制动器处于紧闸状态；当机构接通能源的瞬间施加外力才能解除制动，使机构开始工作。

② 常开式制动器。机构在非工作状态时，制动器处于松闸状态，在外载荷（如风载荷）作用下机构可产生运动；机构在工作状态需要运动停止时，可以根据需要施加上闸力使摩擦副结合，产生制动力矩。

③ 综合式制动器。它是常闭式与常开式的综合体。

（3）根据制动器驱动方式形式分类

① 自动式制动器的上闸与松闸是自动的。

② 操纵式制动器的制动力矩是可以由人随意控制的。

③ 综合式制动器在正常工作时为操纵式，当切断电源后自动上闸以保证安全。

2. 选用原则

在起重机的各个机构中，制动器几乎是不可缺少的组成部分。在起升机构中必须装设可靠的制动器，以保证吊重能停止在空中。自重不完全平衡的起重伸缩臂，也必须用制动器将它维持在一定的位置。运行机构与回转机构，也需要用制动器使它们在一定的时间或一定的行程内停下来。对于在露天工作或在斜坡上运行的起重机，制动器还有防止风力吹动或下滑的作用。只有速度很低、阻力很大的室内起重机的运行机构，才可以不装设制动器。某些起重机的起升机构还利用制动器来使物品以所要求的速度下降，如汽车起重机、淬火起重机等。

综上所述，制动器的作用有如下三种：

① 支持，保持不动。

② 停止，用摩擦消耗运动部分的动能，以一定的减速度使机构停止下来。

③ 落重，将制动力与重力平衡，使运动体以稳定（恒定）的速度下降。

在起重机的各个机构中，制动器可以具有上述一种或几种作用。

在设计或选用制动器时，应充分注意制动器的任务及对它的要求。例如，支持制动器的制动力矩必须具有足够的储备，也就是应当保证一定的安全系数。对于安全性有高度要求的机构需要装设双重制动器。例如，运送熔化铁水包的起升机构，规定必须装设两个制动器，要求每一个都能安全地支持铁水包不致坠落。对于落重制动器，则应该考虑散热问题，它必须具有足够的散热面积将重物的位能所产生的热量散去，以免制动器过热而损坏或失效。

为了减小制动力矩，缩小制动器的尺寸，通常将制动器安装在机构的高速轴上，也就是电动机上或减速器的输入轴上。但是，对安全性要求较高的大型设备（如矿井提升机、电梯等）则应装在靠近设备工作部分的低速轴上。特殊情况下也有将制动器装在中速轴上的，如需要浸入油中的载重制动器。有些电动葫芦为了减轻发热与磨损，就装在减速器壳里。

4.3.3 减速器

减速器是在原动机和执行机构之间起匹配转速和传递转矩作用的一种相对精密的机械，使用它的目的是降低转速、增加转矩。按照传动级数不同，可分为单级和多级减速器；按照齿轮形状，可分为圆柱齿轮减速器、圆锥齿轮减速器和圆锥-圆柱齿引轮减速器。发射场中常见的减速器主要是卷扬系统中采用的减速器。随着减速器技术的发展，部分减速器已经与电动机制造而成为一体，使电动机和减速器的同轴度更好，并且安装更加方便。

减速器基本构造主要由传动零件（齿轮或蜗杆）、轴、轴承、箱体及其附件所组成。

1. 基本分类

减速器按用途可分为通用减速器和专用减速器两大类，主要有齿轮减速器、蜗杆减速器、齿轮-蜗杆减速器、行星齿轮减速器。

① 圆柱齿轮减速器，有单级、二级、二级以上；布置形式为展开式、分流式、同轴式。

② 圆锥齿轮减速器，用于输入轴和输出轴位置成相交的场合。

③ 蜗杆减速器，主要用于传动比 $i>10$ 的场合，传动比较大时结构紧凑。其缺点是效率低。目前，广泛应用的是阿基米德蜗杆减速器。蜗轮蜗杆减速器的主要特点是，具有反向自锁功能，可以有较大的减速比，输入轴和输出轴不在同一轴线上、也不在同一平面上；但是一般体积较大、传动效率不高、精度不高。

④ 齿轮-蜗杆减速器，若其齿轮传动在高速级，则结构紧凑；若其蜗杆传动在高速级，则效率较高。

⑤ 行星齿轮减速器，传动效率高、传动比范围广，传动功率为 12W~50000kW，并且体积和重量小、精度较高、使用寿命很长，额定输出转矩可以做得很大；但价格略贵。

2. 选用原则

通用减速器的选择要满足强度、热平衡、轴伸部位承受径向载荷等条件。

① 热平衡校核。通用减速器的许用热功率值，是在特定工况条件下，按润滑油允许的最高平衡温度（一般为 85℃）确定的。

② 按机械功率或转矩选择规格（强度校核）。通用减速器适用于各个行业，但减速只能按一种特定的工况条件设计，因此选用时用户需要根据各自的要求考虑不同的修正系数，工厂应该按实际选用的电动机功率而不是减速器的额定功率打铭牌。专用减速机是按用户的专用条件设计的，该考虑的系数设计时一般已作考虑，因此选用时只要满足使用功率小于等于减速器的额定功率即可。

③ 校核轴伸部位承受的径向载荷。通用减速器常需对输入轴、输出轴轴伸中间部位允许承受的最大径向载荷进行限制，应予校核，超过时应向制造厂提出加粗轴径和加大轴承等要求。

4.3.4 齿轮传动机构

齿轮传动机构，是由齿轮副传递运动和动力的装置。这是现代各种设备中应用最为广泛的一种机械传动方式。齿轮机构传递的运动平稳可靠，且承载能力大、效率高、结构紧凑、使用寿命长，主要用于传递任意两轴之间的运动和动力、变换运动方式和变速。在发射场中，齿轮齿条机构常用于摆杆、平台的驱动系统中。

其优点是，瞬时传动比恒定，适用的载荷和速度范围广，结构紧凑，传动效率高（$\eta = 0.94~0.99$）工作可靠和寿命长。

其缺点是，对制造和安装精度要求较高、成本高，精度下降时噪声和振动会增大，不宜用于中心距较大的传动。

1. 齿轮机构的分类

（1）平面齿轮机构

用于传递两平行轴之间的运动和动力。

① 根据轮齿的排列位置，可分为内齿轮、外齿轮和齿条（见图 4-31）。

内齿轮　　　　　　外齿轮　　　　　　齿条

图 4-31 齿轮排列位置图

② 根据轮齿的方向，可分为直齿轮、斜齿轮和人字齿轮（见图 4-32）。

直齿轮   斜齿轮   人字齿轮

图 4-32   齿轮轮齿方向图

（2）空间齿轮机构

用于传递空间两相交轴或两交错轴间的运动和动力。

① 传递两相交轴间的运动——锥齿轮（见图 4-33）传动，按照轮齿在圆锥体上的排列方向有直齿和曲线齿两种。

② 传递两交错轴间的运动为，蜗杆机构、交错轴斜齿轮机构（见图 4-34）。

a) 蜗杆齿轮机构   b) 交错轴斜齿轮机构

图 4-33   锥齿轮   图 4-34   蜗杆齿轮和交错斜齿轮

③ 常用的齿轮机构是定传动比机构；但也有传动比非定值的齿轮机构，常称为非圆齿轮机构（见图 4-35）。

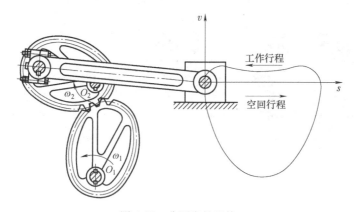

图 4-35   非圆齿轮机构

（3）齿轮各部分名称与符号（见图4-36）

① 齿数 z。

② 齿顶圆 $d_a(r_a)$。

③ 齿根圆 $d_f(r_f)$。

④ 基圆 $d_b(r_b)$。

⑤ 齿厚 s。

⑥ 齿槽宽 e。

⑦ 齿距 p。

⑧ 分度圆 $d(r)$，度量基准圆。

⑨ 齿顶高 h_a。

⑩ 齿根高 h_f。

$$d_f = d - 2h_f$$
$$d_a = d + 2h_a$$

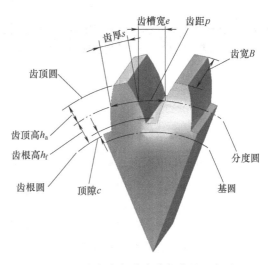

图 4-36 齿轮各部分名称与符号示意图

2. 选用原则

在选择齿轮传动类型时应考虑以下几个方面：

① 传递大功率时，一般采用圆柱齿轮。在联合使用圆柱、圆锥齿轮时，应将圆锥齿轮放在高速级。

② 圆柱齿轮和斜齿轮相比，一般斜齿轮的强度比直齿轮高，且传动平稳，所以用于高速场合，直齿轮用于低转速场合。

③ 直齿圆锥齿轮仅用于 $v \leqslant 5\mathrm{m/s}$ 的场合，高速时可采用曲面齿等。

④ 由工作条件确定选用开式传动或闭式传动。

4.4 小结

本章主要介绍了设备控制系统中常用控制器件、检测设备及执行设备的原理及使用方法，内容涉及机械、电子、液压、气动等多个方面的知识。通过本章学习，希望读者能够掌握常见设备原理，以及对其进行控制时有关传感、检测、执行部件选用的相关知识和技能，并能够结合本书第5章电机及变频器相关内容，构建初步的设备控制系统。

第 **5** 章　电机与变频器

本章主要讲解电机和变频器的原理、结构、组成及发射场应用。在日常工作中，电动机常简称为电机，本章采用电机来指代电动机。本章关于电机的部分，主要讲解了直流电机、交流电机的原理、起动与制动、调速等方面的知识；关于变频器的部分，主要从物理、数学两方面讲解了变频器的原理、结构，并从基本接线、参数设置、控制方式等方面介绍了变频器的应用。本章最后结合了前面两部分内容，通过实例演示和强化了变频调速的相关知识。

5.1　概述

电动机能够将电能转换为机械能，且结构简单、经济实用，有着很高的转换效率和可靠性，在工程中也容易集成控制，因此在生产、工业领域大量使用。

航天发射场也大量使用电机作为控制系统主要的执行机构。例如，某发射塔上用于火箭及卫星吊装对接的塔吊，其主、副钩及回转机构，均采用了直流电机驱动；而塔架活动平台、摆杆、瞄准窗、空调系统、推进剂加注系统等绝大部分设备，都采用了交流电机驱动。目前来看，越来越多的设备设计趋向于采用交流电机作为动力。

按照输入电流种类及励磁方式的不同进行电机分类，如图 5-1 所示。

这些电机的使用场合不尽相同，一般说来，直流电机所能提供的转矩较大、调速性能较好，适合应用在要求起动转矩较大、负载变化较大的场合；交流电机的起动和调速性能相对要差些，可以广泛应用在无调速要求的场合。

按照被驱动机械的起动、调速等要求的不同，电机在选型时需要考虑以下几个因素：

① 当被驱动机械对起动、调速及制动无特殊要求时，可采用笼型异步电机；但当被驱动机械的功率较大且连续工作时，可考虑采用同步电机。

② 起动转矩要求较大、调速范围较小时，可考虑采用绕线转子异步电机。

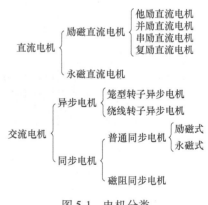

图 5-1　电机分类

③ 当被驱动机械的特性要求较高时，可以考虑采用直流电机。

④ 交流电源消失后必须工作的应急机组可以采用直流电机。

随着变频技术的发展，交流电机的调速已变得较为成熟，原来的一些只能采用直流电机的场合也逐步被交流电机所取代。

5.2　电机

5.2.1　直流电机

直流电机具有良好的起动、调速性能，常用在调速要求较高的场合，只是普通直流电机需要电刷、换向器来接通驱动电流，因此其使用、维护较为复杂。

1. 原理

图 5-2 所示为直流电机的结构原理图，图中的 N、S 是一对固定的磁极，可以是由永磁体产生，也可以由励磁绕组产生。在磁极 N、S 间有一个可以绕轴旋转的绕组，该绕组称为电枢绕组。直流电流经电刷、换向器流经电枢绕组构成回路。按照安培定律，磁场中流经电流的电线将产生运动。其电流方向、磁场方向及受力方向由左手定则确定。例如，当磁场方向、电流方向如图 5-1 所示时，按照左手定则，电枢绕组的 *ab* 段将产生向左的力 *F*，而 *cd* 段将产生大小相同的向右的力。

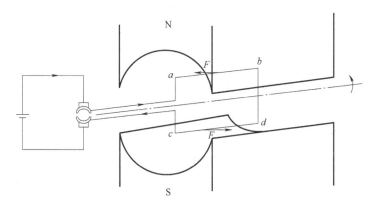

图 5-2　直流电机的结构原理图

当电枢绕组的 *ab* 段转到靠近磁极 S、*cd* 段转到靠近磁极 N 时，如果电枢中的电流方向不改变，则 *ab* 段的受力方向一直向左，这样电枢绕组就不会产生绕轴旋转运动。为此，引入改变电流方向的结构——电刷和换向器，使 *ab* 段转到靠近 S 磁极时，其电流方向为由 *b* 点到 *a* 点方向。这样，*ab* 段的受力方向向右，电枢能够产生逆时针的绕轴运动。

图 5-2 所示的只是直流电机的原理示意图，直流电机的实际结构要复杂得多。比如，为了让电枢受力均匀，磁极间的间距要尽量小，为此可以考虑采用多对磁极的方式；另外，电枢绕组也可以用波绕组和叠绕组等不同方式，两个换向片之间并联的线圈个数称为电枢绕组的并联支路数。直流电机结构上的差异会造成电机的电磁和机械特性有所差异。

2. 感应电动势和电磁转矩

按照电磁定律，当图 5-2 所示的电枢绕组通电时，电枢将产生绕轴旋转运动，从而输出机械转矩；当电枢绕组在磁场中旋转时，将切割磁力线，而产生感应电动势。那么，直流电机的感应电动势和电磁转矩如何计算呢？下面，结合电机的结构参数推导出相关结果。

（1）电枢绕组感应电动势

电枢绕组的感应电动势，是指正、负电刷间因绕组切割磁场产生的电动势。按照感应电动势的原理，图 5-2 所示的 ab 段切割磁场所产生的感应电动势为

$$e_j = B_j l v$$

式中，B_j 为磁感应强度；l 为导体的有效长度；v 为导体切割磁场的速度。

假设电枢绕组的总导体数为 N，正、负电刷间有 $2a$ 条并联支路，则每条支路所串联的导体数为 $N/(2a)$，因此，正、负电刷间总的感应电动势为

$$E_a = \sum_{j=1}^{\frac{N}{2a}} e_j = \sum_{j=1}^{\frac{N}{2a}} B_j l v$$

式中的 B_j 考虑取平均值的形式，即由一个磁极下的磁通量求得相应磁感应强度的平均值：

$$B_{av} = \frac{\Phi}{l\tau}$$

式中，Φ 为每一磁极的总磁通量；τ 为极距（即一个磁极的间距）。由此得

$$E_a = \sum_{j=1}^{\frac{N}{2a}} B_{av} l v = \frac{N}{2a} \frac{\Phi}{l\tau} l p \tau \frac{2n}{60} = \frac{p}{a} N \frac{n}{60} \Phi = C_e n \Phi \tag{5-1}$$

式中，n 为电枢转速（r/min）；p 为磁极对数；$C_e = pN/(60a)$，为电动势常数。

这里需要注意的是，式（5-1）是正、负电刷间的感应电动势，它是一个恒定的值；而对于电枢绕组的导体来说，它的电动势是交变的。

（2）电枢绕组的电磁转矩

图 5-2 所示的 ab 段导体在通电时所产生的电磁作用力为

$$F_j = B_j l I_j = B_j l \frac{I_a}{2a}$$

式中，I_a 为流过电刷的电流，则导体电流为 $I_j = I_a/2a$。相应的电磁转矩为

$$T_j = F_j \frac{D_a}{2} = B_j l \frac{I_a}{2a} \frac{D_a}{2}$$

式中，D_a 为电枢直径。假设电枢有 N 根导体，则总的电磁转矩为

$$T_{cm} = \sum_{j=1}^{N} T_j = N T_j = N B_{av} l \frac{I_a}{2a} \frac{D_a}{2}$$

式中以磁感应强度平均值 B_{av} 来代替 B_j。

根据直流电机的结构，可以认为电枢周长近似等于磁极周长，即 $\pi D_a = 2p\tau$，代入上式，有

$$T_{cm} = N B_{av} l \frac{I_a}{2a} \frac{D_a}{2} = N \frac{\Phi}{l\tau} l \frac{I_a}{2a} \frac{2p\tau}{2\pi} = \left(\frac{1}{2\pi} \frac{p}{a} N \right) \Phi I_a = C_T \Phi I_a \tag{5-2}$$

用式（5-2）可计算直流电机的电磁转矩。其中，C_T 为转矩常数，且有

$$C_T = \frac{1}{2\pi} \frac{p}{a} N = 9.55 C_e \tag{5-3}$$

3. 特性方程

有了上面直流电机的感应电动势和电磁转矩的计算方法，可以得出直流电机的电枢回路

方程和机械方程，这两个方程规范了直流电机的电特性和机械特性，是直流电机选型、调速的基础。

（1）电枢回路方程

他励直流电机电路原理图如图 5-3 所示，U_f 作用在励磁回路，用来产生激磁磁通 Φ，如果采用的是永磁体的话，则这一部分就不存在了。右边部分为电枢回路，其中，电枢的感应电动势为式（5-1）的 E_a，其方向和外加电压的方向相反；电阻 R_a 为电枢回路的总电阻，它由绕组电阻、电刷接触电阻等组成。

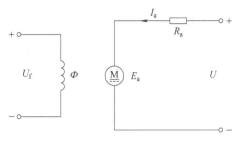

图 5-3　他励直流电机电路原理图

如图 5-3 所示，电枢回路的电压方程为

$$U = E_a + R_a I_a \tag{5-4}$$

式中，E_a 为感应电动势，它的值由式（5-1）确定。

（2）机械方程

直流电机输出的电磁转矩直接提供给外部的机械负载，因此，其机械方程可以写为

$$T_{cm} = T_1 + T_0 \tag{5-5}$$

式中，T_{cm} 为电磁转矩，其值由式（5-5）确定；T_1 为轴输出的机械负载转矩；T_0 为电机自身消耗的转矩。

式（5-5）两边同乘以电机的角速度 Ω，则可以得到直流电机的功率方程：

$$T_{cm}\Omega = T_1\Omega + T_0\Omega$$
$$P_{cm} = P_1 + P_0 \tag{5-6}$$

式中，P_{cm} 为电磁功率；P_1 为轴输出的机械功率；P_0 为空载损耗功率。

基于直流电机的电枢回路方程和机械方程，可以求得电机的很多特性参数，如利用式（5-4）可以求得电机的转速为

$$n = \frac{1}{C_e\Phi}(U - R_a I_a) = \frac{U}{C_e\Phi} - \frac{R_a}{C_e\Phi}I_a \tag{5-7}$$

而根据式（5-2），$T_{cm} = C_T\Phi I_a$，代入式（5-7）得

$$n = \frac{1}{C_e\Phi}(U - R_a I_a) = \frac{U}{C_e\Phi} - \frac{R_a}{C_T C_e\Phi^2}T_{cm} \tag{5-8}$$

从式（5-7）、式（5-8）可以看出，直流电机的转速 n、外加电压 U、电阻 R_a 和电磁转矩 T_{cm} 的关系。以转速 n 为纵坐标、电磁转矩 T_{cm} 为横坐标，分别得出外加电压 U、电阻 R_a、励磁磁通量 Φ 对转速曲线的影响关系，如图 5-4 所示，T_L 为负载转矩，n_s 为空载转速。

图 5-4 所示的结果可以用来进行调速设计、设备选型等。例如，利用图 5-4a、b 所示的结果可以进行电机调速；限制电枢电流，构成起动电路；利用图 5-4c 所示的结果进行恒功率调速，即通过调节励磁磁通量进行调速，调速过程中电机功率 $P_{cm} = T_{cm}n$ 不变（图 c 所示虚线）。

4. 起动与制动

（1）电机起动

电机起动时的转速可以看作是 $n = 0\text{r/min}$，由于转速为 0r/min，电枢回路的感应电动势

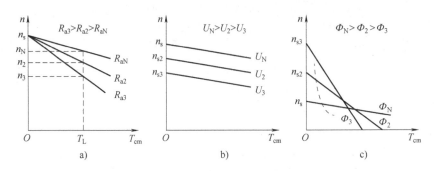

图 5-4　电机特性曲线和电枢电阻、外加电压、励磁磁通的关系

$E_a = 0V$。按照式（5-4），此时的电枢电流为 $I_a = U/R_a$。由于 R_a 一般很小，因此起动时的电枢电流 I_a 一般都很大，这对供电电网和电机本身都不利，为此需要对电机起动电流进行限制。

一种限制起动电流的措施是，在电枢回路中串入电阻（见图5-5）。起动开始阶段，接触器的触头 K_{s1}、K_{s2}、K_{s3} 处于断开状态，相应的起动电阻 R_{s1}、R_{s2}、R_{s3} 均起作用，当转速 n 达到 n_1 时，触头 K_{s3} 闭合，切除起动电阻 R_{s3}；达到 n_2 时，触头 K_{s2} 闭合，切除起动电阻 R_{s2}；达到 n_3 时，触头 K_{s3} 闭合，切除起动电阻 R_{s3}，此时的电枢回路只剩下本身的电阻 R_a。

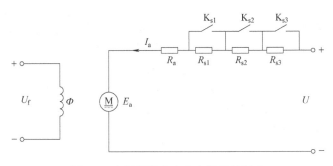

图 5-5　电枢回路中串入电阻进行起动

另一种限制起动电流的措施是，调整外加的电枢输入电压 U。起动时的电机转速较低，此时，外加电压 U 的值较小，相应的电枢电流 I_a 也会比较小；随着转速上升，感应电动势 E_a 逐步增大，这时外加电压 U 的值也要逐渐变大，使电机的速度均匀上升。

（2）电机制动

上述电机状态的能量转化方向是电能转化成机械能，即输入外加电压 U，电机输出电磁转矩 T_{cm}，再由电磁转矩 T_{cm} 带动机械转矩 T_1，显然在这种电机状态下有 $T_{cm} > T_1$。电机的另一种能量转化方向是机械能转化成电能，即输入机械转矩 T_1，带动电枢绕组旋转，电枢绕组的导体因切割磁力线而产生感应电动势，进而由电枢电流 I_a 得到电磁转矩 T_{cm}，显然在这种发电机状态下有 $T_1 > T_{cm}$。

在发电机状态，系统输入的机械能有一部分转化成电能，对外部机械而言，相当于直流电机此时变成了阻尼器件，即直流电机处于制动状态。图5-6所示的能耗制动是一种电机制动的实现方法。当开关打到电源侧时，电机处于电机状态，此时的电枢回路电流为 I_a，其方向如图所示；当开关打到电阻 R_b 时，电机作为电源给 R_a、R_b 供电，此时的电枢回路电流为 I_{ab}，由于电机的感应电动势的方向和外加电源 U 的方向相反，因此 I_a 与 I_{ab} 的方向相反，根据式（5-2），I_{ab} 和 I_a 的电磁转矩也相反，即此时的电机处于制动状态。

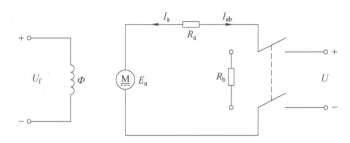

图 5-6　直流电机的能耗制动原理

除了能耗制动，还可以采用反接制动和回馈制动等方法。

直流电机的工作原理较为简单，它是利用了带电导体在磁场中产生运动的物理现象来工作的。通过推导可以得到直流电机的电枢方程式（5-4）及其机械方程式（5-5），这两个方程完全规范了直流电机的电磁特性和机械特性，是直流电机设计和应用的基础。

直流电机的调速性能好、调速范围较宽，所能提供的转矩也比较大，能够适应负载变化较大的场合。但直流电机需要电刷和换向器，它们工作时产生的噪声较大、维护复杂。随着电力电子技术的发展，变频器件越来越可靠、廉价，使得交流电机的应用越来越普遍，直流电机有逐步被淘汰的趋势。

5.2.2　交流电机

发射场地面设备所配用的电机绝大多数为交流异步电机，这种电机是基于定子绕组产生的气隙旋转磁场和转子绕组中的感应电流相互作用而产生电磁转矩，从而实现能量转换的一种交流电机。异步电机和其他类型电机不同之处在于如下两方面：

① 只有定子绕组外接三相交流电。由于定子结构设计上的对称性，会导致在定子绕组中产生与三相电变化相同步的旋转磁场（同步转速 n_1）。

② 其转子绕组不需与电源相连接，而是自己形成闭合通路，定子绕组所形成的旋转磁场，在转子绕组中生成感应电流；产生了感应电流的转子在定子旋转磁场内会受力形成电磁转矩 T，导致转子转动（转速为 n）。

由于先有 n_1（定子磁场转速）才能有 n（转子转速），转子转动滞后于定子磁场，也就是说转子转动与定子磁场转动不同步（异步）。或者说，转子跟随定子磁场转动。

与其他电机比较，三相异步电机具有结构简单，制造、使用和维护方便，运行可靠，成本较低等优点。三相异步电机的重量和成本约为同功率、同转速的直流电机的 1/2 和 1/3。它还便于派生各种防护形式以适应不同环境条件的需要。异步电机有较高的效率和较好的工作特性。

异步电机的系列、品种、规格繁多。按转子绕组形式，一般可分为笼型和绕线转子两类。笼型绕组本身自成闭合回路，整个转子形成一个坚实整体，其结构简单牢固，应用最为广泛，小型异步电机大多为笼型。绕线转子异步电机，在其转子回路中通过集电环和电刷接入外加电阻，可以改善起动特性并在必要时调节转速。

异步电机还可按电机的尺寸大小、防护形式、安装条件、绝缘等级和工作定额等进行分类，详见表 5-1。

表 5-1　三相异步电机的主要分类

分类方式	类别		
转子绕组形式	笼型、绕线转子		
电机尺寸	大型	中型	小型
中心高度 H/mm	>630	355~630	63~315
定子铁心外径 D_1/mm	>990	≤990	
防护形式	开启式		
	防护式		
	封闭式		
通风冷却方式	自冷式、自扇冷式、它扇冷式、管道通风式		
安装结构	卧式、立式、带底脚、带凸缘		
绝缘等级	130（B）级、155（F）级、180（H）级、200（N）级		
工作定额	连续、短时、周期		

异步电机有单相和三相两类。单相异步电机一般为 1kW 以下的小功率电机。而三相交流电机的功率和转矩平稳，因此大部分场合都采用三相异步电机。三相异步电机的派生和专用产品，一般是按工作环境或拖动特性或特殊性能要求分类，常用的包括隔爆型异步电机（YB）、深井泵用异步电机（YLB）、潜水异步电机（YQS、YQSY）、屏蔽异步电机（YP）和电磁调速异步电机（YCT）。

目前，在发射场地面设备上配用的电机以 Y 系列高效电机为主。该系列电机是统一设计的系列产品，其功率等级和安装尺寸符合国际电工委员会（IEC）标准，适用于驱动无特殊性能要求的各种机械设备，电机额定电压为 380V，额定频率为 50Hz。小于 3kW 的电机定子绕组为星形联结，其他功率的电机一般为三角形联结。

要了解电机参数，最方便的方式是查看电机铭牌。电机铭牌通常包括以下信息：

① 额定功率 P_N。电机在额定工况下运行时转轴输出的机械功率，单位为 W（瓦）或 kW（千瓦）。

② 额定电压 U_N。电机在额定工况（额定功率）下运行时，定子绕组的线电压，单位为 V（伏）或 kV（千伏）。

③ 额定电流 I_N。电机在额定工况下运行时，定子绕组中的线电流，单位是 A（安培）。

④ 额定转速 n_N。电机在额定工况下运行时转轴的转速，单位为 r/min（转/分，工程中也常用 rpm 来表示）。

⑤ 额定频率 f_N。电机所接电源电压的频率，单位为 Hz（赫兹），我国工频频率为 50Hz。

⑥ 绝缘等级。该参数决定了电机所能允许的温升，有的电机铭牌上直接标明允许温升。

⑦ 接法。用Y或者△来分别表示定子绕组采用星形联结或三角形联结。在某些电机上，也有用变压器三角形联结的字母 D 来表示的。

另外，铭牌上还有电机的型号。型号一般由数字和字母组成，通常可以了解电机所属的系列电机的极数、机座中心高度、机座长度、适用环境、安装方式等信息。

1. 电磁作用原理

交流电机分为异步电机和同步电机。异步电机结构简单、维护方便，在大多数场合都能使用。同步电机适于要求转速恒定或调速精度要求较高的场合，它结构复杂，维护起来也比较复杂。这里，主要介绍一些异步电机的工作原理和特性。

图 5-7 所示为交流异步电机横截面结构示意图。图 5-7a 给出了定子绕组电流进出方向。U 相绕组接三相交流电的 A 相，电流方向为 U1 端进 U2 端出，其他绕组的电流方向如图 5-7a 所示。当 U 相电流最大时，各绕组所形成的综合磁场方向如图 5-7a 所示。由于各相电流按照一定相位的正弦波变化，各绕组所形成的合成磁场方向会在定子横截面内旋转变化，其转速（单位为 r/min）由三相交流电的频率和电机的极对数确定：

$$n_1 = \frac{60f_1}{p} \tag{5-9}$$

式中，f_1 为三相交流电源的频率；p 为极对数。

上述定子旋转磁场会在转子绕组中产生感应电流，其电流方向按右手定则确定。图 5-7b 中，转子绕组的相对运动方向为逆时针方向，按右手定则，S 极电流方向为图中的向里的方向，感应电流所形成电磁力方向由左手定则确定为顺时针方向，如图 5-7b 所示。

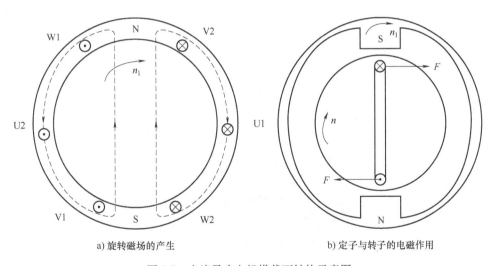

a) 旋转磁场的产生　　　　　b) 定子与转子的电磁作用

图 5-7　交流异步电机横截面结构示意图

2. T 型等效电路

由图 5-7 所示的电磁作用可知，交流异步电机转子运动是"跟随"定子旋转磁场的运动，但转子运动速度必须和定子的运动速度有一个速度差，才能产生相应的电磁作用，由此引入转差率这个概念：

$$s = \frac{n_1 - n}{n_1} \tag{5-10}$$

式中，n_1 为上述定子旋转磁场的转速；n 为转子的转速。

从定子和转子的绕组结构关系来看，当转子不动（即 $s=1$）时，交流异步电机相当于一个变压器，而对于变压器来说，它的一次侧和二次侧的电磁关系可以用 T 型等效电路来描述。因此，在转子不动时，交流异步电机可以用图 5-8 所示的 T 型电路来等效。

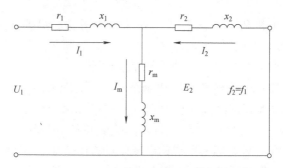

图 5-8　转子不动时，交流异步电机的 T 型等效电路

对于图 5-8 所示的交流异步电机的 T 型等效电路，假设 $z_1=r_1+\mathrm{j}x_1$ 表示等效的定子阻抗，$z_m=r_m+\mathrm{j}x_m$ 为等效的励磁阻抗，$z_2=r_2+\mathrm{j}x_2$ 为已归算到定子侧的转子等效阻抗。注意到，此时的定子和转子的频率相等，即 $f_2=f_1$，所以转子的电参数不需要进行频率归算。

当转子转动时，转子频率将发生变化 $f_2=sf_1$，而频率的变化将影响转子绕组的感应电动势和转子漏抗 x_2 的变化。转子绕组的感应电动势为

$$E_{2s}=4.44f_2N_2K_{N2}\varPhi_m=4.44sf_1N_2K_{N2}\varPhi_m=sE_2$$

即，转子转动时的感应电动势 E_{2s} 是转子不动时的 s 倍。同样，转子漏抗为

$$x_{2s}=2\pi f_2L_{\sigma2}=2\pi sf_1L_{\sigma2}=sx_2$$

即，转子转动时的等效漏抗 x_{2s} 是转子不动时的 s 倍。由此可以得出转子回路的电压方程：

$$0=E_{2s}-I_2(r_2+\mathrm{j}x_{2s})$$

由上式解得转子转动时的电流为

$$I_{2s}=\frac{E_{2s}}{r_2+\mathrm{j}x_{2s}}=\frac{sE_2}{r_2+\mathrm{j}sx_2}=\frac{E_2}{\dfrac{r_2}{s}+\mathrm{j}x_2}=\frac{E_2}{(r_2+\mathrm{j}x_2)+\dfrac{1-s}{s}r_2} \tag{5-11}$$

根据式（5-11），转子转动时，交流异步电机的 T 型等效电路如图 5-9 所示。其中，定子等效阻抗 $z_1=r_1+\mathrm{j}x_1$、励磁等效阻抗 $z_m=r_m+\mathrm{j}x_m$ 及归算到定子侧的转子等效阻抗 $z_2=r_2+\mathrm{j}x_2$，均为转子不动时的电参数。增加的附加电阻 $((1-s)/s)r_2$ 可以看成转子输出的机械功所对应的电阻值。

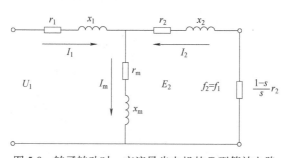

图 5-9　转子转动时，交流异步电机的 T 型等效电路

根据图 5-9 所示的等效电路，可以得出交流异步电机电回路方程：

$$
\begin{cases}
U_1 = -E_1 + I_1(r_1 + jx_1) \\
0 = E_2 - I_2\left(\dfrac{r_2}{s} + jx_2\right) \\
I_m = I_1 + I_2 \\
E_1 = E_2 = -I_m(r_m + jx_m)
\end{cases}
\tag{5-12}
$$

它和二次侧接电阻的变压器的 T 型电路是一致的。

与变压器一样，异步电机的定子、转子的参数可以通过空载、短路实验得到，即通过空载实验可以得到图 5-9 所示的励磁参数 r_m、x_m 及铁心损耗 p_{Fe} 和机械损耗 p_{mec}；由短路实验可以得到转子阻抗参数 r_2、x_2 及定子阻抗参数 r_1、x_1。定子电阻 r_1 也可以直接测量得到。这些参数确定以后，交流异步电机的电磁特性也就确定了。

3. 机械特性

按照能量传递关系，交流异步电机的功率传递关系如图 5-10 所示，

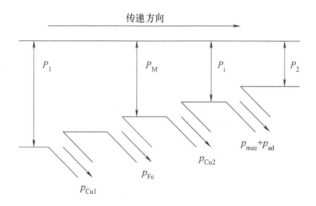

图 5-10　交流异步电机的功率传递关系

图中，P_1 是输入功率，为电网输入的电功率 $P_1 = m_1 U_1 I_1 \cos\theta_1$（这里的 m_1 为交流电源的相数）；p_{Cu1} 为定子铜耗 $p_{Cu1} = m_1 I_1^2 r_1$，p_{Fe} 为定子铁耗 $p_{Fe} = m_1 I_m^2 r_m$，输入功率减去定子的铜耗和铁耗就得到交流异步电机的电磁功率 $P_M = P_1 - p_{Cu1} - p_{Fe}$，按照图 5-10 所示，电磁功率 P_M 也是定子和转子间传递的电磁功率，转子的所有能量均来自电磁功率 P_M，因此有

$$
P_M = m_1 E_2 I_2 = m_1 I_2^2 \frac{r_2}{s} = \frac{p_{Cu2}}{s}
\tag{5-13}
$$

电磁功率 P_M 减去转子铜耗 $p_{Cu2} = m_1 I_2^2 r_2$ 得转子的机械功率 P_i，再减去机械损耗 p_{mec}（摩擦做功等）和一些和高次谐波有关的杂散损耗 p_{ad}，就得到电机纯粹的输出功率 P_2。完整的交流异步电机的功率传递式为

$$
P_1 = P_2 + p_{Cu1} + p_{Fe} + p_{Cu2} + p_{mec} + p_{ad} = P_2 + p_{lost}
\tag{5-14}
$$

式中，p_{lost} 为总的功率损耗。

按照图 5-10 所示，转子总的机械转矩为 $T_i = P_i / \Omega$（Ω 为转子的转速），结合式（5-13），转子总机械转矩 T_i 为

$$T_i = \frac{P_i}{\Omega} = \frac{(1-s)P_M}{(1-s)\Omega_1} = \frac{P_M}{\Omega_1} = T_M$$

式中，Ω_1 为旋转磁场的同步角速度，$\Omega_1 = 2\pi f_1/p$，其中的 f_1 为电源频率，p 为定子极对数。其意义是，转子的机械转矩 T_i 和电机的电磁转矩 T_M 相等。进一步展开电磁转矩 T_M，得

$$T_i = \frac{P_M}{\Omega_1} = \frac{m_1}{\Omega_1} \frac{U_1^2 s r_2}{(sr_1+r_2)^2 + s^2 x_k^2} \qquad (5\text{-}15)$$

式中，m_1 为定子端输入电源的相数，一般有 $m_1 = 3$；U_1 为输入电源的相电压；s 为转差率；r_1 为定子电阻；r_2 为归算到定子侧转子电阻；x_k 为短路电抗，$x_k = x_1 + x_2$，其中的 x_1 为定子电抗；x_2 为转子折合到定子侧的电抗。

式（5-15）给出了交流异步电机的机械特性，给出了电机输出转矩和电机参数之间的关系。

在固定电机参数的情况下，图 5-11 所示的交流异步电机的机械特性曲线反映了机械转矩和转差率之间的关系。图中，T_s 为起动转矩，T_N、s_N 为额定转矩和额定转差率，T_{cr}、s_{cr} 为临界转矩和临界转差率，s_1 为空载转差率。

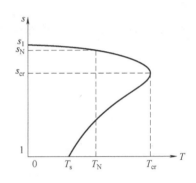

图 5-11　交流异步电机的机械特性曲线

当电机的电参数发生改变时，它的机械特性曲线也会发生变化。图 5-12a 所示的曲线，反映了转子电阻对机械特性曲线的影响，转子电阻越大，特性曲线越"软"，即转矩变化对转速的影响较大。利用这个特点，可以对电机进行调速控制，即可在转子回路中串入电阻进行调速。图 5-12b 所示的曲线，反映了电源电压对特性曲线的影响，由此可以构成电机的变压调速控制。图 5-12c 所示的曲线，反映了电源频率对特性曲线的影响，由此可以构成电机的变频调速控制，这是目前最为常用的电机调速方法。

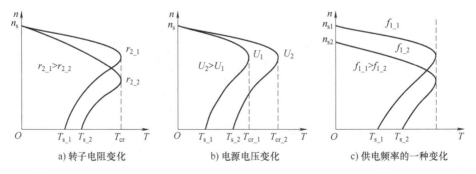

　　a) 转子电阻变化　　　　　　b) 电源电压变化　　　　　c) 供电频率的一种变化

图 5-12　电机参数变化对机械特性的影响

4. 起动与制动

（1）电机起动

交流异步电机在起动时需要满足如下两个条件：

① 起动电流要限制在一定的范围内。如图 5-8 所示，一般 r_1 和 r_2 都远小于 r_m，因此，当电机起动时，其转差率 $s=1$，此时的转子阻抗 r_2/s 的数值远小于额定转速时的转子阻抗 r_2/s（额定转速时的 $s \approx 0.03$ 左右），从而导致电机定子的起动电流 I_{1st} 比额定电流 I_1 大很多（一般要大 5~7 倍）。

② 起动转矩要足够大。一般要求起动转矩 $T_{st} > (1.1 \sim 1.2) T_L$（$T_L$ 为负载转矩），以保证电机能带动机械负载，显然起动转矩 T_{st} 越大，起动过程越短。

交流异步电机的起动方法包括以下几种：

1）减压起动方法

起动时，先降低定子绕组上的电压，起动后再把电压恢复到额定值。减压起动能减小电机的起动电流。但由图 5-12b 所示可知，减压也会导致起动转矩下降，因此减压起动只适合轻载和空载的情况下起动。

实现减压起动的做法有，自耦变压器起动、星-三角（丫-Δ）减压起动、延边三角形减压起动、定子回路串电抗器减压起动、软起动器起动。

2）改善转子结构

为了达到既减小起动电流又保证有较大的起动转矩的效果，可以采取改造转子结构的办法，如采用深槽式转子、双笼型转子等措施。

3）转子回路串电阻的方法

对于绕线转子异步电机，其转子可以串入电阻或频敏电阻来实现既能实现限制起动电流又能满足起动转矩的起动功能。串入起动电阻能降低起动电流，同时，按照图 5-12a 所示，能满足起动转矩，因此具有良好起动功能的绕线转子异步电机多用在起动转矩大或起动频繁的场合。

4）软起动器变频起动

软起动器变频起动是目前应用较广的电机起动方法。当 U_1/f_1 为常数时，电机机械特性随频率 f_1 的变化如图 5-12c 所示。显然，它的起动转矩并不降低。变频器通过对电压 U_1 和频率 f_1 进行调制，使 U_1/f_1 大体为常数，即可保证起动电流在一定的防围内（一般 $I_{1st} < 1.5 I_1$）。

（2）电机制动

和直流电机一样，交流异步电机也有两种工作状态：把电能转化成机械能的电动机状态及将机械能转化成电能的发电机状态（制动状态）。其制动方法也有三种：能耗制动、反接制动、回馈制动。

能耗制动的原理也很简单。制动时，切断交流电源而给定子供直流电，此时转子中感应电流的方向按右手定则确定，而感应电流所产生的电磁力的方向按左手定则确定，其结果是电磁力和转子运动方向相反，电机处于制动状态。图 5-13 所示的实线给出了制动时的电机机械特性，点 a 处，当制动时，由于转速不能突变，电机状态切换到制动曲线上的点 b，由于力矩反向，转速要逐渐降低，电机状态沿制动曲线到原点而停机，或者运行在状态点

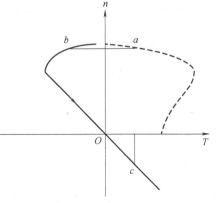

图 5-13　交流异步电机能耗制动原理

c 处（重物的制动下降状态）。

反接制动是将电机定子电源的两相反接，改变相序，使电机产生制动转矩。

回馈制动的特点是使转子转速 n 超过同步转速 n_0，电机工作于发电机状态，将电能回送给电网。

至此，已经简要介绍了直流电机和交流异步电机的工作原理和特性。这两种电机在工程中用得相对多些，尤其是交流异步电机，而同步电机只在很少的一些要求较高的场合应用，因此省去相关内容的介绍。

5. 调速

三相异步电机的控制主要包括起动和调速两个方面。下面分别介绍笼型异步电机和绕线转子异步电机的调速（起动见前面的介绍）。

（1）笼型异步电机的调速

由于电机的转速为

$$n = n_s(1-s) = 60f_1(1-s)/p$$

所以可以从三个方面来调节电机的转速：改变定子绕组的极对数 p；改变电机的转差率 s；改变电源频率 f_1。

在恒定的频率下，改变电机定子绕组的极对数，就可以改变旋转磁场和转子的转速。变极调速电机的转子一般都是笼型，因为笼型转子的极对数能随着定子极对数的改变而自动改变，使定、转子的极对数始终保持相等。变极调速只能一级一级地调速，而不能平滑地调速。改变电源频率时，电机的同步转速将随频率正比变化，于是转子转速将随之变化。如果电源频率可以连续调节，则电机的转速就可以连续、平滑地调节。在一定的转差率下，电机的电磁转矩与端电压的二次方成正比，因此改变电机的端电压也可以达到调速的目的。这种调速方法的调速范围很小，主要用于拖动风扇负载的小型笼型异步电机上。

（2）绕线转子异步电机的调速

转子串入电阻后，可以进行调速。在转子串入电阻时，若负载转矩不变。转子的转差率将增大，即转速将下降。这种方法的优点是简单、调速范围相对较广，缺点是调速电阻需要消耗一定的能量。转速调得越低，转差率越大，铜耗就越多，效率也将降低。其另一缺点是，转子加入电阻后，电机的机械特性变软，于是负载变化时，电机的转速将发生显著变化。这种方法主要用在中、小功率的电机中。

5.2.3 发射场电机控制

三相异步电机的控制主要包括起动和调速两个方面。下面分别介绍笼型异步电机和绕线转子异步电机的起动和调速。

1. 笼型异步电机的起动和调速

笼型异步电机的起动方法主要有两种：直接起动和减压起动。

直接起动就是用断路器或接触器将电机直接接到具有额定电压的电源上，起动时，转差率 $s=1$，所以笼型异步电机的起动电流就是堵转电流。一般笼型异步电机的起动电流倍数 $I_{st}/I_N = 5 \sim 7$。直接起动法的优点是操作简单，无须很多的附属设备；主要缺点是起动电流较大。但是随着电网容量的增大，这种方法的适用范围将日益扩大。

减压起动时采用降低电机端电压的方法来减小起动电流。由于起动转矩与端电压的二次方成正比，所以采用此法时，电机的起动转矩将同时减小，故此法只适用于对起动转矩要求不高的场合。常用的减压起动法有星-三角起动法（正常运行时定子绕组为三角形联结的电机）和自耦变压器起动法。

笼型异步电机的调速上节已经介绍过，这里不再赘述。

2. 绕线转子异步电机的起动和调速

除了直接起动和减压起动外，绕线转子异步电机的特点是转子中可接入外加电阻或变频电源起动。正常运行时，三相绕组通过集电环短接。起动时，为了减小起动电流，转子中可以串入起动电阻。转子中串入适当的电阻，不仅可以使起动电流减小，而且由于转子的功率因数和转子电流有功分量增大，起动转矩亦可增大。转子串入电阻后，还可以进行调速，这些都是绕线转子异步电机的优点。其缺点是结构稍复杂，因此价格较贵。

绕线转子异步电机的调速上面已经介绍过，这里不再赘述。

5.3　变频器

变频器作为驱动电机的动力来源，主要功能是把输入的工频电压变换为幅值和频率可调的输出电压。

变频器可用于调整电机的转速，实现电机变速运行。同时，变频器可以降低电力线路电压波动，因为电压下降会导致同一供电网络中的电压敏感设备故障跳闸或工作异常。采用了变频器后，电机可在零频零压时逐步起动，这样能最大限度地消除电压下降，发挥更大的优势。另外，变频器还包含以下功能：

① 可以减少电机起动对电网的冲击。

② 可以按照用户的需要进行平滑加速。

③ 可以使电机及整个设备和系统更加安全，寿命也会相应增加。

④ 可以控制电机的起动电流，充分减小起动电流。

⑤ 可以减少机械传动部件的磨损，从而降低采购成本，同时可以提高系统稳定性。

⑥ 可以提供更可靠的可变电压和频率。

⑦ 可以有效减少了无功损耗，提高电网的功率因数。

⑧ 多重保护使变频器高度智能化，不仅能保护自身的安全正常使用，也能保护前后级设备的安全运行。

⑨ 控制功能齐全，可以配合其他控制设备和仪器，实现系统化组网的集中实时监视和控制，一体化开发。

5.3.1　变频器原理

1. 变频器组成

变频器一般由整流器、滤波（中间）电路、逆变器、控制电路四部分组成。

① 整流器与三相交流电源连接，产生脉动的直流电压。整流器有两种基本的类型：可控的和不可控的。

② 滤波电路。它主要是使脉动的直流电压变得稳定或平滑，供给逆变器使用。另外，

根据不同产品类型还可能具备其他些功能。

③ 逆变器。它产生电机所要的交流电压和频率。另外，一些逆变器还可以将固定的直流电压变换成可变的交流电压。

④ 控制电路。它将信号传送给整流器、滤波电路和逆变器，同时也接收来自这些部分的信号，具体被控制的部分取决于各个变频器的设计。变频器都是由控制电路利用信号来开关半导体器件，这是所有变频器的共同点。变频器可依据控制输出电压的开关模式来分类。

变频器根据电路结构分为"交-直-交"和"交-交"两类。针对工作实际及应用的广泛性，本节只介绍交-直-交型的变频器。

交-直-交型的变频器先把频率、电压都固定的交流电整流成直流电，再把直流电逆变成频率、电压都连续可调的三相交流电，即交-直-交方式。因此，输入电机的电压和频率均可变。从而使三相交流电机实现无级变速功能。所谓通用，包含着两方面的含义：一是可以和通用的笼型异步电机配套使用；二是具有多种可供选择的功能，适用于各种不同性质的负载。顾名思义，交-直-交变频器的电路结构包括交-直（整流）和直-交两部分。当然，在实现的时候还需要增加一些辅助电路，如滤波、制动、保护等。图 5-14 所示为电压型变频器主电路原理图，图 5-15 所示为电流型变频器主电路原理图。

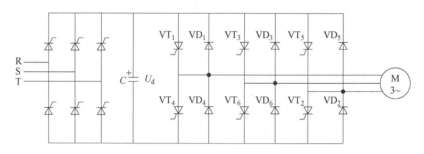

图 5-14　电压型变频器主电路原理图

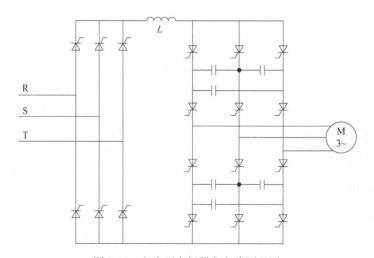

图 5-15　电流型变频器主电路原理图

如图 5-14 和图 5-15 所示，两者最左边电路结构基本一致，都完成了整流功能，最右边都接至电机，完成的都是逆变功能，把直流电逆变成交流电。电容 C、电感 L 起到储能、滤波的功能。

下面以电压型变频器为主介绍各电路模块。一个完整的变频器电路除了整流、滤波、逆变外，还需要别的一些功能电路，如制动、电压检测等控制电路。图 5-16 所示为变频器主电路框图。

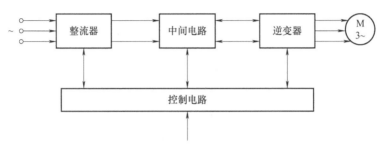

图 5-16　变频器主电路框图

（1）整流电路

三相交流电压 u_R、u_S、u_T 数学表达式分别为

$$u_R = U_m \sin(\omega t)$$
$$u_S = U_m \sin(\omega t + 2\pi/3) \tag{5-16}$$
$$u_T = U_m \sin(\omega t + 4\pi/3)$$

式中，U_m 为相电压最大值。

当三相交流电加到图 5-17 所示的全波整流电路中时，其工作时序如图 5-18 所示。

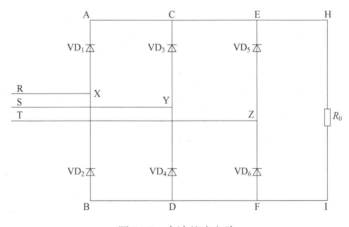

图 5-17　全波整流电路

其工作过程如下：

在图 5-19 所示的 1 区，时间为 $\pi/6 \sim \pi/2$，此时 VD_1 导通，VD_3、VD_5 截止，有 $u_R > u_S$、$u_R > u_T$、$u_S > u_T$。理论上讲，在 VD_1 导通后，点 D、F 处的电势与点 I 电势相等，此时 VD_4（$u_R > u_S$）、VD_6（$u_R > u_T$）都可能导通。但是，当 VD_6 导通后，点 D、F 的电势等于点 Z 的电势，此时，由于 $u_S > u_T$，点 Y 电势高于点 Z，也就高于点 D 电势。因此，VD_4 不会导通。

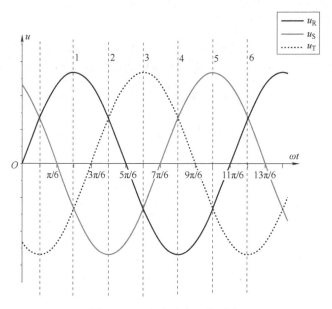

图 5-18 三相交流电工作时序

即，VD_1、VD_6 导通，VD_2、VD_3、VD_4、VD_5 截止。电流路径为 R→X→A→C→E→H→I→F→Z→T。此时，加在 R_0 上的电压为 $u_R - u_T$。在图 5-19 所示的 2 区，时间为 $\pi/2 \sim 5\pi/6$，VD_1、VD_4 导通，VD_2、VD_3、VD_5、VD_6 截止。电流路径为 R→X→A→C→E→H→I→F→D→Y→S。此时，加在 R_0 上的电压为 $u_R - u_S$。同样道理，可以分析出其余时间段内情况。

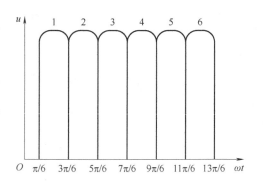

图 5-19 三相交流电经过全波滤波后输出电压波形

图 5-19 所示的电压波形为三相交流电经过图 5-17 所示的全波整流电路后的电压波形。下面计算整流后直流电压的平均值 U_d。由于 1~6 各区的波形完全一样，因此只需求出一个区的平均值即可。以 1 区为例，计算公式为

$$U_d = \frac{1}{\dfrac{\pi}{2} - \dfrac{\pi}{6}} \int_{\frac{\pi}{6}}^{\frac{\pi}{2}} [u_R(t) - u_T(t)]\, \mathrm{d}(\omega t)$$

代入 u_R、u_T 有

$$U_d = \frac{3}{\pi} \int_{\frac{\pi}{6}}^{\frac{\pi}{2}} \left[U_m \sin(\omega t) - U_m \sin\left(\omega t + \frac{4\pi}{3}\right) \right] \mathrm{d}(\omega t)$$

求解上式，可得

$$U_d = \frac{3\sqrt{3}}{\pi} U_m \approx 1.65 U_m \tag{5-17}$$

式中，U_m 为相电压的最大值（振幅），而平常所说的电源电压 220V 指的是其有效值 U，相电压有效值 U 与振幅 U_m 之间的关系为

$$U = \frac{\sqrt{2}}{2} U_m$$

$$U_d = \frac{3\sqrt{6}}{\pi} U \approx 2.34U \tag{5-18}$$

但是，描述三相交流电的时，通常说的是其线电压 $U_l = 380V$，而不是相起动电压 220V。线电压 U_l 与相电压 U 的关系为

$$U_l = \sqrt{3} U$$

代入式（5-18），有

$$U_d = \frac{3\sqrt{2}}{\pi} U_l \approx 1.34 U_l \tag{5-19}$$

因此，整流后的电压平均值是线电压约的 1.34 倍，即 1.34×380V ≈ 513V。求整流后电压的最大值（$\omega t = \pi/3$ 时），就是求 u_{RT} 的最大值，其为 $\sqrt{2} U_l$，即 1.414×380V ≈ 537V。

如图 5-19 所示，整流后的波形在一个周期内（$\pi/6 \sim 13\pi/6$）波动 6 次，其频率是原来输入电压频率的 6 倍。

三相交流电经过全波整流后，整流电压最大值是线电压的 $\sqrt{2}$ 倍，达到 537V；整流电压的平均值约为线电压的 1.35 倍，达到 513V；频率是原来输入电压的 6 倍，达到 300Hz。

（2）滤波电路

如图 5-19 所示，整流后的波形虽为直流，但是纹波较大，会影响逆变器的输出交流电压或电流，从而产生纹波电压，对后面的控制对象（如电机）的运行及安全带来影响。因此，必须对图 5-19 所示的波形（整流电路的输出）进行滤波处理，减少电压或电流波动。执行这些功能的中间电路就是滤波电路。

如图 5-14 和图 5-15 所示，滤波元件分别为电容器和电感器。按照电路中滤波元件是电容器还是电感器，可以把变频器分为电压型变频器和电流型变频器。当滤波元件为大容量电容器 C 时，输出电压波形比较平直，在理想情况下可看成一个内阻为零的电压源，输出的电压是矩形波或阶梯波；当采用大容量电感器滤波时，直流电流波形比较平直，电源内阻阻抗很大，对负载电机来说基本上是一个电流源，输出的交流电流是矩形波。

如图 5-14 所示，整流部分通过电容器与逆变部分耦合，因此为电压型变频器。通常采用电解电容器，但是单个电容器的性能参数（容量、耐压等）可能无法满足要求，因此通常根据变频器容量的要求，将电容器进行串并联使用，来获得所需的耐压值和电容量。在不超过容量限度的情况下，电压型变频器可以驱动多台电机并联运行，具有不选择负载的通用性。其缺点是电机处于再生发电状态时，回馈到直流侧的再生电能难以直接回馈给交流电网，必须借助额外电路才能实现；如果不回馈，则必须通过能量消耗的方式把这部分电能消耗掉，否则会对变频器造成损坏。

如图 5-15 所示，耦合器件为电感的变频器称为电流型变频器，主要用于频繁急速加、减速大功率电机的传动，以及大功率风机、水泵的节能调速。在电机减速制动等情况下，电

机处于再生发电状态，通过电感回馈到直流侧的再生电能可以直接回馈到交流电网，不需要在主电路内附加任何设备。

电压型变频器由于滤波采用大电容量的电容器，当电压型变频器电源接通时，电路中会产生很大的浪涌电流（对电容进行充电的充电电流），有可能会烧坏整流器件（图 5-14 所示的滤波二极管，实际中可能是 IGBT 等器件）。因此，必须采取措施来避免或消除。通常采用以下三种方法：

① 给变频器的输入端安装交流电抗器。

② 在整流器的输出端、进入滤波电容之前，安装直流电抗器。

③ 在整流器的输出端串联由电阻和开关器件并联的充电电阻。

在实际工程项目中，采用第一种方法较多。

（3）逆变电路

逆变，是相对于整流而言的。整流是把三相交流电变换为直流电，逆变则是把直流电变成三相交流电，从而驱动三相电机运转。简单的逆变电路如图 5-20 所示。

如果按照时间 T 为单位控制 S_1、S_2、S_3、S_4 的打开顺序（见表 5-2），则加在电阻 R_0 上的电压 U_R 的波形就变成了图 5-21 所示的幅值大小不变、方向按照周期 $2T$ 交变的波形。

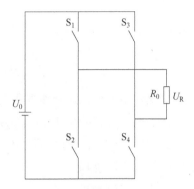

图 5-20　简单的逆变电路

表 5-2　开关组合

序号	S_1	S_2	S_3	S_4	输出波形区域
1	开	关	关	开	$0\sim T$，$2T\sim 3T$
2	关	开	开	关	$T\sim 2T$，$3T\sim 4T$

但是，实际问题来了，下面这两个问题是必须要解决的：

① 如何在电路中模拟人工打开开关，或者说有什么电子器件能够接收外部控制信号，并按照时序执行电路导通和关闭动作？

② 输出通过图 5-20 所示的电路，也只能形成类似图 5-21 所示的波形信号，这种信号能满足三相异步电机输入要求吗？

第一个问题涉及元器件方面，属于硬件范畴。这个问题经过多年发展，目前已经得到完全解决，就是使用 IGBT，通过 IGBT 组成逆变桥，完成这个功能。它是由功率场效应管与双极型晶体管形成的复合器件，分别有门极 G、发射极 E 及集电极 C 共 3 个电极（见图 5-22），通过在栅极加上控制电压，控制由 E-C 方向电路的导通。IGBT 的导通电压降为 1.5~2.0V。关断时间为 0.2~0.3μs。

有了 IGBT，通过控制电路按照某种时序给其 G 端加载相应的控制电压，从而实现电路按照预定逻辑闭合。控制电路一般都包含微处理器（常见的变频器用 CPU 有美国 TI 公司的 TMS320FXXXX、ST 公司的 STM32 系列等），微控制器输出的信号较弱，所以在驱动 IGBT 之前必须先进行放大。

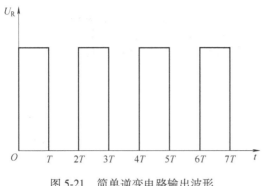

图 5-21 简单逆变电路输出波形   图 5-22 IGBT 结构图

这里还有一个概念，即变频器的载波频率。载波频率也叫开关频率，就是指单位时间内逆变器中的 IGBT 等功率器件的开通与关断的次数。这个参数有什么用呢？通过调整载波频率可以降低电机噪声，避开机械系统的共振点，减小线路对地漏电流及减小变频器产生的干扰。

当载波频率低时，来自电机的噪声虽然会增大，但是泄漏到大地的电流会减小，此时电机损耗增加，电机温升增加，但变频器本身的温升会减小。当载波频率高时，电机噪声会减小，损耗降低，温升减小，但变频器损耗增加，变频器温升增加，干扰增加。

第二个问题，也就是指类似脉冲的这些信号加载到三相交流电机与直接加载到电机上的三相交流电的作用相同吗？要回答这个问题，应该先了解以下 PWM 理论。

在采样理论中有一个重要结论，即冲量相等而形状不同的窄脉冲加载到具有惯性的环节上，其效果基本相同。冲量就是窄脉冲的面积，效果相同的意思是指该环节输出相应波形基本相同，其实更科学的表述应该是低频段特性非常接近，高频段略有差异。根据该理论，就可以用 PWM 信号来代替正弦波（见图 5-23）。

图 5-23 中，以 t_1、t_2、t_3 这 3 个时刻为例，正弦波的幅值依次增大。如果对其进行高频率采样，在每一个采样周期内就可以用均值代替这段时间内正弦波的值，最终会形成一系列幅值逐步变化、频率保持不变的脉冲信号序列（见图 5-23b）。对每一个采样周期来说，时间不变，脉冲的幅值与采样点处电压均值相等，相同时间内脉冲冲量与正弦波的冲量相等。冲量即图形面积，因此图 5-23b 所示的脉冲的冲量可以表示为

$$I = T \sum_{i=1}^{3} a_i \tag{5-20}$$

式中，T 为采样周期；a_i 为 t_i 时刻脉冲的幅值，即 $[t_i, t_i+T]$ 时刻内正弦波的平均值。

式（5-20）表明，要变频器输出效果与正弦波相似，必须随时间改变输出脉冲的幅值，这种方式称为脉冲幅值调节（PAM）。在变频器中，逆变环节只负责调解输出频率，输出电压的调解则由相控整流器、直流斩波器等实现。由于高噪声、多谐波等不利影响，目前采用这种方式的不多。

根据采样理论的冲量定理，冲量相等而形状不同的窄脉冲加载具有惯性的环节上，其效果基本相同。因此，可以将式（5-20）中的幅值 n_i 固定为定值，通过改变 t 来适应幅值的变化，从而保证同一时刻冲量不变。即，脉冲信号的幅值保持不变，利用脉冲宽度的改变来调

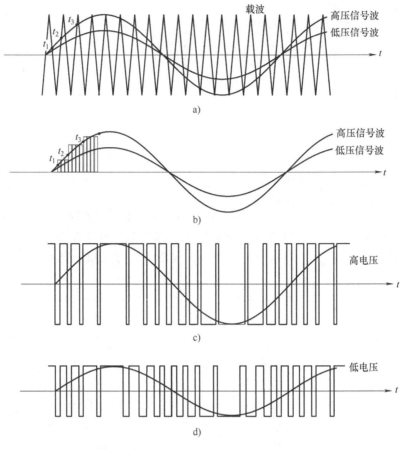

图 5-23　PWM 调制原理

解冲量大小，脉冲宽度与对应点处的电压幅值成正比关系，这种调试方式称为脉冲宽度调制（PWM）。

　　参考图 5-23a 所示的波形，可以很好地理解 PWM。将参考电压波与载频三角波互相比较，如果参考电压高于三角波（载波），则开启主开关器件，低于则关闭，利用脉冲宽度的改变来等效幅值不同的正弦基波电压，就会得到图 5-23c、d 所示的两组幅值相等、占空比（指脉冲宽度与一个脉冲周期的比值）不一样的脉冲序列，占空比大的对应的正弦波幅值也大，占空比小的对应的正弦波的幅值也小。

　　由于参考信号为正弦波，且输出脉冲占空比是按正弦规律变化的，因此这种调制方法被称为正弦波脉宽调制（SPWM）。在具体实现中，就是用 SPWM 波形控制逆变电路中开关器件的通断，使其输出的脉冲电压的面积与所希望输出的正弦波在相应区间的面积相等，通过改变调制波的频率和幅值则可调节输出电压的频率和幅值。SPWM 在通用变频器中使用最广。如图 5-23c、d 所示，均由幅值相等的脉冲信号来表示。不同的是，同一时刻图 5-23d 所示脉冲的宽度要比图 5-23c 所示的窄。

　　那么，还有一个问题，如果输出 PWM 脉冲序列的占空比与输入电压的幅值成正比，那么 PWM 脉冲序列的幅值应该是多少呢？按照前面对于逆变器原理讲解，该幅值应该就是逆变器输入的直流电压的幅值，也就是整流器的输出值，即 513V。那么，问题又来了，将这 513V 的 PWM 信号加载到额定电压为 380V 的电机上，会不会产生问题呢？只要变频器输出接的是变频电机，肯定不会有问题。这是因为电机主要材料是线圈、磁铁等，在一定幅值范围内，这些材料本身对电压不是很敏感，只是对高频冲击信号很敏感，对电机绝缘会造成影响。

（4）制动电路

在异步电机拖动系统中，当电机减速或传动对象负载（如桥式起重机的吊钩及其负载）下放时，异步电机将处于再生发电制动状态，会使 U_d 上升。传动系统中所产生的机械能，经异步电机转换成电能，这些能量如果不被吸收或消耗掉，会直接作用到变频器（见图 5-14 和图 5-15）。对于电压型变频来说，将会烧毁耦合电容器 C，或者触发变频器中过电压保护功能工作造成变频器停止工作。在工程实践中，通常采用能耗制动和回馈制动处理这部分能量。

1）能耗制动。制动电阻吸收产生的电能，转化为制动电阻的热能，以制动电阻温度上升形式消耗掉这部分能量。回馈制动（又称为再生制动），顾名思义，就是将这部分能力回馈至电网。一般来说，在发射场非防爆场合多采用能耗制动，在防爆等场合采用回馈制动方式，因为能耗制动会使制动电阻柜产生较大的温升，对于有防爆要求场合有可能产生危害。

能耗制动采用的方法是在变频器直流侧加放电电阻单元组件，是一种处理再生能量的最直接的办法，通过将再生能量消耗在电阻上转化为热能，因此又被称为"电阻制动"，如图 5-24 所示。该方法一般是通过外置电阻箱将电能消耗在大功率电阻器中，从而安全实现电机的四象限运行，但是存在以下三个缺点：浪费能量，降低了系统的效率；电阻发热严重，影响系统的其他部分正常工作，不适用于防爆场合；简单的能耗制动有时不能及时抑制快速制动产生的泵升电压，限制了制动性能的提高。

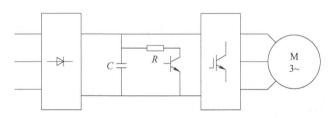

图 5-24　能耗制动示意图

能耗制动电阻的选择要基于电机再生电能必须被电阻完全吸收的原则，在制动单元工作过程中，直流母线的电压升降取决于常数 R、C。R 为制动电阻器的电阻值，C 为变频器的电解电容器的电容量。RC 越小，母线电压的放电速度越快。在 C 保持一定的情况下，R 越小，母线电压的放电速度越快。通过下式可对制动电阻的阻值进行估算：

$$R_B = \frac{U_C^2}{0.1047(T_B - 0.2T_M)n_1} \tag{5-21}$$

式中，U_C 为制动单元动作电压值，取值通常为 700V；T_B 为制动电磁转矩（N·m）；T_M 为电机额定转矩（N·m）；n_1 为制动前电机速度（r/min）。

制动电阻选择时需要考虑电阻值和功率容量。实际工作中，一般不需要计算，变频器厂商会在产品手册中给出选型对照表，按照该表进行选择配备即可。

2）回馈制动。通过能量回馈单元将再生电能逆变为与电网同频率同相位的交流电回送电网，比较常用的是共直流母线方式（见图 5-25）。

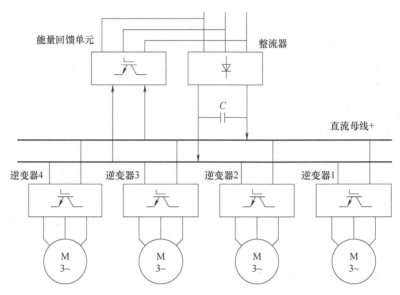

图 5-25　共直流母线系统结构

整流/回馈单元是共直流母线系统中的双向（可回馈能量）整流装置，通常由整流/回馈单元本体、滤波器、预充电电路、控制单元、交流熔断器、主接触器与直流熔断器组成。逆变单元是一个双向的直流供电逆变器，用于对电机供电和控制，连接时需加装充电回路。

如图 5-25 所示，当电机处于电动机状态时，功率方向是从三相电源经变频器的整流桥流出；当电机处于发电机状态时，功率方向则是从变频器的中间回路经能量回馈单元流向三相电源或经直流母线传至其他用电单元，以达到节能、提高设备运行可靠性、克服泵升电压导致直流母线过电压、电机快速制动等目的。

能量回馈单元的作用，就是取代原有的能耗电阻式制动单元，消除发热源，改善现场电气环境，可用于具有防爆要求的场合，同时减少高温对控制系统等部件的不良影响，延长设备的使用寿命。由于能量回馈单元可有效地将变频器电容中储存的电能回送给交流电网，或者供直流母线上其他用电设备使用，因此具有节能作用。

（5）控制电路

控制电路控制整流、逆变及中间电路动作，使它们按照一定的逻辑控制开关半导体器件开合，同时采集、接收返回信号。

目前，各大变频器厂商均采用了微处理器为核心的解决方案，主要靠软件实现各种控制功能，具体包括信号检测电路、I/O 电路、运算电路、驱动电路、速度检测电路及保护电路等。在具体工作实践中，需要用户进行处理或配置的主要为 I/O 电路部分和速度检测电路部分，其余电路基本上为控制的内部电路。

变频器 I/O 电路主要是为了变频器更好地与其他外部设备进行连接及通信，如经常通过 PLC 的模拟量输出口（一般为 4～20mA 电流信号）连接变频器的输入端口，通过 PLC 模拟量输出的改变控制变频器改变输出频率；也可以通过 PLC 输入模块读取变频器当前工作状态及故障等信息。

速度检测电路主要用于被控制电机的转速检测，一般用于闭环控制。该部分电路将电机转速传感器（一般为编码器）实时输出的转速信号进行处理和转换，传递给控制电路的微处理器芯片；微处理器对电机转速信号实时处理，并根据处理结果控制变频器输出，使得电机转速维持在一个恒定转速。这种将输出与输入联系起来的控制方式，称为闭环控制，这种方式可以很好地实现异步电机速度的精确控制。

2. 变频器分类

变频器的分类有很多种，常见的分类如下：

① 按照主电路工作方式，可以分为电压型变频器和电流型变频器。

② 按照开关方式，可以分为 PAM 控制变频器、PWM 控制变频器和高载频 PWM 控制变频器。

③ 按照工作原理，可以分为 V/F 控制变频器、转差频率控制变频器和矢量控制变频器、直接转矩控制变频器等。

④ 按照用途，可以分为通用变频器、高性能专用变频器、高频变频器、单相变频器和三相变频器等。

5.3.2　变频器的使用

下面以欧瑞 E2000 变频器为例进行介绍。根据设计选择变频器后，使用之前还需进行以下工作：

① 检查使用环境，符合要求后进行安装。在符合产品技术规格要求的场所安装变频器。主要考虑环境条件（温度、湿度等）及变频器的散热等因素是否符合要求。

② 变频器配线。对主电路输入、输出端口进行接线，连接地线；连接开关量控制端口、模拟量端子、通信接口等线缆。

③ 通电前检查。检查输入电源的电压、相序正确，地线连接可靠；负载电机处于空载状态，与外部驱动负载断开机械连接（如联轴器），且与变频器连接正确、牢固；控制端口的接线正确，外部各种开关全部正确预置。

④ 上电检查。变频器是否有异常声响、冒烟、异味等情况；控制面板显示正常，无故障报警信息；如有异常现象，请立即断开电源。

⑤ 设置电机参数，详见 5.3.3。

⑥ 设置运行控制参数，详见 5.3.3。

⑦ 空载试运行。保持电机空载状态，通过控制面板或控制端口启动变频器运行，检查运行情况；如有异常情况，要立即停机检查。

⑧ 带载试运行。空载试运行正常后，连接好驱动系统负载。通过控制面板或控制端口控制变频器，并逐渐增加负载；在负载增加到 50%、100% 时，分别运行一段时间，以检查系统运行是否正常；在运行中要全面检查，注意是否出现异常情况；如有异常情况，要立即停机检查。

⑨ 正式运行中的例行检查。电机是否平稳转动；电机转向是否正确；电机转动时有无异常振动或噪声；电机加减速过程是否平稳；变频器输出状态和面板显示是否正确；变频器风机运转是否正常；有无异常振动或噪声；如有异常，要立刻停机，断开电源检查。

5.3.3 变频器参数设置

在变频器使用之前，需要对变频器的参数进行设置，内容和参数均可以从变频器手册中找到。变频器在出厂时，厂商一般都设置了参数默认值，所以实际应用中，没必要对每个参数都进行设置，除了有限几个外，其余参数只需采用出厂设定值即可。

下面以欧瑞 E2000 系列变频器为例，介绍变频器必须设置的参数，括号中功能码均为欧瑞 E2000 系列变频器参数。

（1）控制方式（F106）

通过该功能参数，进行变频器控制方式的设置，如设置为 V/F 控制（值为 2）或矢量控制（值为 3）。

（2）相关频率设定

① 启动频率（F109）、启动频率保持时间（F109）。启动频率为变频器开始启动的频率，设定目标频率不应小于启动频率，否则目标频率将不起作用。

② 上限频率（F111）、下限频率（F112）。上限频率、下限频率应根据实际受控电机铭牌参数和运行工况谨慎设定，避免电机长时间在低频下工作，否则会因过热而减少电机寿命。

③ 载波频率（F153）。对调整载波频率进行设定可以有效降低电机噪声，避开机械系统的共振点，减小线路对地漏电流及减小变频器产生的干扰。

④ 频率回避点（A：F127，B：F129）、频率回避宽度（A：F128，B：F130）。在电机运行过程中，在某个频率点附近会引起系统共振。通过设置这些参数，可以有效避开共振。

（3）电机参数

在变频器中设置电机的额定功率（F801）、电压（F802）、电流（F803）、电机极数（F804，此参数非常关键，即异步电机转速公式中 $2p$ 值）、转速（F805）、频率（F810）等参数（可从电机铭牌上看到）。另外，可根据需要对"电机参数选择"（F800）进行设置：F800=0，不进行电机参数测量；F800=1，旋转参数测量；F800=2，静止参数测量。

（4）运行控制

设置包括启动和停机指令来源（F200、F201）、主频率来源（F203）、加速减速时间（F114、F115）。

（5）电机调节

转速（F211）、旋方向（参数地址 2000H），这些在电机运行过程中通过面板或总线给定。

其余参数参照变频器手册进行设置。

5.4 变频调速

某桥式起重机主要由桥架、主起升机构、副起升机构、大车运行机构、小车运行机构、电气控制部分及安全装置等组成（见图 5-26）。

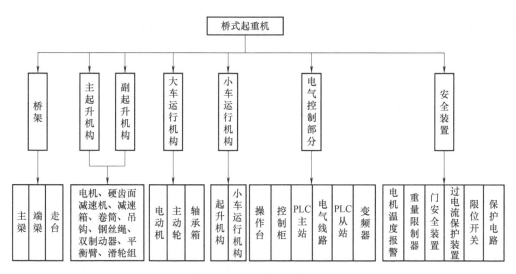

图 5-26 某桥式起重机组成

控制系统以 PLC 为核心进行设计。通过工业控制现场总线,将 PLC、各机构变频器、触摸屏连接起来。变频器采用变压变频(V/F)调速,电控系统组成框图如图 5-27 所示。PLC 软件采集外部信号(按钮、控制台继电器),采集速度、位置等参数,判断当前系统状态,输出信号去控制变频器、接触器等器件,使制动器、电机等执行部件动作,实现主、副钩升降,大、小车变幅等功能。

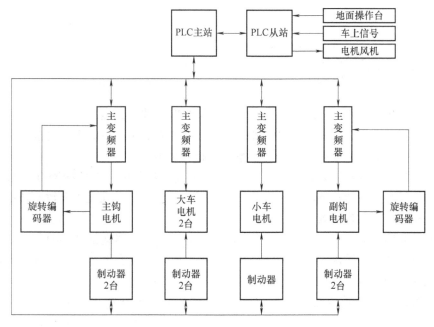

图 5-27 电控系统组成框图

以主起升机构为例,其电气结构原理图如图 5-28 所示。PLC 输入输出模块控制交流接触器接触,将电源 380V 交流电分别送给变频器、电机风机及工作制动器上。PLC 通过总线输出控制指令，控制变频器输出，进而控制变频电机根据指令起动、停止及速度变化。也可以把变频器多功能输入输出端子接入到 PLC 的 I/O 口，实现一些简单控制及重要信号反馈功能。

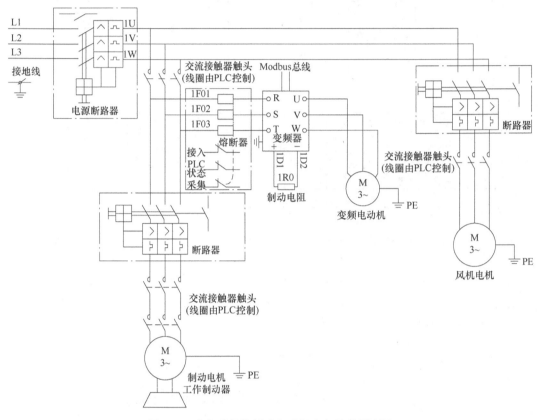

图 5-28　主起升机构桥式起重机电气结构原理图

图 5-28 中，可以根据需要增加输入滤波器及输出滤波器，也可以在输入滤波器之前、变频供电交流接触器之后增加输入电抗器，在输出滤波器之后、变频电机之前增加输出电抗器，能够有效改善电机、变频器对电网及系统干扰和冲击。

PLC 通过总线给变频器发送命令，其实质就在给变频器相应地址的寄存器写入特定参数，寄存器地址与变频器功能码有一定的换算关系。也就是说，在面板上输入功能码及参数与给对应的寄存器写入参数效果是一样的。

这里简要介绍功能码（如 F114，第一加速时间）与寄存器地址的换算。下面以 E2000 变频器为例进行介绍，采用 Modbus RTU 通信方式。从变频器手册上可以查到，功能码 F114 用于调整加速时间。现在的任务是，将加速时间设定为 10s。

第一种方法是在变频器面板上输入 F114 功能码后，确认后再输入 100（单位为 ms）即可。

第二种方法是通过 PLC 进行设置，即在 PLC Modbus 通信模块中，给相应的寄存器写相应的参数。功能码转换为寄存器地址的规则：高字节去掉前面的 F，低字节转换为十六进制数即可。对于加速时间功能码 F114，将高字节 F1 去掉 F，再在 1 前面补上 0 变为 01，低字节的 14 换算为用十六进制数的 0E，然后将两者连在一起。因此，功能码 F114 对应的参数地址 010E（十六进制数）。

具体 RTU 命令：01（Modbus 地址）、06（功能码，表示写单个寄存器，寄存器地址由后面 2 个字节定义）、01（寄存器地址高字节）、0E（寄存器地址低字节）、写入参数高字节（注意，所有数据都是十六进制，这里为 00）、写入参数低字节（十六进制为 64，换算成十进制为 100，查阅变频器手册可知，该项参数单位为 ms，因此需要写入 100，而不是 10）、CRC 低字节（E8）、CRC 高字节（1E）。因此，整个命令数据由 8 个字节构成。知道这些命令，可以通过单片机或者调试工具直接发送上述内容给电机，完成电机的控制。在 PLC 中，厂商一般提供专用控制块，使用中只需对这些块进行配置就可以。

以超御 PLC 为例说明如何通过 Modbus 总线控制电机。如图 5-29 所示，导轨 1 倒数第 2 个模块为 NE6410 网关模块，该模块支持 Modbus 网络扩展。在组态界面中双击该模块，将会弹出图 5-30 所示的窗口。3 个选项卡分别是，CoE、StartUp、槽位。其中，CoE 页面用于显示默认的配置信息，不需要配置；StartUp 页用于配置 NE6410 工作参数；槽位页用于配置连接在 NE6410 下的 Modbus 从站的控制信息。

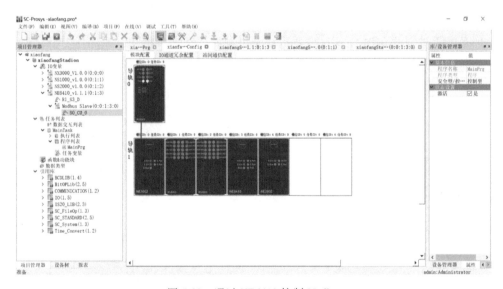

图 5-29　通过 NE6410 控制 Modbus

Name	Flags	Value
▷ Device Status	ro	0x01
Slave Count	rw	0x0
▲ Modbus Parameter Set	ro	0x05
Baudrate	rw	19200(05)
Parity	rw	Parity Even(00)
Convert Delay (ms)	rw	0x0064
Respond Timeout (ms)	rw	0x03e8
Retry Times	rw	0x03

图 5-30　NE6410 模块通信参数配置

在"槽位"选项卡页面，添加 Modbus 从站。因为一个主站可以带 32 个从站（每一个 slot 对应一个从站），图 5-31 所示的窗口只在 slot 0 上配置了一个从站。

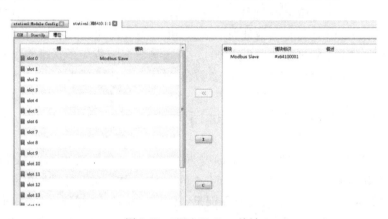

图 5-31　配置 Modbus 从站

双击"slot 0"，在弹出的寄存器定义窗口填写寄存器地址及参数，在"访问类型"处选择"写单个寄存器（功能码 6）"，在下面"写寄存器"的"偏移"处填写要写的寄存器地址（地址是十六进制的 010E，这里需要写成十进制的 270），"数量"默认为 1 个，"更新方式"保持默认（见图 5-32）。

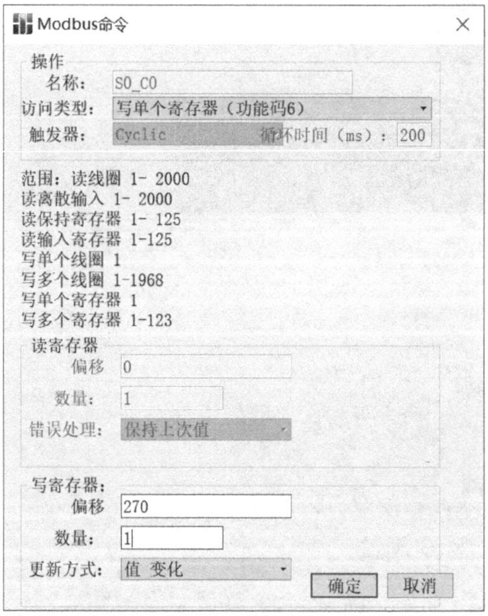

图 5-32　配置 Modbus 寄存器

接着，在"项目管理器"中找到 NE6410 模块变量列表（见图 5-33），可以看出变量 S0_C0_0，该变量为 WORD 型输出。在 PLC 程序中通过 MOVE 指令对该变量赋值即可完成参数的写入（见图 5-34），PLC 会自动执行后台的 Modbus 通信功能块，完成向寄存器写 100ms 的工作。

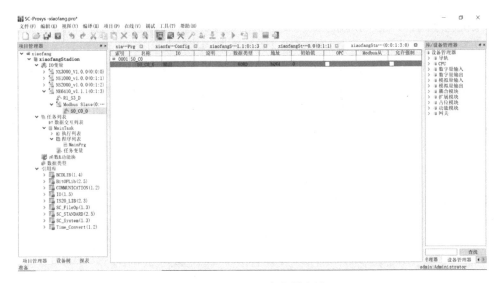

图 5-33　Modbus 寄存器变量

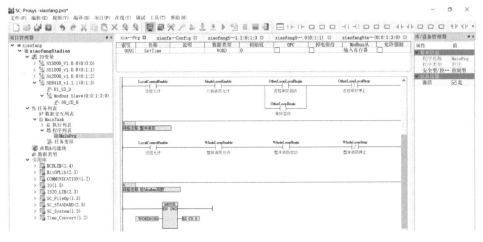

图 5-34　使用 MOVE 指令给寄存器变量赋值

当然，有些参数是可以提前预制的，如上面的第一加速时间。但是，在电机运行过程中，经常需要调整的参数其实主要是转速。调节转速通过给参数地址为 523（020BH，功能码 F211）的寄存器写入频率值。在具体实现中，也是通过 MOVE 指令给变量赋值即可。

5.5　小结

航天发射场许多设备中用到了变频调速，其典型设计结构就是"变频器+变频调速电机"模式。例如，发射塔架上面用于火箭、卫星吊装的塔式起重机，技术厂房中用于火箭、卫星装卸车及搬运的桥式起重机，空调系统对于送风机转速的调整，推进剂加注供气系统中对于推进剂流量泵的调整等，都采用了典型的变频器驱动变频调速电机的设计模式。

　　本章重点对变频调速中常用的异步电机和变频器进行了介绍。需要说明的是，变频器不仅用于电机速度调整，也可以用于大功率电机的起动，替换星-三角起动及软起动器这两种电机起动手段，而且相比较而言，变频器可靠性更高。

　　本章知识实用性和技能性都比较高，读者可以按照变频器手册说明进行参数设置，进一步熟悉变频器相关内容；对于异步电机，读者朋友们在阅读本书的同时，可以通过各种资料网络上的各种素材更进一步地理解异步电机原理。如果有条件能够亲自动手试验，那是最好不过的事情了。

第 **6** 章　可编程控制器

　　可编程控制器（以下简称 PLC）是一种以微处理器（CPU）为核心，专门为在工业环境下应用而设计的，具备数字运算操作功能的电子装置。PLC 通过 CPU 运行位于存储器内部的预先编制好的程序，执行逻辑运算、数学运算、顺序控制和定时计数等操作指令，通过模拟或数字的输入输出方式，实现对各类设施设备或生产过程的自动化控制。PLC 系统具有可靠性高、控制系统结构简单、通用性强、编程方便、易于使用等诸多优点，因此在发射场设备控制领域也具有广泛的应用。本章阐述了 PLC 的组成、原理、编程及设计等内容，涉及软件编制部分，主要以西门子公司产品为例进行介绍。

6.1　PLC 基础知识

6.1.1　基本组成

　　典型的 PLC 主要由中央处理器、存储器、输入接口、输出接口、通信接口、电源、编程设备及各类扩展单元等组成（见图 6-1）。

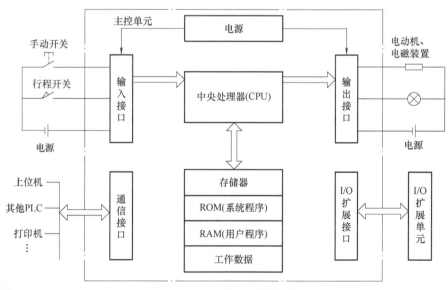

图 6-1　PLC 的典型结构图

1. 中央处理器

中央处理器（CPU）是 PLC 的运算、控制中心，一般由控制器、运算器和寄存器组成。

CPU 通过数据总线、地址总线和控制总线与存储器、输入输出接口及其他通信接口相连。当 PLC 处于工作状态时，CPU 通过循环扫描的方式执行用户程序，监控输入接口状态，进行各种逻辑运算、算术运算、定时、计数及其他数据处理，并将处理结果写入到输出端，实现对设施设备的控制操作。此外，CPU 还可以诊断硬件电路故障和内部运行状态，响应外围设备请求等。

2. 存储器

PLC 的存储器包括系统存储器和用户存储器。

系统存储器为只读存储器（ROM），内部用来存放由 PLC 厂商预先编写的系统程序，不能被扩展，包括标志位、定时器和计数器的地址区、I/O 的过程映像，局部数据等。

用户存储器多为随机存取存储器（RAM）或电可电擦除可编程的只读存储器（EPROM、EEPROM）。按照存储信息的不同，用户存储器又分为用户程序存储器和数据存储器，用户程序存储器用来存放编制的各类具体应用场景程序，数据存储器用来记录工作数据。

3. 输入/输出模块

输入/输出（I/O）模块是 PLC 与工业现场设备的连接部分。来自用户的操作指令、现场设备的设备状态及反馈信号，通过输入接口电路转换成 CPU 能够识别和处理的信息，并存入到输入映像寄存器。PLC 工作时，CPU 通过顺序扫描的方式从寄存器中获取现场信息并进行运算处理后，将结果存入到输出寄存器中。输出模块接口电路将输出寄存器中的数据转化为现场设备能够识别的控制信号，以驱动电动机、阀门、指示灯部件或元器件完成相应动作。

（1）数字量输入模块

数字量输入接口用于连接输入设备，把现场输入的各种开关量信号，转换为能被 CPU 处理的标准信号，分为直流型和交流型两类。

直流型数字量输入接口电路原理图如图 6-2 所示。其中，电阻 R_1 为限流电阻，电阻 R_2 与电容 C 构成滤波电路。LED 二极管为输入指示灯。光电耦合器实现输入信号电平转换、内外部间隔离。

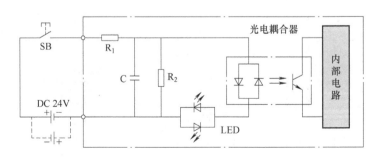

图 6-2　直流型数字量输入接口电路原理图

交流型数字量输入接口电路（见图 6-3）中设有隔直电容 C，可以抑制高频干扰信号。

（2）数字量输出模块

数字量输出接口用于连接输出设备，通过将 PLC 的程序运行结果转换为输出信号并驱

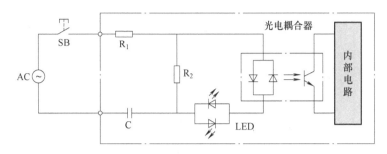

图 6-3　交流型数字量输入接口电路原理图

动外部连接设备，分为继电器型和晶体管型两大类。

继电器型输出接口电路原理图如图 6-4 所示，它是一种有触头的交直流输出接口电路，可用于驱动低频交流或直流负载。继电器 KA 为小型直流继电器，它既是开关元件，又是隔离元件；LED 为输出指示灯；负载电源可以是交流或直流。

直流晶体管型输出接口电路原理图如图 6-5 所示。它是一种无触头的直流输出接口电路。由于是无触头输出，因此具有响应速度快（小于 1ms）、使用寿命长等特点。晶体管工作在开关状态，由光电耦合器输出控制；稳压管 VZ 用于输出过电压保护。

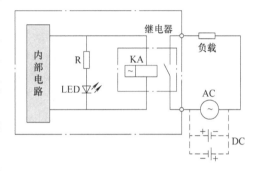

图 6-4　继电器型输出接口电路原理图

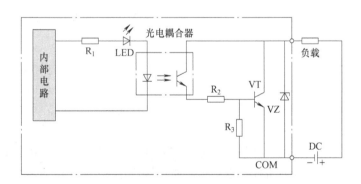

图 6-5　直流晶体管型输出接口电路原理图

交流双向晶体管型输出接口电路原理图如图 6-6 所示。它是一种无触点的交流输出接口电路。由于采用双向晶闸管作为开关器件，因此负载能力强，可用于驱动交流大功率负载。

（3）模拟量输入模块

模拟量输入模块接口结构框图如图 6-7 所示，模拟量输入接口用于连接传感器采集如电压、电流、温度、湿度等信号。传感器将采集的信息转换为标准的模拟量信号（如 4~20mA 的直流电流信号、1~5V 的直流电压信号等），再经模拟量输入接口对这些信号进行滤波、

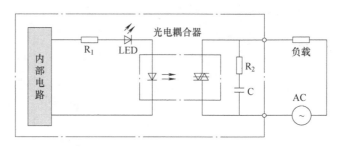

图 6-6　交流双向晶体管型输出接口电路原理图

A-D 转换、光电耦合器隔离，输入 PLC 内部电路。其最重要的指标包括 A-D 转换位数、转换时间等。

（4）模拟量输出模块接口

模拟量输出模块接口结构框图如图 6-8 所示，模拟量输出接口用于输出现场设备控制的模拟量信号。与模拟量输入接口对信号的处理顺序相反，模拟量输出接口将 PLC 输出的数字信号经光电隔离器输送至 D-A 转换器变成模拟信号，最终输出并驱动设备工作。

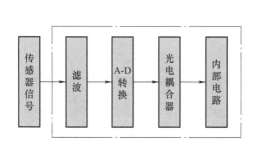

图 6-7　模拟量输入模块接口结构框图

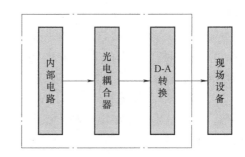

图 6-8　模拟量输出模块接口结构框图

4. 电源

PLC 电源形式有两种：一种是电源为独立模块；另一种是电源与 CPU 集成为一个模块。PLC 一般使用 220V 交流电源或 24V 直流电源。内部的开关电源为 PLC 各模块提供 5V、12V、24V 等直流电源，为 PLC 的正常运行提供稳定电能。

5. 通信接口

通信接口主要用于设备之间的信息交互。PLC 可通过通信接口与其他 PLC 或上位机相连，组成局域控制网或多级分布式控制系统。通信接口包括串行和并行接口两种；通信协议遵循国际规范及相关标准。用户可根据不同的设备要求为 PLC 配置合适的通信接口。

6. 编程设备

用户可以通过编程设备编写、调试和控制 PLC 系统的运行，包括手持式编程器和安装图形编程软件计算机。

手持式编程器通过专用编程电缆与 PLC 相连，一般只能使用直接输入或编辑语句表的方式进行程序编辑，多用于小型 PLC 软件编程；图形编程软件可以采用各种 PLC 编程语言进行程序编制，既可以在线编程也进行离线编程，且具备程序 DEBUG、仿真运行等实用软件编制工具，多用于大型 PLC 和复杂工业控制现场的 PLC 软件编制。

7. I/O 扩展单元

通过 I/O 扩展单元，PLC 可实现 I/O 输入接口的扩充，使配置更加灵活，更容易满足不同生产过程的控制要求。

6.1.2　PLC 的工作方式

PLC 采用的是循环扫描的工作方式。所谓循环扫描，指的是在 PLC 工作时，CPU 从第一条指令起，按照顺序逐条执行用户程序直到结束，然后返回第一条指令，开始新的一轮扫描，周而复始、不断循环。每一轮扫描周期所用的时间称为扫描时间，它与 PLC 的选型、I/O 接入数目、用户程序的复杂度等因素相关。

在一个扫描周期内，PLC 的工作过程可分为以下 5 个步骤，如图 6-9 所示。

图 6-9　PLC 循环扫描的工作过程

（1）内部处理阶段

在内部处理阶段，PLC 重置监控定时器，运行自诊断程序，检查 CPU、程序存储器、电源电压、输入输出及通信等是否工作正常。如检查正常，则进行后续阶段工作，否则根据异常或错误的严重程度，发出警报或终止 PLC 运行。

（2）外设通信阶段

在外设通信阶段，PLC 响应来自外部编程器的请求，包括接收编程器发出的操作指令、向编程器发送现场设备状态和 PLC 当前工作状态等，更新编程工具的显示内容。

（3）输入采样阶段

PLC 采集所有外部输入电路的状态并存入输入映像寄存器，供后续用户程序调用。在一个扫描周期内，输入映像寄存器信息变化仅在该阶段发生，一旦阶段结束，输入映像寄存器就与外部输入电路隔离。无论外部输入信号如何变化，都不会对输入映像寄存器的信息发生影响。发生变化的信号只有在下一个扫描周期的输入采样阶段，才会重新写入输入映像寄存器中。

（4）程序执行阶段

在程序执行阶段，PLC 分别从输入映像寄存器和输出映像寄存器获得程序运行需要的数据，顺序执行用户程序存储器中用户程序指令，完成数据处理计算，再将执行结果写入输出映像寄存器。

（5）输出刷新阶段

在输出刷新阶段，PLC 将输出映像寄存器中的结果送到输出锁存器中，通过输出电路转化为控制信号，驱动设备完成规定的操作。该阶段结束后，输出映像寄存器与输出锁存器隔离，无论输出映像寄存器信息如何变化，都不会写入到输出锁存器中。

通过以上描述的循环扫描工作方式，PLC 实现对设备及整个生产过程的自动控制，直到收到停止命令或出现故障才停止工作。

PLC 重复执行上述 5 个步骤，按循环扫描方式工作，实现对生产过程和设备的连续控制，直至接收到停止命令、停电、出现故障等才停止工作。

6.1.3 典型 PLC 产品

目前，世界已有数百家具有一定规模的 PLC 厂商。其中，在市场上占有较高的份额，主要有美国的 AB 公司、GE 公司，德国的西门子公司，法国的施耐德公司，日本的欧姆龙、三菱等公司，其产品普及应用较广。国产 PLC 近几年也有了较大发展，如中电智科、浙江中控和南大傲拓等厂商做到了芯片级自主。

（1）西门子 PLC

德国西门子公司是最早进入我国的 PLC 生产厂商之一，产品包括可分为微型 PLC（如 S7-200、S7-1200）、小规模性能要求的 PLC（如 S7-300、S7-1500）和中高性能要求的 PLC（如 S7-400）等。在航天发射领域，其产品多用于起重机控制、空调循环运行等场合。西门子公司的 S7 系列 PLC 产品工艺成熟，工作稳定可靠；采用模块化设计，可按照需求配置功能，扩展灵活方便；具有很强的组网能力，可将多个 PLC 按照控制方式组成现场控制网络；编程工具功能完善，易于上手。

（2）三菱 PLC

日本三菱公司的 PLC 在我国市场常见的产品主要有 FR-FX1N、FR-FX1S、FR-FX2N、FR-FX3U、FR-FX2NC 和 FR-AFR-Q 等。三菱 PLC 在行业内以小型化、集成度高和可靠稳定为特点。

（3）中电智科 PLC

我国中电智科公司的 PLC 产品主要有超御 NX1000 和 NX2000 系列 PLC。超御 N 系列 PLC 是国内较早实现完全自主知识产权的软硬件平台之一。

6.2 PLC 编程技术

6.2.1 PLC 编程语言

1993 年 12 月，国际电工委员会（IEC）制定了 IEC 61131 标准第 3 部分，简称 IEC 61131-3 标准。该标准规定 PLC 使用梯形图（LD）、功能块图（FBD）、顺序功能图（SFC）、指令表（IL）和结构化文本（ST）五种编程语言。其中，前三种为可视化编程语言，适合于电气工程技术人员使用，后两种则偏向计算机代码编程语言，适合具备软件编程能力的人员使用。

1. 梯形图（LAD）

梯形图（见图 6-10）是使用最广泛的 PLC 编程语言。它是由继电器控制原理图演变而来，直观易懂，很容易被熟悉继电器控制电路的电气工程师掌握。在编辑和分析梯形图时，需要用到以下几个概念。

（1）母线

梯形图两侧垂直的公共线被称为母线（bus

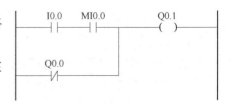

图 6-10 梯形图（LAD）示例

bar），类似电气控制电路中的电源线。想象在两侧母线之间，有一个始终由左向右流动假想的"能流"，"能流"通过接通的触点为线圈通电。右侧母线可以省略。

（2）编程元件

在 PLC 中，编程元件是指在 PLC 内部具备特定功能的器件的总称，这些器件由电子电路及存储单元构成。它们都具有硬件的功能特性，但没有机械性的触点，每一个编程元件都可提供无限多个常开或常闭触点并可以被无限次使用。为了把这种继电器与传统的电气控制电路中的继电器区分开来，有时也称之为软继电器。

（3）网络

梯形图中把由触点和线圈组成的单独电路称为网络。

（4）逻辑运算

根据梯形图中各触点和功能块的逻辑关系，分析出各线圈的状态称为逻辑运算。在梯形图中，程序的逻辑运算是按照从左到右、自上而下的顺序执行。需要注意的是，在进行逻辑运算时，位于上方网络的线圈状态能够立即被位于下方的网络利用，反过来则不行。

2. 功能块图（FBD）

功能块图（见图 6-11）是一种高级的图形化编程语言。它沿用了逻辑电路中逻辑框图的表达方式，用方框来表示功能块，方框左侧为输入端，方框右侧为输出端，框图内的符号表达了该功能块图的功能。功能块的使用方法类似高级编程语言的函数，只需要在输入端给定参数，它就可以输出结果。大多 PLC 软件中都提供功能块图的函数库，方便用户直接调用，用户也可以自定义功能块。

3. 顺序功能图（SFC）

顺序功能编程图（见图 6-12）类似流程设计，常用于顺序控制程序的编制，包括步、转换和动作三个要素。

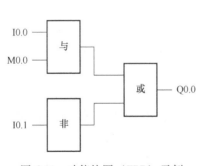
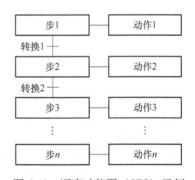

图 6-11　功能块图（FBD）示例　　　图 6-12　顺序功能图（SFC）示例

（1）步

步是指 PLC 运行中的一个稳定状态。在顺序功能图中，用矩形方框表示步，方框中的数字用于表示该步的编号。PLC 初始状态对应的"步"称为初始步，用双线框表示，顺序功能图中至少包含一个初始步。当 PLC 运行在某一步所在的阶段时，该步称为"活动步"。

（2）动作

指与步对应的动作或命令，也用矩形框表示，方框中的文字用来说明动作的具体内容。一个步可以对应一个或多个动作。

（3）转换

在两步之间的垂直线称为转换。上面的短横线为编程元件的某一触点，当该触点接通时，PLC 停止前级步的活动，启动后级步的活动。

4. 指令表（IL）［语句表（STL）］

指令表（语句表）编程类似汇编语言采用的助记符来表示操作功能，是 PLC 最基础的编程语言，它通过排列一系列指令来实现各种功能。指令表（见图 6-13）由助记符和操作数组成，助记符一般为简单的英文缩写字符串，用来描述指令的操作功能。操作数用于标识符表示操作数的类别（继电器、计时器等）和参数（地址或常数）。

5. 结构化文本（ST）

结构化文本（见图 6-14）是一种用结构化的语句来描述程序的高级文本语言。它使用类似 Pascal 的语法，结构简洁紧凑，编程能力强，非常适合应用于有复杂的算术计算的控制场景。与其他图形化编程语言相比，结构化文本语言适用于熟悉计算机开发的程序员学习和掌握。

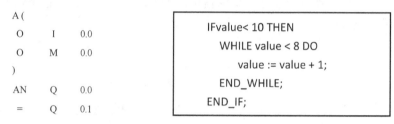

图 6-13　指令表（IL）示例　　　　图 6-14　结构化文本示例

尽管 IEC 61131-3 标准对 PLC 的编程语言进行了原则性规范，但是在语言表达和功能的实现形式上，各公司的 PLC 仍然没有做到统一。

6.2.2　S7-300 的编程环境

1. STEP 7 软件包

西门子公司的 S7-300 型 PLC（简称 S7-300）是目前广泛应用于航天发射场设备控制领域的工业控制产品。STEP 7 是一种对西门子 S7-300/400 系列 PLC 进行组态和编程的标准软件包，它提供了如下一系列应用程序：

① SIMATIC 管理器，用于管理开发工具和用户 PLC 项目数据的基本应用程序。

② 程序编辑器，用于编辑和开发用户程序。

③ 符号编辑器，用于编辑和管理项目符号表。

④ 硬件组态，用于为项目进行硬件组态并配置参数。

⑤ 硬件诊断，用于 PLC 的状态概况诊断。

⑥ 网络组态，为项目组态网络通信并配置参数。

STEP 7 标准软件包默认只提供梯形图（LAD）、功能块图（FBD）和语句表（STL）三种编程语言。如需要，用户可通过安装工程工具（Engineer Tool），扩展 STEP 7 支持其他编程语言：

① S7-SCL（结构化控制语言），是一种类似 Pascal 语言的高级语言，符合 IEC 61131-3 定义的结构化文本语言，适用于处理复杂算法和数据的编程。

② S7-Graph（顺序控制图），是一种符合 IEC 61131-3 定义的顺序控制图语言，适用于顺序工艺控制编程。

③ S7-HiGraph（状态图），是以状态图的方式描述异步、非顺序过程的编程语言。它将系统拆分成具体的功能单元，并定义各功能单元之间的转换条件。这种状态图的表达方式不仅方便了 PLC 的编程人员，而且容易为机械工程师所理解，便于系统调试和维护。

④ CFC（连续功能图），适用于过程控制的编程。CFC 的优点在于可将参数输入工作量最小化，只需将预制模块链接在一起然后设置参数就可完成编程，无须高级编程知识。

此外，在编程过程中还经常用 S7 系列 PLC 模拟软件 PLCSIM。通过使用 PLCSIM，用户可以在不连接真实 PLC 的条件下，实现程序仿真运行。PLCSIM 不包含在 STEP 7 标准软件包中，需要单独安装。

STEP 7 编程环境组成如图 6-15 所示。

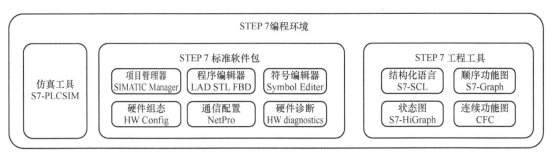

图 6-15　STEP 7 编程环境组成

2. 用 STEP 7 建立一个简单项目

下面通过一个简单的例子来了解一下在没有硬件的条件下，PLC 项目的创建及仿真运行过程。

（1）创建项目

在 STEP 7 安装完成后，双击"SIMATIC Manager"图标，进入项目管理器窗口。在主菜单中选择"文件"菜单栏下的"新建项目"向导，弹出"STEP 7 向导"对话框（见图 6-16），单击"下一步"按钮；进入 CPU 模块选择界面，这里选择第一个"CPU312"（见图 6-17），完成后单击"下一步"按钮。

图 6-16　STEP 7 向导

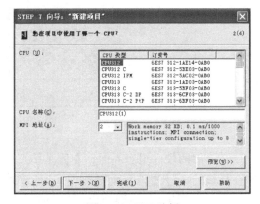

图 6-17　CPU 选择

在块添加页面，选择需要构建的逻辑块。在该页面至少要选择主程序组织块 OB1。在"所选块的语言"中选择"LAD"也就是梯形图语言（见图 6-18），完成后单击"下一步"按钮。在项目名称栏里输入项目名称后单击"完成"按钮，完成项目的创建（见图 6-19）。

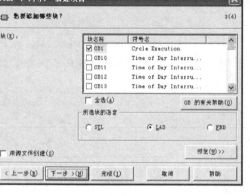

图 6-18　模块配置

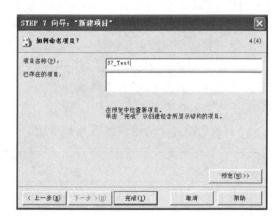

图 6-19　项目命名

（2）硬件组态

硬件组态的主要工作就是根据系统工艺硬件实际情况为项目配置硬件，用户需要模拟真实的 PLC 硬件配置，将电源模块、CPU 模块、输入输出模块和通信模块等设备安装到模拟机架上，生成一个与实际硬件相同的 PLC 系统。

现在对前面新生成的项目进行硬件组态。因为是使用向导新建的项目，所以在项目生成后，软件会自动生成了 1 个"SIMATIC 300 站点"。选定"SIMATIC 300 站点"，双击右侧窗口内的"硬件"图标进入硬件组态界面（见图 6-20）。如不是用向导新建的项目，需要自己手动在工具栏中选择"插入"→"站点"插入新的站点（见图 6-21）。

图 6-20　选择硬件

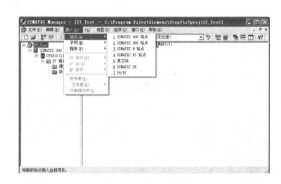

图 6-21　插入站点

在弹出的硬件组态界面，左侧是站点配置，里面已经默认生成了 1 条导轨"（0）UR"并在导轨的 2 号槽位自动装好了 CPU 模块，下方是站点已配置模块的详情页。在 S7-300 PLC 中，1 号槽位为电源模块，2 号槽位为 CPU 模块，3 号槽位为通信模块，后面的槽位用来添加各类功能模块。右侧是标准硬件库，里面包括了所有类型的模块。按照图 6-22 所示选择模块，选择"PS 307 5A"作为电源模块，插入 1 号槽位；选择"SM 321 DI16xDC24V"数字量输入模块，插入 4 号槽位；选择"SM 322 DO16xDC24V/0.5A"数字量输出模块，插入 5 号槽位。完成后关闭页面。

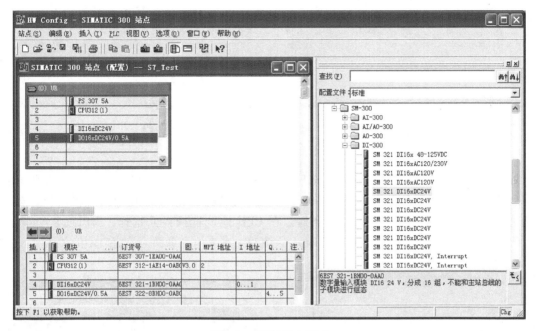

图 6-22　硬件组态页面

回到项目管理器窗口，选定"SIMATIC 300 站点"下的"块"。右击空白区域，选择"插入新对象"→"功能"（见图 6-23）。在"属性"→"功能"页面为新建功能命名，这里使用默认名称 FC1，创建语言选择"LAD"，单击"确定"按钮（见图 6-24）。双击新建的"FC1"，进入程序编辑页面。

图 6-23　插入新功能对象

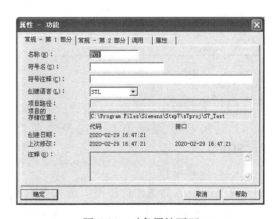

图 6-24　对象属性页面

在程序编辑区编辑图 6-25 所示代码并保存程序。该段代码实现了启停的独立控制。双击打开 OB1 组织块，将右侧新建的功能"FC1"拖入程序段中并保存关闭（见图 6-26）。

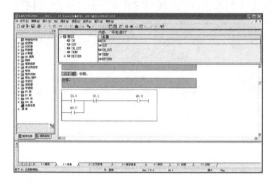

图 6-25　启停控制代码

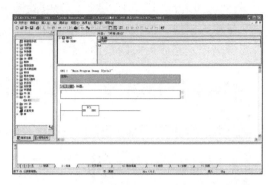

图 6-26　OB1 组织块

（3）配置 PLCSIM

在项目管理器窗口菜单栏选择"选项"→"设置 PG/PC 接口（I）…"。在"设置 PG/PC 接口"选择"无"（见图 6-27），单击"确定"按钮关闭。回到项目管理器窗口，选择"选项"→"模块仿真（s）"，启动仿真器。在 CPU 地址选择界面选择"MPI（1） adr：2（not network）"（见图 6-28），单击"确定"按钮，进入仿真页面。该窗口不能关闭。

图 6-27　接口配置

图 6-28　CPU 地址选择

（4）下载程序

回到项目管理器窗口，选择菜单栏"PLC"→"下载"，将编辑好的程序下载到 PLCSIM 中。

（5）仿真运行

现在回到仿真器运行程序。仿真器页面有 3 个小窗口，CPU 代表 CPU 运行状态，对应项目选择的 CPU312 模块；IB 代表输入模块状态，对应了 SM 321 DI16xDC24V 数字量输入模块，可以在此窗口处改写模块输入状态；QB 代表输出模块状态，SM 322 DO16xDC24V/0.5A 数字量输出模块，可在此窗口查看运行结果。当勾选 I0.0 时，Q0.0 输出为 TRUE（方框勾选，见图 6-29）；当勾选 I0.1 时，Q0.0 输出为 FALSE（方框为空，见图 6-30）。

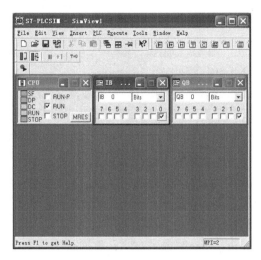

图 6-29 启动控制

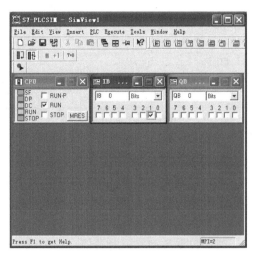

图 6-30 停止控制

6.2.3 S7-300 的数据类型

数据类型指数据的属性，包括数据长度和取值范围两个要素。STEP 7 中的数据类型包括基本数据类型、复合数据类型和参数数据类型。

1. 基本数据类型

基本数据类型共 12 种，是按照 IEC 1131-3 定义的。每种数据类型都具有固定长度且不超过 32 位，都有关键字、数据长度、取值范围和常数表达式等属性。基本数据类型见表 6-1。

表 6-1 基本数据类型

类型名称	关键字	长度/bit	取值范围	举例
布尔型	Bool	1	TRUE 或 FALSE	TRUE
字节	Byte	8	B#16#0~ B#16#FF	B#16#1
字符	Char	8	ASCII 字符集	'a'
字	W（Word）	16	十六进制：W#16#0~W#16#FFFF	W#16#1
双字	DW（Dword）	32	十六进制：DW#16#0 ~DW#16#FFFF_ FFFF	DW#16#1
整型	无（Int）	16	-32768~32767	1
长整型	L（long）	32	$-$L#2147483648~ L#2147483647	L#1
IEEE 浮点数	Real	32	$-3.402823E38$~$-1.175495E-38$ $+1.175495E-38$~$+3.402823E38$	1.234
SIMATIC 时间	S5（S5TIME）	16	S5T#0H_0M_0S_0MS~ S5T#2H_46M_30S_0MS	S5T#30S

（续）

类型名称	关键字	长度/bit	取值范围	举例
时间	T（TIME）	32	−T#24D_20H_31M_23S_648MS ~ T#24D_20H_31M_23S_648MS	T#1D_2H_3M_4S_5MS
日期	D（DATE）	16	D#1990-1-1 ~ D#2168-12-31	D#2018-2-20
时刻	TOD（Time_Of_Day）	32	TOD#0：0：0 ~ TOD#23：59：59.999	TOD#1：2：3

2. 复合数据类型

复合数据类型是由其他数据类型复合而成的或长度超过 32 位的数据类型。复合数据类型包括时钟、数组、字符串、结构和自定义数据。

（1）时钟（Date_And_Time）

时钟数据类型表示时钟信号，关键字为"Date_And_Time"或"DT"，数据长度为 8 字节，以 BCD 码的格式表示时间值。取值范围为 DT#1990-1-1-0：0：0.0 ~ DT#2089-12-31-59：59.999。

（2）数组（Array）

数组指由相同数据类型数据组成的数据集合，最大可以定义 6 维数组。数组中的元素可以是基本数据类型或除数组类型外的其他复合数据类型（即数组数据类型不可嵌套）。

（3）字符串（String）

字符串保留文字信息，可以看成是由字符型数据组成的特殊数组。一个字符串最大长度为 256byte，前两字节为字符串长度信息，因此最多保存 254 字符。通过定义可以限定字符串长度来减少数据所占的存储空间（如 string［3］'PLC'）。

（4）结构（Struct）

结构是由不同数据类型组成的复合数据，可用来定义具备相关性的一组数据。例如，定义某电动机的一组数据可参考以下方式：

```
Motor: STRUCT{              //定义结构
    Actual_Speed:  REAL     //实时速度
    Set_Speed:     REAL     //速度设定值
    Start:         BOOL     //启动控制按钮
    Stop:          BOOL     //停止控制按钮
}END_STRUCT                 //结束定义
```

（5）自定义数据（UDT）

自定义数据类型与结构数据类型定义相同，区别在于自定义数据相当于一个由用户定义的模板，可以用来定义其他变量。它在 STEP 7 中以 UDT 块的形式存储，在程序中可以作为整体被多次使用。

3. 参数数据类型

参数数据类型专门用于函数（FC）和功能（FB）的接口参数数据类型，主要包括以下几种：

① 定时器（Timer）和计数器（Counter）类型，用于被函数（FC）和功能（FB）中的定时器和计数器调用。

② 块类型 BLOCK_FB、BLOCK_FC、BLOCK_DB、BLOCK_SDB，作为程序块的输入输出接口被调用。

③ 指针类型（Pointer），数据长度为 6 字节，用于传递 DB 块号和数据地址。

④ 指针类型（Any），数据长度为 10 字节，用于传递 DB 块号、数据地址、数据数量及数据类型。

4. CPU 状态字

状态字不属于数据类型，它是一个 16 位的寄存器，其中 9 位用于 CPU 在执行指令时所处的状态、指令执行结果及出错信息等。在 PLC 编程中，用户可以用位逻辑指令读取状态字并用于控制程序执行。S7-300 的 CPU 状态字结构如图 6-31 所示。

图 6-31　S7-300 的 CPU 状态字结构

① 首次检查位（/FC）是状态字的 0 位（第 1 位）。如果该位的信号为 "0"，则表示下一条指令将开始执行一串新的逻辑指令（或一个新的梯形图网络）。

② 逻辑运算结构位（RLO）是状态字的 1 位（第 2 位），用于存储为逻辑指令或比较指令的结果。在逻辑指令执行中，RLO 位的状态能够表示有关信号流的信息。

③ 状态位（STA）是状态字的 2 位（第 3 位）。在执行 "读存储区" 操作指令（如 A、O 等）时，STA 位始终与逻辑操作的位状态一致；在执行 "写存储区" 操作指令（如 S、R 等），STA 位始终与指令指明的位状态一致。

④ 或位（OR）是状态字的 3 位（第 4 位）。在执行 "先与后或" 的逻辑运算时，OR 位用于暂时存放 "与逻辑" 的运算结果，在 "或逻辑" 执行后 OR 位复位。

⑤ 存储溢出位（OS）是状态字的 4 位（第 5 位）。当 OV 位置 1 时，OS 位置 1，此后即使 OV 位置 0，OS 位仍保持不变。因此，OS 位能够表示在一串指令执行过程中是否发生错误。用户可以利用 JOS 指令、块调用指令和块结束指令来复位 OS 位。

⑥ 溢出位（OV）是状态字的 5 位（第 6 位）。如果算数运算或逻辑运算指令执行正常，OV 位置 0；如果执行出错，OV 位置 1。

⑦ 条件码 0 位（CC0）和条件码 1 位（CC1）是状态字的 6、7 位（第 7、8 位）。条件码 0 和条件码 1 的组合含义见表 6-2。此外，CC1 位还用于保存移位和循环移位指令移出的位。

表 6-2　条件码 0 和条件码 1 的组合含义

CC1	CC0	无溢出的算术运算	有溢出的整数算数运算	有溢出的浮点数算数运算
0	0	结果 = 0	整数相加下溢出	正数或负数绝对值过小
0	1	结果 < 0	整数乘法下溢出 整数加减法上溢出	负数绝对值过大

（续）

CC1	CC0	无溢出的算术运算	有溢出的整数算数运算	有溢出的浮点数算数运算
0	0	结果>0	整数乘法上溢出 整数加减法下溢出	正数绝对值过大
1	1	—	除法除数为0	非法浮点数

注：上溢出，正数过大；下溢出，负数过小。

⑧ 二进制结果位（BR）是状态字的 8 位（第 9 位），用于存放方框指令、功能（FC）和功能块（FB）的执行是否正常。

6.2.4　S7-300 的编程元件

1. 输入继电器 I

输入继电器指直接与 PLC 输入端相连的输入过程映像寄存器。它是用来接收来自 PLC 外部的开关信号的，如启停开关、行程开关等。每 1 位输入继电器对应外部输入模块的 1 个输入端口。在每个扫描周期的采样阶段，CPU 对外部输入进行采样，并将采样结果写入输入继电器中。PLC 可以按位、字节、字或双字的编址方式读取输入继电器状态。实际系统中可使用的输入器数量由 CPU 模块和数字量输入模块的配置决定。

2. 输出继电器 Q

输出继电器指直接与 PLC 输出端相连的输出过程映像寄存器，由 PLC 程序指令来驱动。每 1 位输出继电器对应外部输出模块的 1 个输出端口。与其他编程元件不同，输出继电器有一个物理触点（且只有一个），在每个扫描周期的输出刷新阶段，CPU 将输出继电器的状态复制到输出端口，再由输出端口接通对应硬件的触点，实现设备的驱动。PLC 可以按位、字节、字或双字的编址方式存取输出继电器状态。实际系统中可使用的输入器数量由 CPU 模块和数字量输出模块的配置决定。

3. 辅助继电器 M

辅助继电器又称为位存储器，相当于继电器控制系统的中间继电器。辅助继电器与外部端口没有联系，在 PLC 中每 1 位辅助继电器仅对应存储区的 1 个存储单元。辅助继电器可以由所有的编程元件触发，其常开或常闭触点在 PLC 程序中可以无限次使用。S7-300 的辅助继电器的数量为 2048 个（256 字节，2048 位），PLC 可以按位、字节、字或双字的编址方式存取输出继电器状态。此外，辅助继电器也可以作为存储数据使用。

4. 外部输入寄存器 PI

PLC 可以通过外部输入寄存器直接访问输入模块。在每个扫描周期的程序执行阶段，PLC 可通过外部输入寄存器直接读取外部输入模块的状态，因此也被称为"立即读取"。外部输入寄存器以字节、字或双字为单位使用，不可以按位使用。

5. 外部输出寄存器 PQ

PLC 可以通过外部输出寄存器直接驱动输出模块。在每个扫描周期的程序执行阶段，PLC 可通过外部输出寄存器直接改写状态到外部输出模块，因此也被称为"立即输出"。外部输出寄存器以字节、字或双字为单位使用，不可以按位使用。

6. 定时器 T

定时器功能相当于继电器控制系统的时间继电器，用于实现定时或计时功能。定时器是复合存储单元，触点状态用位来表示，定时的时间值用字来表示。S7-300 共提供了 5 种形式的定时器，包括脉冲定时器 SP、扩展定时器 SE、接通延迟定时器 SD、保持型接通延迟定时器 SS 和关断延迟定时器 SF。每种定时器的数量由 CPU 类型来决定。

7. 计数器 C

计数器用于累计其输入端上升沿脉冲的次数，也是复合存储单元。计数器的触点状态用位来表示，计数器的当前值用字来表示，计数范围为 0~999。根据计数方式不同，计数器 C 分为三种：加计数器 S_CU、减计数器 S_CD 和加减计数器 S_CUD。

8. 数据块寄存器 DI/DB

数据块寄存器用于存放执行用户程序时所需数据和程序执行结果的数据存储区。按用途的不同，数据块可以分为背景数据块 DI 和共享数据块 DB。背景数据块 DI 用于传递功能块的参数，只能由指定的功能块 FB 访问。调用功能块时，必须同时指定用于该功能块的背景数据块 DI。共享数据块 DB 用于存储 PLC 的全局数据，所有的功能块、函数和组织块都可以对背景数据块进行读写操作。共享数据块内的数据不会因为用户程序结束而删除。

9. 本地数据寄存器 L

本地数据寄存器 L 用于存放在逻辑块中使用的临时数据，因此本地数据寄存器是局部变量，其存储数据仅在调用它的子程序执行中有效。

所有编程元件的地址格式均为"地址标识符"+"编号"。例如，输入继电器的位地址格式为 I0.0，辅助继电器的字地址格式为 MW0 等。具体每种编程元件的地址划分可参考表 6-3 所示内容。

表 6-3　S7-300 编程元件

编程元件	访问地址单位	地址标志	举例
输入继电器 I	输入（位）	I	I0.0
	输入（字节）	IB	IB0
	输入（字）	IW	IW0
	输入（双字）	ID	ID0
输出继电器 Q	输出（位）	Q	Q0.0
	输出（字节）	QB	QB0
	输出（字）	QW	QW0
	输出（双字）	QD	QD0
辅助继电器 M	存储器（位）	M	M0.0
	存储器（字节）	MB	MB0
	存储器（字）	MW	MW0
	存储器（双字）	MD	MD0
外部输入寄存器 PI	输入（字节）	PIB	PIB0
	输入（字）	PIW	PIW0
	输入（双字）	PID	PID0

（续）

编程元件	访问地址单位	地址标志	举例
外部输出寄存器 PQ	输出（字节）	PQB	PQB0
	输出（字）	PQW	PQW0
	输出（双字）	PQD	PQD0
定时器 T	定时器	T	T3
计数器 C	计数器	C	C0
背景数据块 DI	数据（位）	DI	DI0.0
	数据（字节）	DIB	DIB0
	数据（字）	DIW	DIW0
	数据（双字）	DID	DID0
共享数据块 DB	数据（位）	DB	DB0.0
	数据（字节）	DBB	DBB0
	数据（字）	DBW	DBW0
	数据（双字）	DBD	DBD0
本地数据寄存器 L	本地数据（位）	L	L0.0
	本地数据（字节）	LB	LB0
	本地数据（字）	LW	LW0
	本地数据（双字）	LD	LD0

6.2.5　S7-300 的梯形图指令系统

STEP 7 标准软件包预置了梯形图（LAD）、语句表（STL）和功能块图（FBD）3 种编程语言。其中梯形图和继电器控制电路图相似，更适合系统工程师学习和掌握，因此本节重点介绍梯形图语言中常用的编程指令。

1. 位逻辑指令

位逻辑指令使用"1"（代表 TRUE）和"0"（代表 FALSE）两个数字进行逻辑运算并产生逻辑运算结果（RLO）。位逻辑指令是最常用的指令之一，用户可以插入触点、线圈、置位/复位触发器、复位/置位触发器及边沿触发器等。下面对常用的位逻辑指令进行介绍。

（1）常开触点

符号为—||—，操作数为 1 时表示触点闭合，输出为 1；操作数为 0 时表示触点断开，输出为 0。

（2）常闭触点

符号为—|/|—，操作数为 1 时表示触点断开，输出为 0；操作数为 0 时表示触点闭合，输出为 1。

（3）取反 RLO

符号为—|NOT|—，对输入进行取反操作，输入为 1 时，输出为 0；输入为 0 时，输出为 1。

（4）线圈

符号为—( )，当输入 RLO 为 1 时，指定操作数被置 1；输入 RLO 为 0 时，指定操作数被复位为 0。线圈只能放在梯形图最右端。

（5）中线输出

符号为－(#)－，功能与线圈相同，当输入 RLO 为 1 时，指定操作数被置 1；输入 RLO 为 0 时，指定操作数被复位为 0。区别在于中线输出只能放在梯形图的中间，不能直接接在左侧母线上，也不能放在梯形图最右端位置。

（6）置位线圈

符号为－(S)，仅在输入 RLO 为 1 时，将指定操作数置为 1；当输入 RLO 为 0 时，不作用。

（7）复位线圈

符号为－(R)，仅在输入 RLO 为 1 时，将指定操作数置为 0；当输入 RLO 为 0 时，不作用。

（8）置位/复位触发器

置位/复位触发器（见图 6-32）也称 RS 触发器，是有两个输入端（S 端和 R 端）的"置位优先"触发器。当 S 端和 R 端输入都为 0 时，触发器不发生作用；当 S 端输入为 1，R 端输入为 0 时，触发器执行置位操作，输出 1；当 S 端输入为 0，R 端输入为 1 时，触发器执行复位操作，输出 0；当 S 端和 R 端输入为 1 时，触发器优先执行置位操作。

（9）复位/置位触发器

复位/置位触发器（见图 6-32）也称 SR 触发器，有两个输入端（S 端和 R 端）的"复位优先"触发器。复位/置位触发器功能与置位/复位触发器功能基本一致。区别在于当在 S 端和 R 端输入为 1，复位/置位触发器优先执行复位操作。

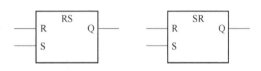

图 6-32　置位/复位触发器（左）
和复位/置位触发器（右）

（10）上升沿触发器

符号为－|P|－，当前次扫描周期输入为 0，本次扫描周期输入变为 1 时，输出 1 个扫描周期的 1，下次扫描周期输出为 0。

（11）下降沿触发器

符号为－|N|－，当前次扫描周期输入为 1，本次扫描周期输入变为 0 时，输出 1 个扫描周期的 0，下次扫描周期输出为 1。

2. 定时器指令

定时器功能相当于继电器控制系统的时间继电器，用于实现定时或计时功能。定时器是一个复合编程元件，用一个位（二进制）来表示触点状态，用一个字（16 位）来表示定时的时间值，其存放格式如图 6-33 所示。

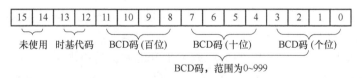

图 6-33　定时器时间值存放格式

其中，在第0~11位为以3位BCD码的格式存放定时的时间值。第12、13位为时基代码，表示了定时器的时间基准值。实际的定时时间等于时间值乘以时间基准值。时间基准值是由系统自动指定的，见表6-4。第14、15位不用。

表6-4 时基代码及基准值

时基代码	时间基准值	定时范围
00	10ms	10ms~9s_990ms
01	100ms	100ms~1min_39s_900ms
10	1s	1s~16min_39s
11	10s	10s~2h_46min_30s

下面来逐一介绍STEP 7提供定时器指令。

（1）接通延时定时器

接通延时定时器S_ODT指令梯形图及说明见表6-5。

表6-5 接通延时定时器S_ODT指令梯形图及说明

梯形图符号	参数	类别	数据类型	说明
	T	定时器号	TIMER	用于指定定时器，如T0
	S	输入端	BOOL	用于启动定时器，上升沿触发
	Q	输出端	BOOL	用于输出定时器状态
	TV	输入端	S5TIME	用于设定定时时间
	R	输入端	BOOL	用于复位定时器
	BI	输出端	WORD	用于输出当前时间（整数格式）
	BCD	输出端	WORD	用于输出当前时间（BCD码格式）

下面用一个例子来说明接通延时定时器的使用，其梯形图示例如图6-34所示。

其时序图（见图6-35）说明如下：

① 1s时刻，0.0触点闭合，T1的S端输入上升沿并保持高电平，定时器被启动并开始计时。当计时达到设定值2s时，计时结束，T1的Q端输出高电平，Q0.0线圈被置位。简而言之，在I0.0触点闭合2s后，Q0.0线圈才被接通，因此叫接通延时定时器。

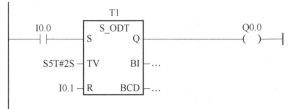

图6-34 接通延时定时器梯形图示例

② 4s时刻I0.0触点断开，Q0.0线圈立即被断开。

③ 5s时刻I0.0触点闭合，T1的S端输入上升沿并保持高电平，定时器被启动开始计时。但在计时1s时（6s时刻），I0.0触点断开，T1的S端输入下降沿并保持低电平，此时定时器计时重置，等待重新被启动。

④ 7s时刻I0.0触点闭合，T1的S端输入上升沿并保持高电平，定时器被启动开始计时。但在计时1s时（8s时刻），I0.1触点闭合，T1的R端输入上升沿并保持高电平，定时

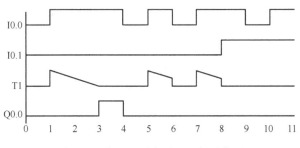

图 6-35　接通延时定时器示例时序图

器立即被复位。

⑤ 当 I0.1 触点闭合时，T1 始终被复位并不再输出信号，Q0.0 线圈无法接通。

除了接通延时定时器 S_ODT 指令外，STEP 7 还提供简化的接通延时定时器的线圈 SD 指令，见表 6-6。

表 6-6　接通延时定时器的线圈 SD 指令梯形图及说明

梯形图符号	参数	类别	数据类型	说明
Tx –(SD) S5TIME#xx	T	定时器号	TIMER	用于指定定时器，如 T0
	S5TIME	输入端	S5TIME	用于设定定时时间

（2）断开延时定时器

断开延时定时器 S_OFFDT 指令梯形图及说明见表 6-7。

表 6-7　断开延时定时器 S_OFFDT 指令梯形图及说明

梯形图符号	参数	类别	数据类型	说明
Tx S_OFFDT S　　Q TV　　BI R　　BCD	T	定时器号	TIMER	用于指定定时器，如 T0
	S	输入端	BOOL	用于启动定时器，下降沿触发
	Q	输出端	BOOL	用于输出定时器状态
	TV	输入端	S5TIME	用于设定定时时间
	R	输入端	BOOL	用于复位定时器
	BI	输出端	WORD	用于输出当前时间（整数格式）
	BCD	输出端	WORD	用于输出当前时间（BCD 码格式）

下面用一个例子来说明接通断开定时器的使用，其梯形图示例如图 6-36 所示。

其时序图（见图 6-37）说明如下：

① 1s 时刻，I0.0 触点闭合，Q0.0 线圈立即被接通。

② 在 2s 时刻，I0.0 触点断开，T1 的 S 端输入下降沿并保持低电平，定时器被启动开始计时，计时期间，Q0.0 线圈始终处于通电状态。当计时达到设定值 2s 时计时结束，T1 的 Q 端输出低电平，Q0.0 线圈被断开。通过定时器，在 I0.0 触点断开 2s 后（4s 时刻），Q0.0 线圈才被断开，因此叫断开延时定时器。

③ 6s 时刻，I0.0 触点断开，T1 的 S 端输入下降沿并保持低电平，定时器被启动开始计时。但在计时 1s 时（7s 时刻），I0.0 触点闭合，T1 的 S 端输入高电平（上升沿），此时定

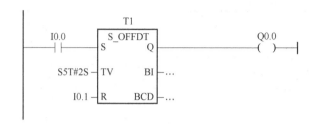

图 6-36　断开延时定时器梯形图示例

时器计时被重置，等待重新被启动。

④ 8s 时刻，I0.0 触点断开，T1 的
S 端输入下降沿并保持低电平，定时器
被启动开始计时。但在计时 1s 时（9s
时刻），I0.1 触点闭合，T1 的 R 端输入
上升沿并保持高电平，定时器被立即复
位并不再输出信号，Q0.0 线圈被断开。

⑤ 当 I0.1 触点闭合时，T1 始终被
复位并不再输出信号，Q0.0 线圈无法
接通。

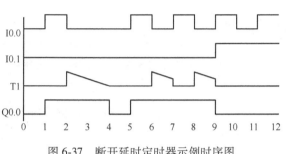

图 6-37　断开延时定时器示例时序图

除了断开延时定时器（S_OFFDT）指令外，STEP 7 还提供简化的断开延时定时器的线
圈 SF 指令，见表 6-8。

表 6-8　断开延时定时器的线圈 SF 指令梯形图及说明

梯形图符号	参数	类别	数据类型	说明
Tx —(Sf) S5TIME#xx	T	定时器号	TIMER	用于指定定时器，如 T0
	S5TIME	输入端	S5TIME	用于设定定时时间

（3）保持型接通延时定时器指令

保持型接通延时继电器 S_ODTS 指令梯形图及说明见表 6-9。

表 6-9　保持型接通延时定时器 S_ODTS 指令梯形图及说明

梯形图符号	参数	类别	数据类型	说明
Tx S_ODTS S　Q TV　BI R　BCD	T	定时器号	TIMER	用于指定定时器，如 T0
	S	输入端	BOOL	用于启动定时器，上升沿触发
	Q	输出端	BOOL	用于输出定时器状态
	TV	输入端	S5TIME	用于设定定时时间
	R	输入端	BOOL	用于复位定时器
	BI	输出端	WORD	用于输出当前时间（整数格式）
	BCD	输出端	WORD	用于输出当前时间（BCD 码格式）

保持型接通延时定时器 S_ODTS 指令的使用与接通延时定时器 S_ODTS 指令的类似。下

面用一个例子来说明，其梯形图示例如图 6-38 所示。

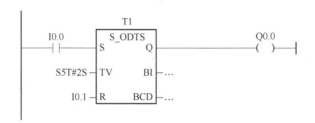

图 6-38　保持型接通延时定时器梯形图示例

其时序图（见图 6-39）说明如下：

① 1s 时刻，I0.0 触点闭合，T1 的 S 端输入上升沿并保持高电平，定时器被启动开始计时。在 1.5s 时刻，I0.0 触点断开，T1 的 S 端输入下降沿并保持低电平，定时器仍然继续计时。直到计时达到设定值 2s 时（3s 时刻），计时结束并接通 Q0.0 线圈。在 3～4s 期间，尽管 I0.0 触点已经断开，T1 的 S 端输入为低电平，但 Q0.0 线圈仍然是被

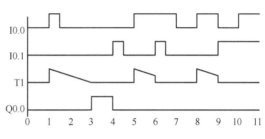

图 6-39　保持型接通延时定时器示例时序图

接通的状态。可以看出，定时器一旦被上升沿触发，无论 S 端的输入电平如何变化都不再对定时器产生作用，定时器保持计时状态直到完成计时并输出，因此叫保持型接通延时定时器。

② 4s 时刻，I0.1 触点闭合，T1 的 R 端输入上升沿并保持高电平，此时 T1 被复位并且不再输出信号，Q0.0 线圈被断开。

③ 5s 时刻，I0.0 触点闭合后，T1 的 S 端输入上升沿，定时器被启动开始计时。在 6s 时刻，I0.1 触点闭合，T1 的 R 端输入高电平，此时定时器立即被重置。尽管在 6～7s 期间，S 端始终输入高电平，但没有上升沿触发，定时器无法被启动。

④ 当 I0.1 触点闭合时，T1 始终被复位并不再输出信号，Q0.0 线圈无法接通。

除了保持型接通延时定时器 S_ODTS 指令外，STEP 7 还提供简化的保持型接通延时定时器的线圈 SS 指令，见表 6-10。

表 6-10　接通延时定时器的线圈 SS 指令梯形图及说明

梯形图符号	参数	类别	数据类型	说明
Tx —(SS) S5TIME#xx	T	定时器号	TIMER	用于指定定时器，如 T0
	S5TIME	输入端	S5TIME	用于设定定时时间

（4）脉冲定时器

脉冲定时器 S_PULSE 指令梯形图及说明见表 6-11。

表 6-11 脉冲定时器 S_PULSE 指令梯形图及说明

梯形图符号	参数	类别	数据类型	说明
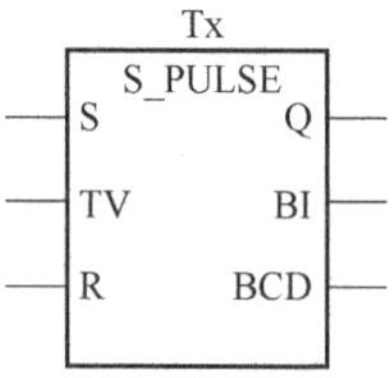	T	定时器号	TIMER	用于指定定时器，如 T0
Tx S_PULSE S — Q TV — BI R — BCD	S	输入端	BOOL	用于启动定时器
	Q	输出端	BOOL	用于输出定时器状态
	TV	输入端	S5TIME	用于设定定时时间
	R	输入端	BOOL	用于复位定时器
	BI	输出端	WORD	用于输出当前时间（整数格式）
	BCD	输出端	WORD	用于输出当前时间（BCD 码格式）

下面用一个例子来说明脉冲定时器的使用，其梯形图示例如图 6-40 所示。

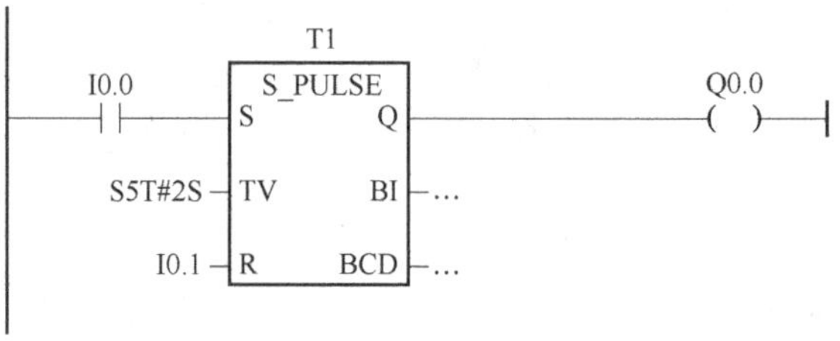

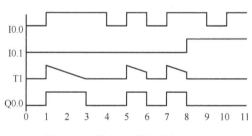

图 6-40 脉冲定时器梯形图示例

其时序图（见图 6-41）说明如下：

图 6-41 脉冲定时器示例时序图

① 1s 时刻，I0.0 触点闭合，定时器 T1 的 S 端输入上升沿并保持高电平，定时器被启动开始计时，同时 T1 的 Q 端输出高电平，Q0.0 线圈被接通。当计时达到设定值 2s 后，T1 的 Q 端输出低电平，Q0.0 线圈被断开。简而言之，因为定时器 T1 的作用使 Q0.0 收到了时长为 2s 的高电平脉冲，因此叫脉冲定时器。

② 5s 时刻，I0.0 触点闭合，定时器被启动开始计时，同时 T1 的 Q 端输出高电平，Q0.0 线圈被接通。当计时达到设定值 1s 时（6s 时刻），I0.0 触点断开，此时 T1 计数停止，Q 端立即输出低电平，Q0.0 线圈被断开。

③ 7s 时刻，I0.0 触点闭合，定时器被启动开始计时，同时 T1 的 Q 端输出高电平，Q0.0 线圈被接通。当计时达到设定值 1s 后（6s 时刻），I0.1 触点闭合，定时器 T1 的 R 端输入高电平，此时定时器立即被重置，T1 的 Q 端输出低电平，Q0.0 线圈被断开。

④ 当 I0.1 触点闭合时，T1 始终被复位并不再输出信号，Q0.0 线圈无法接通。

除了脉冲定时器 S_PULSE 指令外，STEP 7 还提供简化的脉冲定时器的线圈 SP 指令，见表 6-12。

表 6-12　脉冲定时器的线圈 SP 指令梯形图及说明

梯形图符号	参数	类别	数据类型	说明
Tx —(SP) S5TIME#xx	T	定时器号	TIMER	用于指定定时器，如 T0
	S5TIME	输入端	S5TIME	用于设定定时时间

脉冲定时器常用于设计周期振荡电路。例如，图 6-42 所示的周期振荡电路，Q0.0 将输出一个周期为 2s，占空比为 1∶1 的方波信号。

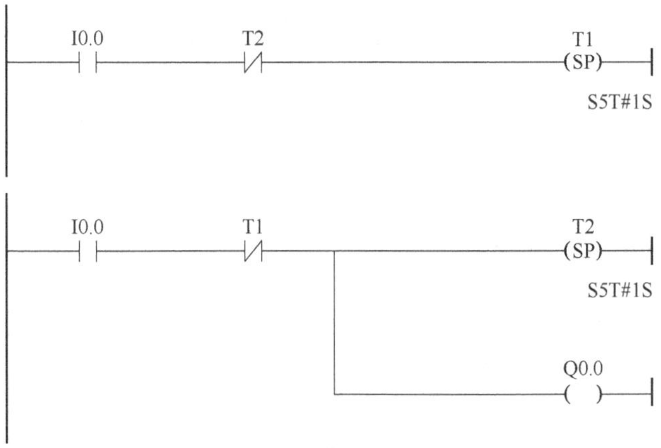

图 6-42　周期振荡电路

（5）扩展脉冲定时器

扩展脉冲定时器 S_ PEXT 指令梯形图及说明见表 6-13。

表 6-13　扩展脉冲定时器 S_ PEXT 指令梯形图及说明

梯形图符号	参数	类别	数据类型	说明
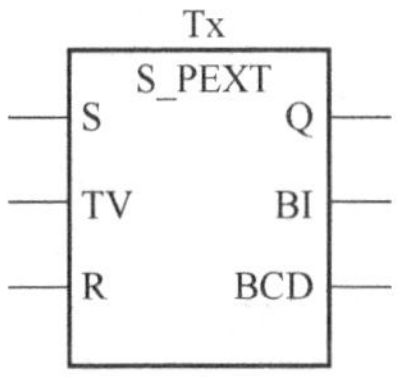 Tx S_PEXT S　　Q TV　　BI R　　BCD	T	定时器号	TIMER	用于指定定时器，如 T0
	S	输入端	BOOL	用于启动定时器
	Q	输出端	BOOL	用于输出定时器状态
	TV	输入端	S5TIME	用于设定定时时间
	R	输入端	BOOL	用于复位定时器
	BI	输出端	WORD	用于输出当前时间（整数格式）
	BCD	输出端	WORD	用于输出当前时间（BCD 码格式）

下面用一个例子来说明扩展脉冲定时器的使用，其梯形图示例如图 6-43 所示。

其时序图（见图 6-44）说明如下：

① 当 I0.0 触点闭合时（1s 时刻），定时器 T1 的 S 端输入上升沿并保持高电平，定时器被启动开始计时，同时 T1 的 Q 端输出高电平，Q0.0 线圈被接通。当计时达到设定值 2s 后，

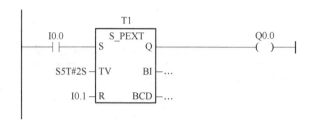

图 6-43　扩展脉冲定时器梯形图示例

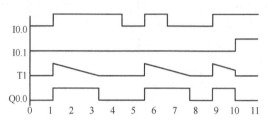

图 6-44　扩展脉冲定时器示例时序图

T1 的 Q 端输出低电平，Q0.0 线圈被断开。

② 当 I0.0 触点闭合时（5s 时刻），定时器被启动开始计时，同时 T1 的 Q 端输出高电平，Q0.0 线圈被接通。当计时达到设定值 1s 时（6s 时刻），I0.0 触点断开，此时 T1 计数未停止，Q 端仍然保持输出高电平。直到计时结束，T1 的 Q 端输出低电平，Q0.0 线圈被断开。

③ 当 I0.0 触点闭合时（7s 时刻），定时器被启动开始计时，同时 T1 的 Q 端输出高电平，Q0.0 线圈被接通。当计时达到设定值 1s 后（6s 时刻），I0.1 触点闭合，定时器 T1 的 R 端输入高电平，此时定时器立即被重置，T1 的 Q 端输出低电平，Q0.0 线圈被断开。

④ 当 I0.1 触点闭合时，T1 始终被复位并不再输出信号，Q0.0 线圈无法接通。

除了扩展脉冲定时器 S_PEXT 指令外，STEP 7 还提供简化的扩展脉冲定时器的线圈 SE 指令，见表 6-14。

表 6-14　扩展脉冲定时器的线圈 SE 指令梯形图及说明

梯形图符号	参数	类别	数据类型	说明
Tx —(SE) S5TIME#xx	T	定时器号	TIMER	用于指定定时器，如 T0
	S5TIME	输入端	S5TIME	用于设定定时时间

3. 计数器指令

计数器用于实现计数功能，计数范围是 0~999。每个计数器都有 1 个 16 位长度的存储区，用于存放计数值。计数值的存储格式有两种（见图 6-45），一种以 BCD 码格式存放计数值，占用 12 位的存储区（0~11 位），其他位（12~15）不使用；另一种以二进制格式存放计数值，用 10 位的存储区（0~9），其他位（10~15）不使用。

STEP 7 提供 3 种计数器指令分别为，只计算增加计数的加计数器 S_CU 指令、只计算减

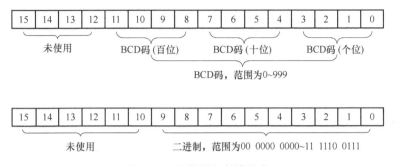

图 6-45　计数器字存储格式

少计数的减计数器 S_CD 指令和既可以计算增加也可以计算减少的加减计数器 S_CUD 指令。
三种计数器指令梯形图及说明见表 6-15。

表 6-15　三种计数器指令梯形图及说明

梯形图符号	参数	类别	数据类型	说明
加计数器 (S_CU)	C	计数器号	COUNTER	用于指定计数器，如 C0
	CU	输入端	BOOL	计数加 1，上升沿触发（减计数器没有）
	CD	输入端	BOOL	计数减 1，上升沿触发（加计数器没有）
减计数器 (S_CD)	S	输入端	BOOL	用于设置计数器值为初值，上升沿触发
	PV	输入端	WORD	用于设定初始值（BCD 码）
	R	输入端	BOOL	用于复位输入端
加减计数器 (S_CUD)	Q	输出端	BOOL	用于输出计数器状态
	BI	输出端	WORD	输出当前计数值（整数）
	BCD	输出端	WORD	输出当前计数值（BCD 码）

下面以加减计数器 S_CUD 指令为例（见图 6-46），来说明计数器的工作过程。

其时序图（见图 6-47）说明如下：

① 计数器 C1 的计数值初值为 0，存放于地址 MW10 中，Q0.1 线圈为断开状态。

② I0.0 每出现 1 次上升沿，CU 端就触发一次，C1 的计数值加 1。当计数值大于 0 时，计数器输出高电平，接通 Q0.1 线圈。

③ I0.1 每出现 1 次上升沿，CD 端就触发一次，C1 的计数值减 1。

④ 当 I0.2 闭合时，S 端输入上升沿，C1 的计数值被设为初值 11。

⑤ 当 I0.3 闭合时，R 端输入上升沿，C1 被重置，计数值归 0。

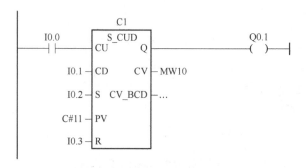

图 6-46　加减计数器梯形图示例

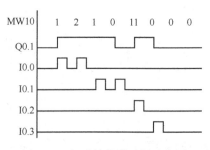

图 6-47　加减计数器示例时序图

加计数器 S_CU 和减计数器 S_CD 指令与加减计数器 S_CUD 指令基本相同，不再赘述。此外，STEP 7 还提供了三种计数器的线圈指令，见表 6-16。

表 6-16　三种计数器线圈指令梯形图及说明

线圈指令	梯形图符号	功能	参数	类别	数据类型	说明
设定计数值	Cx —(SC) PV	用于设定指定计数器的计数值	C	计数器号	COUNTER	用于指定定时器，如 C0
计数加 1	Cx —(CU)	使计数器的计数值加 1	PV	设定值	WORD	设定值（BCD 码）
计数减 1	Cx —(CD)	使计数器的计数值减 1				

4. 比较指令

比较指令用于比较两个数字，表 6-17 给出了所有整数比较指令。

表 6-17　所有整数比较指令

梯形图符号	参数	类别	数据类型	说明
等于 CMP==I IN1 IN2 不等于 CMP<>I IN1 IN2	空（EN）	输入端	BOOL	启动比较器，高电平触发（方框左上角接口，未标注）
大于 CMP>I IN1 IN2	空（Q）	输出端	BOOL	输出比较结果（方框右上角接口，未标注）

（续）

梯形图符号	参数	类别	数据类型	说明
大于等于 `CMP>=I` `IN1` `IN2` 小于 `CMP<I` `IN1` `IN2`	IN1	输入端	INT、DINT、REAL	操作数 1，常数、变量或数据地址
小于等于 `CMP<=I` `IN1` `IN2`	IN2	输入端	INT、DINT、REAL	操作数 1，常数、变量或数据地址

比较指令的功能是将操作数 1 按照指定条件与操作数 2 进行比较并输出比较结果。当条件满足时，触点闭合；当条件不满足时，触点断开。例如，在图 6-48 所示的示例中，操作数 1>操作数 2，满足比较条件，Q0.1 线圈通电；在图 6-49 所示的示例中，操作数 1<操作数 2，不满足比较条件，Q0.1 线圈断电。

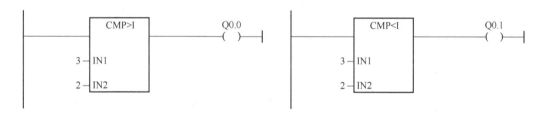

图 6-48　比较器使用示例 1　　　　　　　图 6-49　比较器使用示例 2

双整数和浮点数的比较指令与整数比较指令相同。值得强调的是，不同数据格式的数值不可以直接使用比较指令。如果要比较不同数据格式的数值需要对数值进行转换。

5. 转换指令

转换指令用于将某数据的数据格式由一种转换为另一种，如从整型转换成双整型、从浮点数转换成整型等。转换指令梯形图及功能说明见表 6-18 和表 6-19。

表 6-18　转换指令梯形图及说明

梯形图符号	参数	类别	说明
`#name` `EN  ENO` `IN  OUT`	#name	无	转换指令，声明转换器功能
	EN	输入端	BOOL 型，启动转换器，高电平触发
	ENO	输出端	BOOL 型，与转换结果相关
	IN	输入端	由转换器类型决定
	OUT	输出端	由转换器类型决定

表 6-19　转换指令功能说明

转换指令	数据类型		功能说明
#name	IN	OUT	
BCD_I	BCD 码	INT	将 BCD 码格式的十进制数转换为整型数据
I_BCD	INT	BCD 码	将整型数据转换为 BCD 码格式的十进制。如果溢出，ENO 输出低电平
BCD_DI	BCD 码	DINT	将 BCD 码格式的十进制数转换为双整型数据
DI_BCD	DINT	BCD 码	将双整型数据转换为 BCD 码格式的十进制。如果溢出，ENO 输出低电平
DI_R	DINT	REAL	将双整型数据转换为实数型数据
ROUND	REAL	DINT	按照"四舍五入"规则，将实数型数据转换为双整型数据。如果溢出，ENO 输出低电平
TRUNC	REAL	DINT	按照"向零取整"规则将实数型数据转换为双整型数据。如果溢出，ENO 输出低电平
CEIL	REAL	DINT	按照"向上取整"规则，将实数型数据转换为双整型数据。如果溢出，ENO 输出低电平
FLOOR	REAL	DINT	按照"向下取整"规则，将实数型数据转换为双整型数据。如果溢出，ENO 输出低电平

关于转换指令，有以下几点需要注意：

① BCD_I 和 I_BCD 指令只能转换 3 位有符号的 BCD 码，BCD 数据的范围为 -999 ~ +999。

② BCD_DI 和 DI_BCD 指令只能转换 7 位有符号的 BCD 码，BCD 数据的范围为 -9999999 ~ +9999999。

③ 向零取整指直接将浮点数的小数部分舍弃，保留整数部分；向上取整指将浮点数转换为大于等于该浮点数的最小整数；向下取整将浮点数转换为小于等于该浮点数的最大整数。ROUND、TRUNC、CEIL 和 FLOOR，这些实数转换双整数指令区别见表 6-20。

表 6-20　实数转换双整数指令的区别

转换前	指令	转换后	转换前	指令	转换后
4.6	ROUND	5	-3.8	ROUND	-4
4.6	TRUNC	4	-3.8	TRUNC	-3
4.6	CEIL	5	-3.8	CEIL	-3
4.6	FLOOR	4	-3.8	FLOOR	-4

6. 传送指令

传送 MOVE 指令（见表 6-21）的功能是将 IN 输入端指定地址中的值或常数，复制到 OUT 输出端指定的地址中。

表 6-21　传送 MOVE 指令梯形图及说明

梯形图符号	参数	类别	说明
MOVE EN　ENO IN　OUT	EN	输入端	BOOL 型，高电平触发传送指令执行
	ENO	输出端	ENO 始终与 EN 的逻辑状态相同
	IN	输入端	所有长度为不超过或 32 位的基本类型数据
	OUT	输出端	所有长度为不超过或 32 位的基本类型数据

　　当使用传送指令将某个值传送给不同长度的数据类型时，CPU 会根据情况将多余的高位字节舍弃（见表 6-22）或以 0 填充多余的高位字节（见表 6-23）。这可能导致程序执行结果与预期不一致，甚至程序出错。因此，在使用传送指令时，应尽可能避免这种情况发生。

表 6-22　传送指令舍弃高位字节

被传送的 32 位数据格式		1110	1010	0011	0010	1001	0001	0100	0101
传送 结果	到 32 位数据格式	1110	1010	0011	0010	1001	0001	0100	0101
	到 16 位数据格式					1001	0001	0100	0101
	到 8 位数据格式							0100	0101

表 6-23　传送指令以 0 填充高位字节

被传送的 8 位数据格式		1110	1010	0011	0010	1001	0001	0100	0101
传送 结果	到 8 位数据格式							0100	0101
	到 16 位数据格式					0000	0000	0100	0101
	到 32 位数据格式	0000	0000	0000	0000	0000	0000	0100	0101

7. 算数运算函数指令

（1）整数运算函数

　　STEP 7 的整数运算函数主要包括加法、减法、乘法、除法和求余。除求余函数只能用于双整数计算外，每种运算函数又分为整数型和双整数型两种。整数运算指令及功能说明见表 6-24 和表 6-25。

表 6-24　整数运算指令梯形图及说明

梯形图符号	参数	类别	说明
#name EN　ENO IN2　OUT IN2	#name	无	指令名称，声明运算指令功能
	EN	输入端	BOOL 型，启动转换器，高电平触发
	ENO	输出端	BOOL 型，与转换结果相关
	IN1	输入端	整形或双整形
	IN2	输入端	整形或双整形
	OUT	输出端	整形或双整形

表 6-25　整数运算指令功能说明

指令名称	数据类型			功能说明
#name	IN1	IN2	OUT	
ADD_I	INT	INT	INT	整数加法计算：IN1+IN2=OUT
SUB_I	INT	INT	INT	整数减法计算：IN1−IN2=OUT
MUL_I	INT	INT	INT	整数乘法计算：IN1×IN2=OUT
DIV_I	INT	INT	INT	整数除法计算：IN1÷IN2=OUT
ADD_DI	DINT	DINT	DINT	整数加法计算：IN1+IN2=OUT
SUB_DI	DINT	DINT	DINT	整数减法计算：IN1−IN2=OUT
MUL_DI	DINT	DINT	DINT	整数乘法计算：IN1×IN2=OUT
DIV_DI	DINT	DINT	DINT	整数除法计算：IN1÷IN2=OUT…n（舍弃）
MOD_DI	DINT	DINT	DINT	整数求余计算：IN1÷IN2=n（舍弃）…OUT

关于整数运算指令，有以下几点需要注意：

① 输入端操作数的数据类型要与指令相一致，输出不能寻址常数。

② 整数运算指令的运算结果对 CPU 状态字有影响。

③ 除法不保留余数。

（2）浮点数运算函数

浮点数运算函数包括基本算数运算函数（见表 6-26）和扩展运算函数（见表 6-27 和表 6-28）。基本浮点数运算函数主要包括加法、减法、乘法、除法。

表 6-26　浮点数基本运算指令梯形图及说明

梯形图符号	参数	类别	说明
#name EN　ENO IN2　OUT IN2	#name	无	指令名称，声明运算指令功能 ADD_R　浮点数加法计算：IN1+IN2=OUT SUB_R　浮点数减法计算：IN1−IN2=OUT MUL_R　浮点数乘法计算：IN1×IN2=OUT DIV_R　浮点数除法计算：IN1÷IN2=OUT
	EN	输入端	BOOL 型，启动转换器，高电平触发
	ENO	输出端	BOOL 型，与转换结果相关
	IN1	输入端	IEEE 浮点数（Real）
	IN2	输入端	IEEE 浮点数（Real）
	OUT	输出端	IEEE 浮点数（Real）

表 6-27　浮点数扩展运算指令梯形图及说明

梯形图符号	参数	类别	说明
#name EN　ENO IN　OUT	#name	无	指令名称，声明运算指令功能
	EN	输入端	BOOL 型，启动转换器，高电平触发
	ENO	输出端	BOOL 型，与转换结果相关
	IN	输入端	IEEE 浮点数（Real）
	OUT	输出端	IEEE 浮点数（Real）

表 6-28　浮点数扩展运算指令功能说明

指令名称 #name	功能说明	
ABS	取绝对值运算	$OUT = \mid IN \mid$
SQR	二次方运算	$OUT = IN^2$
SQRT	二次方根运算	$OUT = \sqrt{IN}$
EXP	e 的指数运算	$OUT = e^{IN}$
LN	自然对数运算	$OUT = \ln(IN)$
SIN	正弦函数	$OUT = \sin(IN)$
ASIN	反正弦函数	$OUT = \arcsin(IN)$
COS	余弦函数	$OUT = \cos(IN)$
ACOS	反余弦函数	$OUT = \arccos(IN)$
TAN	正切函数	$OUT = \tan(IN)$
ATAN	反正切函数	$OUT = \arctan(IN)$

扩展运算函数包括取绝对值、二次方运算、二次方根运算、指数运算、自然对数运算和三角函数组成。

8. 移位指令

移位指令用于将输入端地址存放的数据按位进行左移、右移或循环移位。执行移位指令时，最后被移动的位的值保存在状态字的 CC1 中，同时 CC0 和 OV 被置 0。移位指令梯形图及功能说明见表 6-29 和表 6-30。

表 6-29　移位指令通用梯形图及说明

梯形图符号	参数	类别	说明
#name EN　　ENO IN　　OUT N	#name	无	移位指令名，声明移位功能
	EN	输入端	BOOL 型，启动转换器，高电平触发
	ENO	输出端	BOOL 型，与转换结果相关
	N	输入端	WORD 型，指定每次移动位数
	IN	输入端	由转换器类型决定
	OUT	输出端	由转换器类型决定

表 6-30　移位指令功能说明

移位指令名 #name	数据类型		功能说明
	IN	OUT	
SHR_I	INT	INT	向右移位整数，空出位填 0
SHR_DI	L	L	向右移位双整数，空出位填 0
SHL_W	WORD	WORD	向左移位字，空出位填 0
SHR_W	WORD	WORD	向右移位字，空出位填 0
SHL_DW	DWORD	DWORD	向左移位双字，空出位填 0

（续）

移位指令名	数据类型		功能说明
#name	IN	OUT	
SHR_DW	DWORD	DWORD	向右移位双字，空出位填0
ROL_DW	DWORD	DWORD	循环向左移位字
ROR_DW	DWORD	DWORD	循环向右移位字

下面举例说明移位指令的作用。

（1）双字左移指令

双字左移 SHL_DW 指令梯形图示例如图 6-50 所示。已知在前面的程序段 CPU 在 MD0 地址写入 DW#16#BC697457。当 I0.1 闭合时启动移位指令，将存放于 MD0 的数据左移 4 位（高字节舍弃，低字节填充 0），并把结果

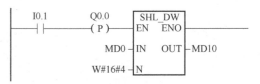

图 6-50　双子字节左移 SHL_DW 指令梯形图示例

DW#16#C6974570 写入到 MD10 中。指令执行后 CC1 位写入最后移动的位值 1，如图 6-51 所示。

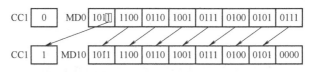

图 6-51　双字左移指令示例示意图

（2）双字右移指令

双字左移 SHR_DW 指令梯形图示例如图 6-52 所示。已知在前面的程序段 CPU 在 MD0 地址写入 DW#16#BC697457。当 I0.1 闭合时启动移位指令，将存放于 MD0 的数据左移 4 位（高字节舍弃，低字节填充 0），并把结果 DW#16#

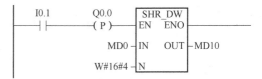

图 6-52　双字右移 SHR_DW 指令梯形图示例

0BC69745 写入到 MD10 中。指令执行后 CC1 位写入最后移动的位值 0，如图 6-53 所示。

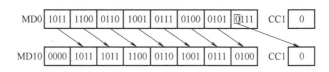

图 6-53　双字右移指令示例示意图

（3）双字循环左移指令

双字循环左移 ROL_DW 指令梯形图如图 6-54 所示。已知在前面的程序段 CPU 在 MD0 地址写入 DW#16#BC697457。当 I0.1 闭合时启动移位指令，将存放于 MD0 的数据循环左移 4 位（高字节循环移入低字节），并把结果 DW#16#C697457B 写入到 MD10 中。指令执行后 CC1 位为 1，如图 6-55 所示。

I0.1
Q0.0
P
ROL_DW
EN
ENO
MD0
IN
OUT
MD10
W#16#4
N

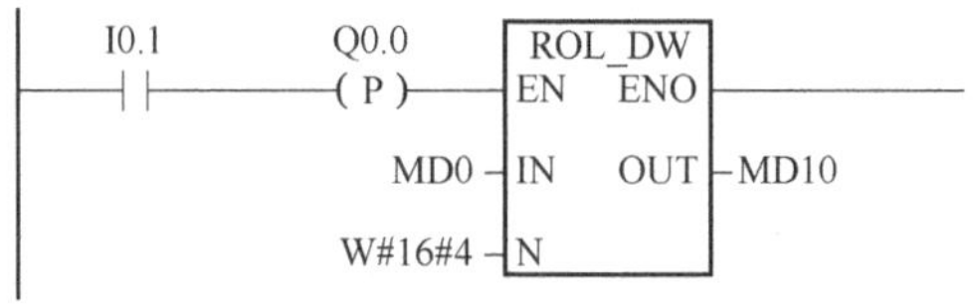

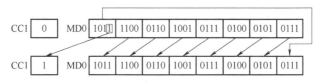

图 6-54　双字循环左移 ROL_DW 指令梯形图示例

CC1
0
MD0
1011
1100
0110
1001
0111
0100
0101
0111
CC1
1
MD0
1011
1100
0110
1001
0111
0100
0101
0111

图 6-55　双字循环左移指令示例示意图

6.2.6　S7-SCL

结构化控制语言（Structured Control Language，SCL）与计算机高级编程语言相近，类似 Pascal 或 VB 编程语言，支持布尔型、整型、实型等基本数据类型及日期时间、指针、用户自定义数据等复杂数据类型，能够构建数学、逻辑、关系等多种表达式，提供循环、枚举、选择等程序控制语句。S7-SCL 加入了 PLC 编程中需要的输入输出、计数器、定时器、位存储器等，提供基本指令、扩展指令、工艺指令及通信指令等丰富的指令，可以满足各种场合 PLC 的控制需求。S7-SCL 尤其适合复杂算法、数学函数预算、统计、过程优化设计和配方管理等方面的应用。

STEP 7 标准版并不包括 S7-SCL 软件包，需要另外单独安装。在 S7 程序中，S7-SCL 块可以与其他语言（如 LAD）生成的程序块相互调用。

1. 常量和变量

常量（constant）是指在程序运行过程中，始终保持数值不变的量。SCL 主要常量类型如下：

① 位常量。

② 数字类常量，整数常量、实数常量。

③ 字符类常量，字符常量、串常量。

④ 时间类常量，日期常量、时长型常量、日时间常量、日期时间常量。

与常量相对应，变量（variable）指在程序运行过程中，其值可以被改变的量。一个变量需包含以下几个相关要素：

① 变量名，用于唯一表示该变量的名称，变量名需满足编程语言命名约定。

② 变量的数据类型，用于表示变量的数据长度和操作方式。

③ 变量的作用域，用于区分变量为全局变量或局部变量。

④ 变量的生命周期，用于定义变量全局有效或临时有效。

在 SCL 编辑器中，前面的语句一般为常量和变量声明语句，包括输入 Input、输出 Output、输入及输出 InOut、临时变量 Temp、常量 Constant 及返回值 Return。在输入 Input、输出 Output、输入及输出 InOut 中声明的变量作为函数块 FC 的形参，可以在上级调用中赋予不同的值。

2. 表达式

表达式用来表示某种关系的结构，由操作符和操作数组成。在程序运行期间，表达式会被执行运算并返回一个结果。SCL 的表达式可以分为算术表达式、比较表达式和逻辑表达式（见表 6-31）。

（1）算术表达式

算术表达式也称为数学表达式，是用来表达两个操作数之间的数学运算关系的表达式。算术表达式的操作符包括赋值运算、幂运算、一元运算、基本算术运算等。

（2）比较表达式

比较表达式用于表示两个操作数之间的大小关系。比较表达式的运算结果是一个布尔型的变量，当表达式关系成立时，结果的值为真 TRUE；否则，结果的值为假 FALSE。

（3）逻辑表达式

逻辑表达式用来表示逻辑上的"与""或""非""异或"等关系。逻辑表达式是将操作数按位（bit）进行逻辑运算，其结果的数据类型取决于操作数的数据类型。例如，两个布尔型的数据进行逻辑运算时，其结果为布尔型变量；若 2 个字类型的数据 WORD 进行逻辑运算，其结果为字数据 WORD；如果一个字节型数据 BYTE 与字数据 WORD 进行逻辑运算，其结果的数据类型仍然为字数据 WORD。

表 6-31　表达式类型

类别	操作	符号	类别	操作	符号
赋值操作	赋值	：=		小于	<
算术运算	幂	＊＊	比较运算	大于	>
	一元加	+		小于或等于	<=
	一元减	−		大于或等于	>=
	乘法	＊		等于	=
	除法	/		不等于	<>
	取模函数（求余）	MOD	逻辑运算	非	NOT
	整除	DIV		与	ANDor&
	加法	+		异或	XOR
	减法	−		或	OR
括号	括号	（）			

3. 控制语句

控制语句用于控制程序的流程，SCL 提供的控制语句主要包括选择语句、循环语句和程序跳转语句三类。

（1）选择语句

选择语句根据某些条件是否满足，来选择性的执行代码。选择结构包括 IF 语句和 CASE 语句。

1）IF 语句

根据条件是 TRUE 或 FALSE，来支配两个分支之一的程序运行。程序示例如下：

```
IF I0.1 THEN
    //初始化
    N:=0;
    SUM:=0;
    OK:=FALSE;
ELSIF START=TRUE THEN
    //累加
    N:=N+1;
    SUM:=SUM+N;
ELSE
    //停止
    OK:=FALSE;
END_IF;
```

程序执行时，首先判断 I0.1 的值，如果为 TRUE，则执行初始化部分的语句；然后再判断 START 的值，如果为 TRUE，则执行累加部分的语句；否则停止执行，并将标志位 OK 置 FALSE。

2）CASE 语句

通过使用 CASE 语句，可以使用 1 个变量来控制多个分支的选择执行。程序示例如下：

```
CASE INFO OF
    1:     DISPLAY:=OVEN_TEMP;
    2:     DISPLAY:=MOTOR_SPEED;
    3:     DISPLAY:=GROSS_TARE;
           QW4:=16#0003;
    4..10:DISPLAY:=INT_TO_DINT(TW);
           QW4:=16#0004;
    11,13,19:DISPLAY:=99;
           QW4:=16#0005;
ELSE:
    DISPLAY:=0;
    INFO_ERROR:=1;
END_CASE;
```

上面的程序段表达了在不同的 INFO 值条件下，对 DISPLAY 和 QW4 变量进行赋值。

（2）循环语句

循环语句根据某些条件是否满足，来决定某段代码是否反复执行。循环语句，包括 FOR 语句、WHILE 语句和 REPEAT 语句。

1）FOR 语句

FOR 语句多用于以规定的执行次数来执行某段代码。程序示例如下：

```
FOR INDEX:=1 TO 50 DO
              N=N+1;
        END_FOR;
```

上面的程序段表达了对 N 的值进行 50 次的自增加运算。

2）WHILE 语句

根据条件是 TRUE 或 FALSE 来决定程序段是否循环运行。程序示例如下：

```
WHILE I0.0 DO
    N=N+1;
END_FOR;
```

上面的程序段表达了，当 I0.0 为 TRUE 时，对 N 的值反复累加；当 I0.0 为 FALSE 时，则停止累加。

3）REPEAT 语句

REPEAT 语句用于重复执行某段代码，直到满足某种条件为止。程序示例如下：

```
REPEAT
    N:=N+1;
    UNTIL N>50;
END_REPEAT;
```

上面的程序段表达了对 N 的值反复累加，直到 N 的值大于 50。

（3）程序跳转语句

程序跳转语句也叫转向语句，用于直接控制程序段的执行顺序，包括 CONTINUE 语句、EXIT 语句、GOTO 语句和 RETURN 语句。

1）CONTINUE 语句

CONTIUNE 语句，用于终止当前循环语句的重复执行。

2）EXIT 语句

EXIT 语句，用来在任意点退出循环，而不管终止条件是否满足。

3）GOTO 语句

GOTO 语句，引起程序立即跳转到指定标号。

4）RETURN 语句

RETURN 语句，退出当前活动块（OB，FB，FC）并返回调用块。

4. S7-SCL 编程举例

下面使用 SCL 增加一个程序块。

① 新建项目，插入 "SCL 源文件"，如图 6-56 所示。

② 通过双击 "SCL 源文件"，进入 SCL 编程环境。使用插入程序块命令添加需要的程序块类型，本例添加一个 FC 块（见图 6-57）。

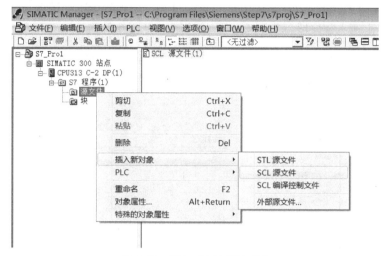

图 6-56 插入 "SCL 源文件"

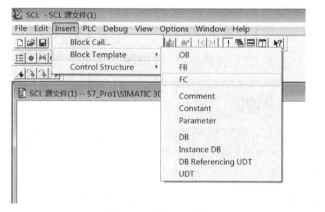

图 6-57 插入 FC 块

③ 将新建的 FC 块命名为 FC1 并修改代码（见图 6-58），并进行编译。

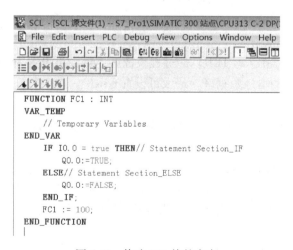

图 6-58 修改 FC1 块的内容

④ 返回 SIMATIC Manager，在块中找到新建的 FC1。进入 OB1 块的编辑界面，可以从左侧 FC 块中将 FC1 拖入程序段，实现对 FC1 的调用（见图 6-59）。

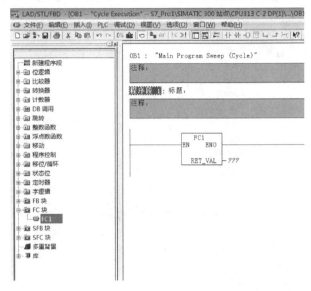

图 6-59　FC1 的调用

6. 2. 7　S7-PLCSIM 仿真调试

S7-PLCSIM 在 STEP 7 专业软件包的编程环境下，主要用于 PLC 软件开发后的仿真调试。开发过程中，工程师可以通过使用 PLCSIM，随时在 PG/PC 上进行不依赖 PLC 硬件的程序测试，以便于及时发现开发错误，降低开发成本，加速开发进程，提高程序质量。但是，PLCSIM 不能完全代替真实的 PLC，在仿真调试结束后，仍需要进行现场调试。

1. S7-PLCSIM 的特性

S7-PLCSIM 可以仿真成一个具有以下资源的 S7 控制器：

① 2048 个定时器，定时器编号为 T0～T2047。

② 16KB 的 M 存储器地址。

③ 16KB 的 I/O 地址范围。

④ 默认提供 1024 字节（即 1KB）的过程映像区，最大可设置 16KB。

⑤ 默认提供 32KB 的本地数据区，最大可设置 64KB。

此外，S7-PLCSIM 还具备以下特性：

① 可插入视图访问 I/O 寄存器、中间寄存器、定时器、计数器和数据块，支持符号地址的访问方式。

② 可使定时器自动或手动运行。

③ 可切换 CPU 操作模式，包括 RUN、RUN-P 和 STOP 模式。此外，PLCSIM 提供 PAUSE 模式，用户可通过该功能暂停程序执行而不影响 CPU 状态。

④ 提供单周期扫描模式。

⑤ 可以使用中断 OB 来测试程序逻辑。

⑥ 可以使用所有的 STEP 7 工具来监视和调试 S7-PLCSIM。

2. S7-PLCSIM 的调用

可以通过单击"SIMATIC Manager"的"选项"→"模块仿真"或工具栏的" ☀ "图标启动仿真器。

3. S7-PLCSIM 菜单功能

① File 菜单。通过 File 菜单的"Save PLC As"选项，可将当前模拟的 PLC 系统存储为文件，在下一次使用时，可以通过 File 菜单的"Open PLC"直接打开该文件，而不需要重新下载，方便调试。

② View 菜单。用于选择查看 PLC 内部的累加器、地址寄存器、状态字和堆栈等资源。

③ Insert 菜单。用于插入如 I/O 寄存器、中间寄存器、定时器、计数器等编程元件来模拟各种工况。

④ PLC 菜单。用于模拟真实 PLC 的上电或状态，实现内存复位操作。

⑤ Execute 菜单。提供用于调试的各类扩展功能，如工作模式转换、单扫描周期运行、暂停、定时器手动设置、复位定时器等。

⑥ Tools 菜单。常用其中的录制/回放功能进行工况模拟。编程人员可以将手工模拟过程录制成多个时间文件来对应不同的工况。当需要对某一工况进行反复调试时，只需要调用该工况对应的时间文件而不必反复由人工进行手动输入。

6.3 PLC 的通信协议

在进行网络通信时，通信双方为交换信息而建立的规定或约定称为通信协议。在 PLC 网络中使用的通信协议可分为两类：通用协议和公司专用协议。通用协议多用于 PLC 网之间的互联和 PLC 网与其他局域网的互联。专用协议一般只有物理层、链路层及应用层三层，用于传送过程数据和控制命令等信息短但实时性要求高的数据。下面简要介绍 S7-300PLC 常用的通信协议。

1. MPI

多点接口通信（Multi Point Interface，MPI）协议是德国西门子公司开发的用于 PLC 之间通信的保密通信协议。通过它可组成一个小型 PLC 通信网络，实现 PLC 之间的少量数据交换。每个 S7-300 CPU 都集成了 MPI 协议，不需要额外的软件和硬件就可以实现网络化。

2. PROFIBUS

PROFIBUS 是国际标准 IEC 61158 规范的 10 种现场总线之一，是一种开放式的现场总线（FieldBus）。现场总线定义是"安装在生产过程区域的现场设备/仪表与控制室内的自动控制装置/系统之间的一种串行、数字式、多点通信的数据总线。"PROFIBUS 提供了以下三种通信协议类型：

（1）PROFIBUS-DP（Decentralized Periphery，分布式外设）

使用 RS-485 传输技术，在用户接口中规定了 PROFIBUS-DP 设备的应用功能，以及各种类型的系统和设备的行为特性。PROFIBUS-DP 的最高传输速率达到 12Mbit/s，特别适用于 PLC 与现场级分散的 I/O 设备之间的高速通信。

（2）PROFIBUS-PA（Process Automation，过程自动化）

用于过程自动化系统中现场传感器和执行器之间的低速数据传输。PROFIBUS-PA 物理层匹配 IEC 61158-2 标准，是一种本质安全的通信协议，可用于防爆区域。由于使用网络供电，PROFIBUS-PA 的通信速率为 31.25Kbit/s。

3. 工业以太网

工业以太网本质上是在以太网协议中封装特殊的工业协议，确保在需要执行规定操作的设备能够发送和接收正确的信息，达到工业现场环境的应用要求。常见的工业以太网主要采用下列 4 种协议。

（1）Modbus TCP/IP

它是首个推出的工业以太网协议，它质是一种传统的 Modbus 通信，在以太网传输层压缩，用于在控制设备之间传递离散数据。模式为主从通信，其中"从"节点在没有来自"主"节点的请求的情况下不会发送数据，因此不被视为真正的实时协议。

（2）EtherCAT 协议

它可为自动化系统提供主/从配置的实时通信。EtherCAT 的关键要素是所有联网从机都能够从数据包中仅提取所需的相关信息，并在向下游传输时将数据插入帧中，通常称为"飞速"通信。

（3）EtherNet TCP

它是唯一一个完全基于以太网标准并使用标准以太网的物理层、网络层和传输层的工业以太网协议。因此，EtherNet TCP 可支持无限数量的节点。然而，要求限制距离，以避免延迟并支持实时通信。

（4）PROFINET

它是德国西门子公司与 PROFIBUS 用户组织成员共同开发的应用协议。它吸纳了多年积累的 PROFIBUS 和工业以太网的技术诀窍，利用集成自有设备中的特殊交换机，本质上将 PROFIBUS I/O 控制器通信扩展至以太网。

6.4 PLC 控制系统设计

6.4.1 基本设计原则

对于同一个控制任务，不同设计者设计出来的方案可能风格迥异，但系统的基本设计原则是不变的。在设计 PLC 控制系统时，应遵循的基本原则如下所述。

（1）充分满足各项要求

在进行控制系统设计前，设计人员应搜集与控制对象相关的技术资料，深入现场进行考察，与机械部分设计人员和操作手充分沟通，密切配合，梳理控制任务需具备的详细功能，共同制定电气控制方案，满足控制任务的各项技术指标和控制任务需求。

（2）保证系统安全可靠

可靠性是一个控制系统的生命线，不能安全可靠运行的 PLC 控制系统是无法投入使用的。因此，在以保证生产安全为目标的应用场合，尤其是航天发射领域的控制系统设计，必须将系统的安全可靠性放在首位。

（3）系统结构力求简单

简单的系统具备经济性和实用性等特点，在能够满足系统控制任务需求，确保系统安全可靠的前提下，应尽可能使控制系统结构简单，便于使用和维护。

（4）留有扩展空间

考虑到后续系统功能的改进、控制任务的增加及系统维护的需求等可能增加的要求，在选择 PLC 容量时，应当留有余量。

6.4.2　设计过程

PLC 控制系统设计流程图如图 6-60 所示。

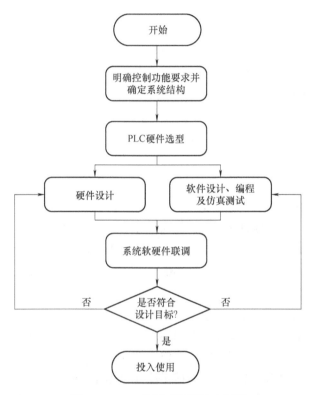

图 6-60　PLC 控制系统设计流程图

（1）明确控制功能要求并确定系统结构

在进行 PLC 控制系统设计之前，设计人员首先要明确控制任务，对控制对象的设备性能、工艺流程进行深入研究；然后，根据受控对象的功能要求，梳理输入和输出接口的类型和数目；最后，通过分解控制任务，详细梳理控制需求并确定控制方式、约束条件及设计要求等内容。

在明确控制功能要求后，设计人员就可以对 PLC 控制结构进行确定。PLC 系统结构包括单机控制系统、集中控制系统和分布式控制系统。

单机控制系统：由 1 台 PLC 控制 1 台设备，如图 6-61 所示。

集中控制系统：由 1 台 PLC 控制多台设备，如图 6-62 所示。

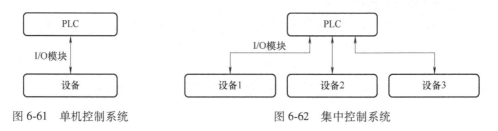

图 6-61　单机控制系统　　　　　　　　　　　图 6-62　集中控制系统

分布式控制系统：由多台 PLC 控制不同的设备，上位机通过数据总线与多台 PLC 连接，各 PLC 之间也存有信息交互，如图 6-63 所示。

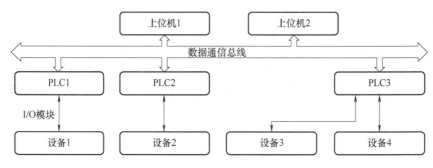

图 6-63　分布式控制系统

（2）PLC 硬件选型

选择 PLC 硬件时，应在满足系统控制要求和保证系统安全可靠的前提下，尽可能使系统维护简单并具备较高的性价比。根据已确定设备的 I/O 接口，统计系统需要的 I/O 点数，在充分考虑余量的基础上（一般为 20%～30%），确定点数相当的 PLC 机型。

（3）硬件设计

对 PLC 外部设备的设计称作硬件设计。在进行硬件设计时，设计人员要选择输入设备（如开关、按钮等）、输出设备（如继电器线圈、指示灯等）和设计控制柜（台）等。对系统 I/O 地址进行分配，在地址分配表中，应包含地址、设备编号、名称和功能。为便于软件设计，也可以为计数器、定时器等各类编程元件分配地址。硬件设计完成后就可以进行设备的连接安装。

（4）软件设计、编程及仿真测试

在进行硬件设计的同时，可以进行软件系统的设计工作。软件设计编程就是用梯形图等语言编写控制程序的工作，是整个 PLC 选用设计的核心部分。这要求技术人员既熟悉控制工艺流程，又要具备一定的电气实践经验。

软件编写完成后，需要对程序进行运行调试，大多数 PLC 厂商都提供有模拟仿真调试软件。技术人员要按照从上到下、先局部后整体的顺序，反复对软件进行模拟调试，尽可能的排除编码过程中存在的语法及逻辑错误。在确定没有明显问题后，才可以将程序下载到现场 PLC 中。

（5）系统软硬件联调

这是最后，也是最关键的一步。首先，仔细检查 PLC 设备外部接线，确保线路连接正确，无接错、漏接或虚接等情况。接线检查完毕后，对系统进行单点调试，保证输入信号能够准确无误地传入 PLC，输出信号能够正确发送给受控设备。然后，进行功能联调，反复运行，反复修改软件，直到控制系统功能满足要求。

PLC 系统设计完成后，要编制相关技术文件，包括总体说明、PLC 外部接线图、控制电气原理图、PLC 软件程序和使用说明等，随系统一起交付给用户。

6.5　S7-300 程序设计举例

6.5.1　单按钮启动/停止控制程序

在大多数电气控制中，启动和停止操作是通过两个按钮分别控制的。但是，有时为了节约输入点，可采用单按钮启动/停止方案。图 6-64 所示为单按钮启动/停止控制程序梯形图示例，该示例中假设某设备的启动/停止按钮接在 I0.0，Q0.0 连接到该设备的运行开关上。当第 1 次按下按钮时（I0.0）使辅助继电器 M0.0、M0.1 及 Q0.0 为 TRUE，实现启动控制。在后续的扫描周期内，尽管 I0.0 已经自复位，但由于 Q0.0 的自锁作用，设备将始终处于运行状态。当第 2 次按下按钮时，M0.0 线圈被接通使 Q0.0 变为 FALSE，实现停止控制。在后续的扫描周期内，I0.0 按钮复位，M0.0、M0.1、M0.2 及 Q0.0 均为 FALSE，控制程序恢复原始状态。

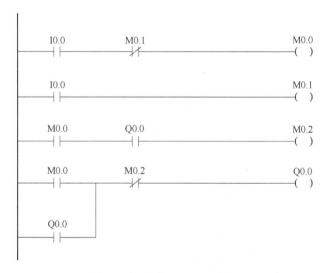

图 6-64　单按钮启动/停止控制程序梯形图示例

6.5.2　三相交流异步电动机的丫-△起停控制程序

1. 电气线路接线

三相交流异步电动机丫-△起停控制，适用于正常运行时绕组为△联结的三相交流异步电动机。三相交流异步电动机的丫-△起动电路原理图如图 6-65 所示。图中，QS 为主电源总开关；KM1-1 为电源主路交流接触器；KM丫-1 为丫联结接触器，当 KM丫-1 常开触头接通时，电动机定子为丫联结；KM△-1 为△联结接触器，当 KM△-1 常开触头接通时，电动机定子接线为△联结；KM△-1 和 KM丫-1 的常开触点不可以同时接通。

2. I/O 地址分配

PLC 控制接线图示意图如图 6-66 所示，系统 I/O 地址分配情况见表 6-32。

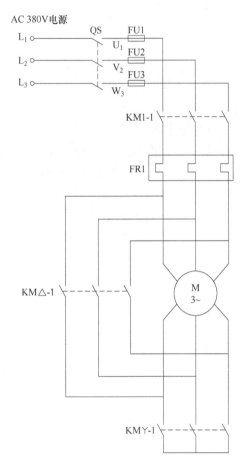

AC 380V电源

图 6-65　三相交流异步电动机丫-△起动电路原理图

DC 24V电源

S7-300 PLC

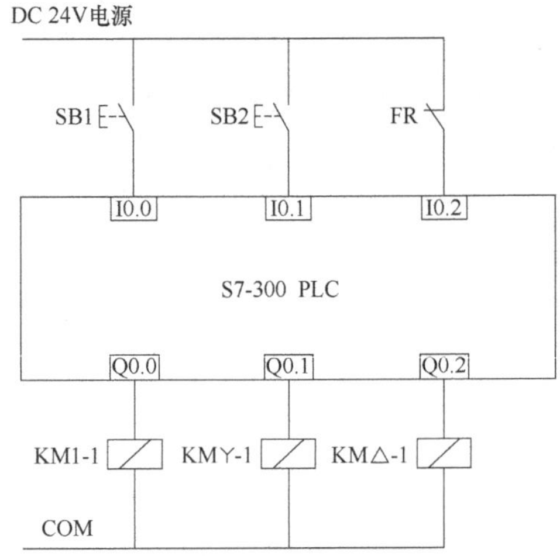

图 6-66　PLC 控制接线示意图

表 6-32　系统 I/O 地址进行分配表

地址	设备编号	功能	地址	设备编号	功能
I0.0	SB1	起动电动机按钮	Q0.0	KM1-1	主接触器
I0.1	SB2	停止电动机按钮	Q0.1	KM丫-1	丫联结接触器
I0.2	FR	过热继电保护器	Q0.2	KM△-1	△联结接触器
T01	—	接通延时继电器			

3. PLC 控制程序

三相交流异步电动机丫-△起动 PLC 控制程序梯形图如图 6-67 所示。系统控制过程如下：

① 按下起动电动机按钮，主接触器接通 KM1-1，同时 KM丫-1 接通，延时定时器启动。

此时，电动机定子是Ｙ联结，定子相电压为额定电压的 $1/\sqrt{3}$，起动转矩为额定值的 1/3。

② 当定时器延时时间到，接通接触器 KM△-1，断开接触器 KM Ｙ-1。此时，电动机定子是△联结，定子电压恢复为额定电压。

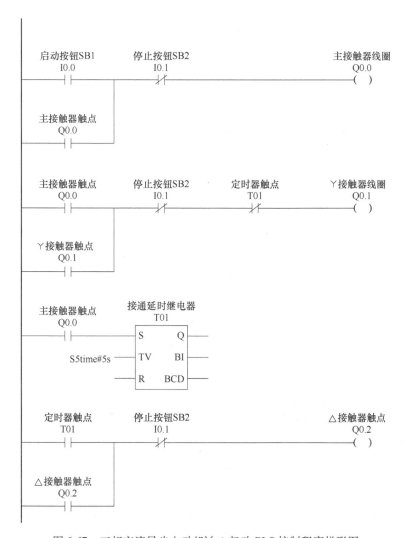

图 6-67　三相交流异步电动机Ｙ-△起动 PLC 控制程序梯形图

6.5.3　S7-300 通过 PROFIBUS 总线控制变频器

变频器在工业控制系统中广泛用于控制交流电动机。本项目采用 S7-300 PLC 通过 PROFIBUS 总线与变频器通信，从而实现对 1 台异步电动机的控制，其控制电路连接拓扑如图 6-68 所示。

1. 控制过程

① 上位机通过工业以太网（Ethernet）向 PLC（S7-300）发送电动机（M）控制指令和参数，如启停、方向、频率等。

② PLC 通过 PROFIBUS 总线，将控制指令和参数发送给变频器，控制电动机动作。

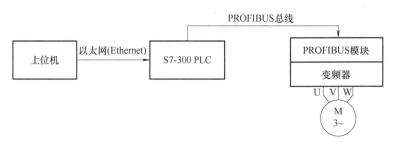

图 6-68 S7-300 PLC 通过 PROFIBUS 总线与变频器通信的控制电路连接拓扑

③ PLC 将变频器返回的 M 电动机运行状态数据通过以太网（Ethernet）发送给上位机进行检测。

2. 硬件组态

硬件组态如图 6-69 所示，具体步骤如下：

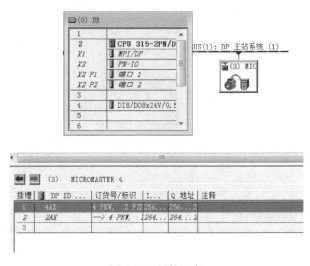

图 6-69 硬件组态

① 打开"SIMATIC Manager"并利用向导新建项目，选择带有 DP 通信功能的 S7-300 系列 CPU，本项目使用的是 CPU315-2 PW/DP。

② 进入硬件组态界面，选中导轨位置 4，插入 SM323 DI 8/DO 8×24V 模块。选中 CPU 的 MPI/DP 接口，添加主站系统。

③ 在硬件组态界面选中"PROFIBUS（1）：DP 主站系统（1）"，从右侧硬件目录中添加 2 个 MICROMASTER 4（位置为 PROFIBUS-DP→SIMOVERT→MICROMASTER 4），打开 MICROMASTER 4 的属性参数，修改地址为 3。

④ 选中从站，从右侧硬件目录中添加 4PKW/2PZD（PPO1）模块，添加后系统会自动为其配置地址。其中，PPO 是指用于 PROFIBUS-DP 主站到变频器的通信类型。

3. PZD 和 PKW 的含义

通信报文有效的数据块分为 PKW（过程数据）区和 PZD（参数识别数值）区，通信报文结构如图 6-70 所示。

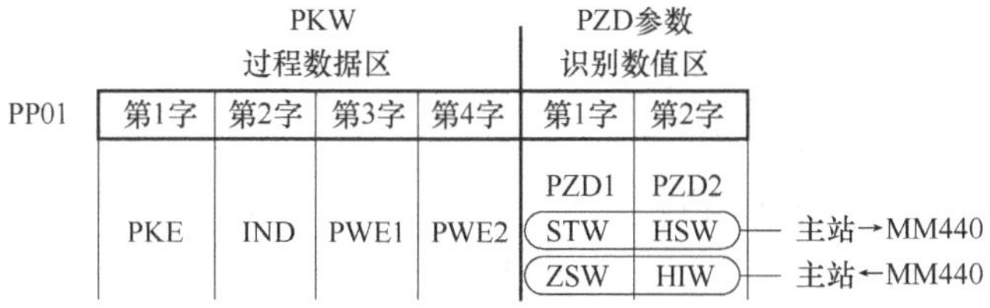

图 6-70　通信报文结构

（1）PZD 区

PZD 区是专门设计用于控制和监测变频器的，因此处理优先级最高且总是传送当前最新的有效数据。在 PZD 任务报文中，STW 是变频器的控制字。STW 各位含义见表 6-33。

表 6-33　STW 各位含义

位	说明	TRUE 状态	FALSE 状态	位	说明	TRUE 状态	FALSE 状态
00	ON（斜坡上升）/OFF1（斜坡下降）	是	否	08	正向点动	是	否
01	OFF2（惯性停车）	否	是	09	反向点动	是	否
02	OFF1（快速停车）	否	是	0A	由 PLC 控制	是	否
03	脉冲使能	是	否	0B	设定值反向	是	否
04	RFG 使能	是	否	0C	保留位	—	—
05	RFG 开始	是	否	0D	用 MOP 升速	是	否
06	设定值使能	是	否	0E	用 MOP 降速	是	否
07	故障确认	是	否	0F	本机/远程控制	是	否

HSW 是主频率设定值，来自主设定值信号源。HSW 是以十六进制的格式发送，即 4000（hex）规格化为变频器设定的频率。例如，变频器设定频率为 50Hz，则设定值 2000（hex），即规格化为 25Hz。HIW 是主要运行参考实际值，通常其定义为变频器的实际输出频率。

（2）PKW 区

PKW 区的第 1 个字（参数识别标识 PKE）、第 2 个字（索引 IND）组合为关于主站请求的任务或应答报文的类型信息。PKW 区的第 3 个、第 4 个字规定了报文中要访问的变频器的参数值（PWE）。

4. 地址分配

I/O 地址分配表见表 6-34。

建立数据块 DB1，将数据块中的数据地址与从站（变频器）中的 PKW/PZD 数据区相对应，数据块结构如图 6-71 所示。

表 6-34 I/O 地址分配表

地址	名称	说明	地址	名称	说明
I0.0	M1_Start	电动机 M1 起动	M0.5	PC_M1_Error	变频器 1 故障确认
I0.1	M1_Stop	电动机 M1 停止	Q0.0	M1_Run_Sta	电动机 M1 运行状态
I0.2	M1_Direct	电动机 M1 方向	MW30	PC_M1_Spd_Set	电动机 M1 速度设定，单位为 100r/min
M0.0	PC_M1_Start	上位机控制电动机 M1 起动	MD34	M1_Spd	电动机 M1 实际速度，单位为 r/min
M0.1	PC_M1_Stop	上位机控制电动机 M1 停止	MD38	M1_100Spd	电动机 M1 实际速度，单位为 100r/min
M0.2	PC_M1_Direct	电动机 M1 方向			

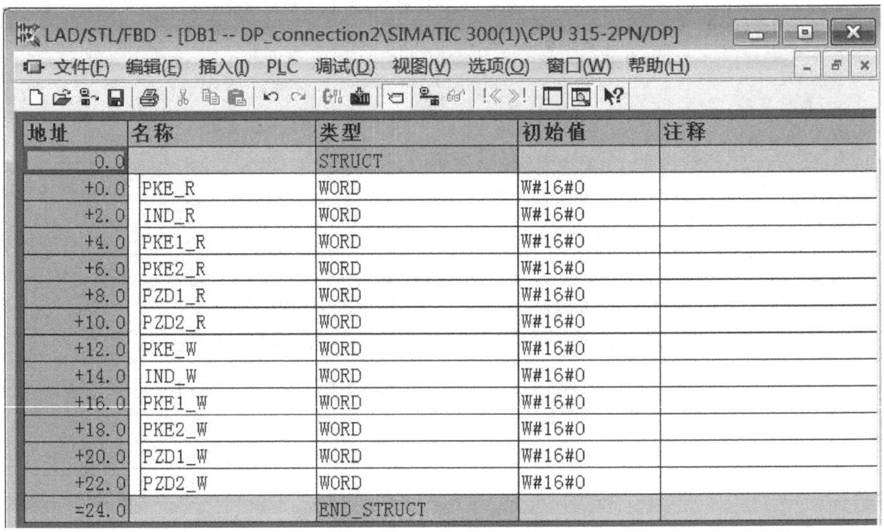

地址	名称	类型	初始值	注释
0.0		STRUCT		
+0.0	PKE_R	WORD	W#16#0	
+2.0	IND_R	WORD	W#16#0	
+4.0	PKE1_R	WORD	W#16#0	
+6.0	PKE2_R	WORD	W#16#0	
+8.0	PZD1_R	WORD	W#16#0	
+10.0	PZD2_R	WORD	W#16#0	
+12.0	PKE_W	WORD	W#16#0	
+14.0	IND_W	WORD	W#16#0	
+16.0	PKE1_W	WORD	W#16#0	
+18.0	PKE2_W	WORD	W#16#0	
+20.0	PZD1_W	WORD	W#16#0	
+22.0	PZD2_W	WORD	W#16#0	
=24.0		END_STRUCT		

图 6-71 数据块结构

5. 程序编辑

（1）异步电动机的起停控制

图 6-72 所示为异步电动机起停控制程序梯形图。

（2）读写过程数据 PZD（见图 6-73）

变频器过程数据的读写采用 STEP 7 自带的系统功能块 SFC14 和 SFC15。其中，SFC14（“DPRD_DAT”）用于批量读 PROFIBUS 从站（变频器）的数据，可以将从站返回数据写入 DB 块中；SFC15（“DPWR_DAT”）用于将数据写入 PROFIBUS 从站（变频器），PLC 可以将命令数据先写入 DB 块相应变量，再通过 SFC15 发送给变频器，从而达到控制变频器的目的。

从站（变频器）的 PZD 数据起始地址为 W#16#108，按照约定的编码形式读取状态字和频率值信息，读取后的数据存入 DB1. DBX8.0 开始后的 4 个字节。SFC15 符号名为 DPWR_DAT，用于 PLC 向从站写入数据。PLC 将 DB1. DBX20.0 开始后的 4 个字节数据即控制字和主频率值信息，写入从站。

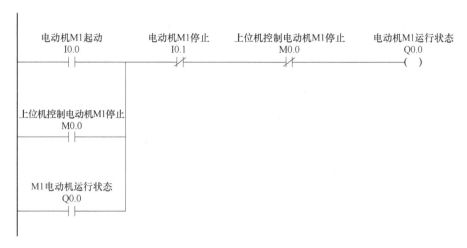

图 6-72　异步电动机起停控制程序梯形图

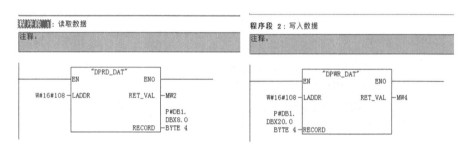

图 6-73　读写过程数据 PZD

（3）电动机 M1 的起停控制（见图 6-74）

对控制字第 0 位进行控制，从上位机设定频率。停止变频器控制电动机 M 就是将变频器的控制字 STW 写为 047Eh。开启变频器 1 控制的电动机 M1 就是将变频器的控制字 STW 由 047Eh 变为 047Fh，设定值从数据块 DB1 中传送，变频器按 DB1.DBW22 中的频率值（初始值为 2000，即 25Hz）运行。

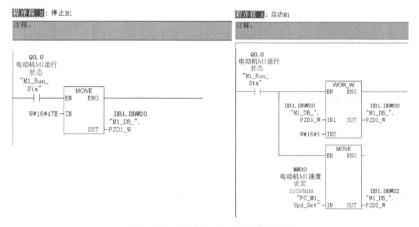

图 6-74　电动机 M1 的起停控制

（4）读取电动机的实际运行速度

通过访问从站的 PKW 区（见图 6-75）来获得电动机的实际运行速度，同样是采用系统功能块 SFC14 和 SFC15 实现。

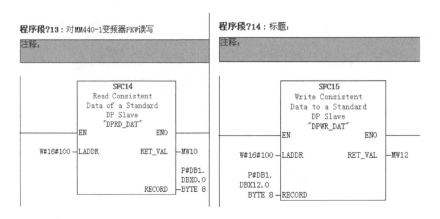

图 6-75　PKW 数据读写

变频器 r0022 地址的参数值为转子真实速度（见图 6-76），0022=16h，因此，PLC 赋值 1016h，0000h 分别给 DB1.DBW12，DB1.DBW14（对应 PKE，IND）。从站收到请求后则返回 PWE 两字（浮点型）数据到 DB1.DBW4，DB1.DBW6，程序赋值给 MD34（实型数据），此为电动机 M1 真实速度值（r/min）。

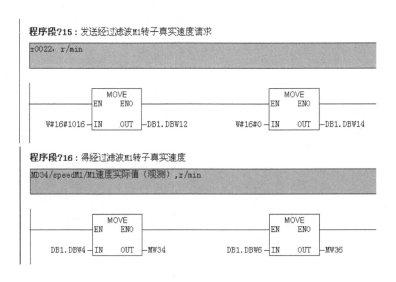

图 6-76　实际速度获取

（5）上位机控制

上位机通过修改 PLC 中 DB1.DBW22 的值来改变电动机的转速，再读取 MD34 用于显示实际电机的运转速度。

6. 6　小结

　　本章详细介绍了 PLC 相关知识。这里需要说明的是，对于绝大部分工程技术人员而言，梯形图由于直观、简洁等特点，应该是软件设计的第一选择。但是，也不难看出，梯形图在逻辑方面有优势，但是在数据处理（如对采样数据进行平滑、滤波）、数学运算（如在空调控制中需要计算的空气饱和蒸汽压力）等方面，明显不如 SCL 方便、简单。因此，建议读者以梯形图为主、SCL 为补充选择学习内容。

　　正如本章所写，国产 PLC 发展较快、技术进展也比较大。限于应用普及性，本章对国产 PLC 的开发没有涉及。但是，本书第 9 章中的加注系统开发实例，则采用了中电智能科技有限公司的超御系列产品，其涉及的技术及方法，请读者朋友们自行查阅相关资料。

第 7 章 触摸屏

随着工业自动化的发展，基于 PLC、嵌入式控制器和 PC 的自动化系统与自动化设备越来越普及，与之相应的人机交互系统也应运而生，并得到同步发展。液晶显示工业触摸屏是人机交互系统中常用的设备，高可靠、长寿命、高性能的触摸屏日益受到自动化系统集成商、自动化设备制造商的广泛采用。

本章内容涉及触摸屏的工作原理及选型，并以威纶通触摸屏为例，介绍 MT8103 及其人机界面组态软件 EasyBuilder Pro。通过本章的学习，希望读者能够具备 MT8103 及同系列人机界面产品的组态应用能力，也可以很快熟悉其他品牌和型号产品。

7.1　概述

触摸屏是使用户能利用手指或其他介质与屏幕接触，直接进行信息交互的一种输入设备。在工业现场，触摸屏是首选的接口设备。相比键盘、鼠标、轨迹球等设备，触摸屏具有易于使用、易于掌握、操作故障率低等优势。

从安装方式来看，触摸屏有外挂式、内置式和整体式。外挂式触摸屏就是将触摸屏系统的触摸检测装置直接安装在显示设备的前面，这种触摸屏安装简便，非常适合临时使用。内置式触摸屏是把触摸检测装置，安装在显示设备的外壳内，显像管的前面。在制造显示设备时，将触摸检测装置制作在显像管上，使显示设备直接具有触摸功能，这就是整体式触摸屏。

作为人机界面的一种，"触摸屏"包含 HMI 硬件和相应的专用画面组态软件。一般情况下，不同厂商的 HMI 硬件使用不同的画面组态软件，连接的主要设备是 PLC。常见的工控触摸屏品牌包括威纶通、西门子、欧姆龙、施耐德、三菱、台达、昆仑通态及国产超御触摸屏产品。

7.2　工作原理及特点

触摸屏由触摸检测部件和触摸屏控制器组成。触摸检测部件安装在显示器屏幕前面，用于检测用户触摸位置并发送给触摸屏控制器。触摸屏控制器的主要作用是从触摸点检测装置上接收触摸信息，并转换成触点坐标送给 CPU，同时接收 CPU 发来的命令并加以执行。

按照触摸屏的工作原理和传输信息的介质，可以把触摸屏分为 4 种，分别为电阻式、电容感应式、红外线式及表面声波式。

7.2.1　电阻式触摸屏

这种触摸屏利用压力感应进行控制。电阻触摸屏的主要部分是一块与显示器表面紧密配合的电阻薄膜屏。这是一种多层的复合薄膜，以一层玻璃或硬塑料平板作为基层，表面涂有一层透明氧化金属（透明的导电电阻）导电层，上面再盖有一层外表面硬化处理、光滑防擦的塑料层。它的内表面也涂有一层涂层，在其之间有许多细小的（小于 1/1000in）的透明隔离点把两层导电层隔开绝缘。当手指触摸屏幕时，两层导电层在触摸点位置就有了接触，电阻发生变化，在 X 和 Y 两个方向上产生信号，然后送触摸屏控制器。控制器侦测到这一接触并计算出（X，Y）的位置，再根据模拟鼠标的方式运作。这就是电阻技术触摸屏的最基本的原理。

电阻类触摸屏的关键在于材料科技，常用的透明导电涂层材料如下：

① ITO（氧化铟），弱导电体。其特性是当厚度降到 1800Å（1Å = 0.1nm）以下时会突然变得透明，透光率为 80%，再薄下去透光率反而下降，到 300Å 厚度时又上升到 80%。ITO 是所有电阻技术触摸屏及电容技术触摸屏都用到的主要材料，实际上电阻和电容技术触摸屏的工作面就是 ITO 涂层。

② 镍金涂层材料。五线电阻触摸屏的外层导电层使用的是延展性好的镍金涂层材料，外导电层由于频繁触摸，使用延展性好的镍金材料是为了延长使用寿命，但是工艺成本较为高昂。镍金导电层虽然延展性好，但是只能作透明导体，不适合作为电阻触摸屏的工作面。这是因为它导电率高，而且金属不易做到厚度非常均匀，不宜作电压分布层。

7.2.2　电容式触摸屏

电容式触摸屏是利用人体的电流感应进行工作的，是一块 4 层复合玻璃屏。玻璃屏的内表面和夹层各涂有一层 ITO，最外层是一薄层二氧化硅玻璃保护层，夹层 ITO 涂层作为工作面，4 个角上引出 4 个电极，内层 ITO 为屏蔽层以保证良好的工作环境。当手指触摸在金属层上时，由于人体电场，用户和触摸屏表面形成一个耦合电容，对于高频电流来说，电容是导体，于是手指从接触点吸走一个很小的电流。这个电流从触摸屏的 4 个角上的电极中流出，并且流经这 4 个电极的电流与手指到 4 角的距离成正比，控制器通过对这 4 个电流比例的精确计算，得出触摸点的位置。

电容式触摸屏的透光率和清晰度优于 4 线电阻屏，但还不如和表面声波屏和五线电阻屏。从显示效果上来看，电容屏反光严重，还存在色彩失真问题，而且由于光线在各层间反射，容易造成图像字符模糊。从使用角度看，当较大面积手掌或手持导体物靠近而不触摸电容屏时就能引起电容屏的误动作，在潮湿的天气，这种情况尤为严重。其另一个缺点是，用戴手套的手或手持不导电的物体触摸时没有反应，这是因为增加了更为绝缘的介质。从性能和准确度角度看，电容屏更主要的缺点是漂移，如环境温度、湿度或环境电场发生改变，都会引起电容屏的漂移，造成不准确。例如，开机后显示器温度上升会造成漂移；用户触摸屏幕的同时，另一只手或身体一侧靠近显示器会漂移；电容触摸屏附近较大的物体搬移后会漂移；用户触摸时如果有人围过来观看也会引起漂移。

7.2.3 红外线式触摸屏

红外线式触摸屏是利用 X、Y 方向上密布的红外线矩阵来检测并定位用户的触摸。红外式触摸屏的显示器前面安装有一个电路板外框，电路板的红外线发射管和红外线接收管排布在屏幕四边，一一对应形成横竖交叉的红外线矩阵。用户在触摸屏幕时，手指就会挡住经过该位置的横竖 2 条红外线，以此可以判断出触摸点在屏幕的位置。使用任何物体触摸都可改变触点上的红外线，从而实现触摸屏操作。

早期，红外线式触摸屏存在分辨率低、触摸方式受限制和易受环境干扰而误动作等技术上的局限。但红外线式触摸屏不受电流、电压和静电干扰，能够适应恶劣环境，使其成为触摸屏产品的一大发展趋势。过去的红外线式触摸屏的分辨率由框架中的红外线对管数目决定，因此分辨率较低。但最新的第五代红外线式触摸屏的分辨率既取决于红外线对管数目，又依赖扫描频率和差值算法，分辨率已经达到了 1000×720，且从第二代起就已经克服了抗光干扰这个弱点。第五代红外线式触摸屏是新一代的智能技术产品，它实现了 1000 × 720 高分辨率、多层次自调节和自恢复的硬件适应能力和高度智能化的判别识别，可长时间在各种恶劣环境下任意使用，这是其他触摸屏所无法比拟的。

7.2.4 表面声波式触摸屏

表面声波为超声波的一种，是在介质（如玻璃或金属等刚性材料）表面浅层传播的机械能量波。通过楔形三角基座（根据表面波的波长严格设计），可以做到定向、小角度的表面声波能量发射。表面声波性能稳定、易于分析，并且在横波传递过程中具有非常尖锐的频率特性，近年来在无损探伤、造影等方向上应用发展很快。表面声波相关的理论研究、半导体材料、声导材料、检测等技术都已经相当成熟。

表面声波式触摸屏的触摸屏部分可以是一块平面、球面或是柱面的玻璃平板，安装在 CRT、LED、LCD 或等离子显示器屏幕的前面。玻璃屏的左上角和右下角各固定了竖直和水平方向的超声波发射换能器，右上角则固定了两个相应的超声波接收换能器。玻璃屏的四周则刻有 45°角由疏到密间隔非常精密的反射条纹。

表面声波式触摸屏抗刮伤性良好（相对于电阻、电容等有表面镀膜），反应灵敏，不受温度、湿度等环境因素影响，分辨率高，寿命长（维护良好情况下 5000 万次），透光率高（92%），能保持清晰透亮的图像质量，没有漂移，只需安装时一次校正。表面声波式触摸屏需要经常维护，因为灰尘、油污或饮料等液体沾在屏表面都会阻塞触摸屏表面的导波槽，使声波不能正常发射，或使波形改变导致控制器无法正常识别，从而影响触摸屏的正常使用。

7.3 触摸屏发展趋势

随着数字电路和计算机技术的发展，HMI 产品发展呈现以下趋势。

（1）开放性

连通性和沟通的自由度被视为 HMI 开放性的标志之一。HMI 产品的通信功能越来越受用户关注，现场总线和以太网的支撑尤显重要。通信接口种类和数量将会越来越丰富，大部分 HMI 产品将会在传统串口基础上，增加以太网口、并口、USB 口等通信接口。它们为 HMI 产品与设备衔接带来更大的便利性和更多的可能性。

（2）丰富功能

HMI 不断在功能上扩展，包括扩展监督、操控、通信、运动、视觉等，具备了更多组态软件功用和特征。其产品高、中、低档划分将越来越不明显，处理器速度、存储容量、组网能力、软件资源共享等功能是未来的发展方向。

（3）简单易用

在硬件经历完快速发展之后，HMI 企业转入软件的竞争，而软件功能的简单易用是 HMI 未来竞赛的重点。基于此，HMI 软件功能的简单易用性已成为企业研制遵从的原则之一。

本章以威纶通触摸屏 MT8103 及其人机界面组态软件 EasyBuilder Pro 为例，介绍其开发使用方法。需要说明的是，威纶通产品的名词及术语采用了我国港澳台地区的叫法，如韧体（firmware）、序列埠（串口）等，对应的主流术语为固件（firmware）、串口，对于该类问题本章的处理方法是，在软件界面上有特定文字的，在文字介绍时予以保留；不属于界面或指示性文字时，在保留原文的同时标注主流术语。

7.4　威纶通触摸屏

7.4.1　硬件介绍

1. 产品介绍

威纶通触摸屏产品分为价格相对较低、简单实用、应用较为广泛的 TK 系列；精巧型人机界面的 MTxxxxiP 系列；高性能人机界面 MTxxxxiE 系列；旗舰智慧型 eMT 系列，以及新推出的产品 CMT 系列。

2. 触摸屏硬件介绍

（1）外观

MT8103iE 触摸屏（见图 7-1）为 24V 直流电源供电（见图 7-2），使用熔丝（俗称保险丝）对电源隔离保护。

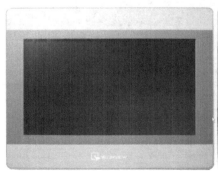 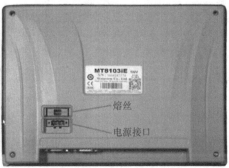

图 7-1　MT8103iE 触摸屏正反面

MT8103iE 接口如图 7-3 所示，其他型号接口可见选型手册。

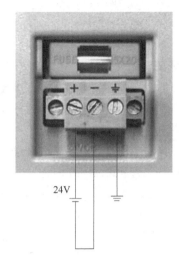

图 7-2　MT8103iE 电源接线图

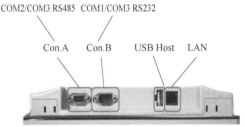

图 7-3　MT8103iE 接口

① LAN 口，即网口，通过网线实现与计算机或路由器之间程序的上传和下载。

② USB Host，可以用来连接打印机、扫描仪等。

③ Con. A（RS-485）和 Con. B（RS-232）接口说明如图 7-4 所示。

Con.A: COM2 / COM3 [RS485] 9 针 D 型 母座

PIN#	COM2 [RS485]2w	COM2 [RS485]4w	COM3 [RS485]
1	Data-	Rx-	
2	Data+	Rx+	
3		Tx-	
4		Tx+	
5	GND		
6			Data-
7			
8			
9			Data+

Con.B: COM1 / COM3 [RS232] 9 针 D 型 公座

PIN#	COM1 [RS232]	COM3 [RS232]
1		
2	RxD	
3	TxD	
4		
5	GND	
6		
7	RTS	TxD
8	CTS	RxD
9	GND	

图 7-4　Con. A（RS-485）和 Con. B（RS-232）接口说明

（2）参数

触摸屏参数见表 7-1（可通过查样本手册得知）。

表 7-1　触摸屏参数

显示	显示器	10. 1in TFT
	分辨率	1024×600
	亮度（cd/m²）	350
	对比度	500∶1
	背光类型	LED
	背光寿命	大于 50000h
	色彩	16. 7M
	LCD 可视角（T/B/L/R）	60/60/70/70
触控面板	类型	四线电阻式
	触控精度	动作区 长度（X）±2%，宽度（Y）±2%
存储器	闪存（Flash）	128MB
	内存（RAM）	128MB
处理器		32bit　RISC Cortex-A8 600MHz
接口	SD 卡插槽	无
	USB Host	USB2. 0×1
	USB Client	无
	以太网接口	10/100 Base-T×1
	WiFi	IEEE 802. 11 b/g/n，WPA-PSK/WPA2-PSK 加密
	串行接口	Con. A：COM2 RS-485 2W/4W，COM3 RS-485 2W Con. B：COM1 RS-232/COM3 RS-232
	RS-485 双重隔离保护	无
	CAN Bus	无
	声音输出	无
	影像输入	无
万年历		内置
电源	输入电源	DC 24V（1±20%）
	电源隔离	内置
	功耗	DC 24V 下 650mA
	耐电压	AC 500V（1min）
	绝缘阻抗	DC 500V 下超过 500MΩ
	耐振动	10~25Hz（X、Y、Z 轴向 2G、30min）

（续）

规格	PCB 涂层	有
	外壳材质	工程塑料
	外形尺寸	271mm×213mm×36.4mm
	开孔尺寸	260mm×202mm
	重量	约 1kg
	安装方式	面板安装
操作环境	防护等级	UL Type 4X（仅限室内）/NEMA4/IP65 前面板
	储存环境温度	−20~60℃
	操作环境温度	0~50℃
	相对环境湿度	10%~90%（非冷凝）
认证	CE	符合 CE 认证标准
	UL	cULus 认证
软件		EasyBuilder

7.4.2　软件介绍

1. 软件介绍

威纶通触摸屏软件现有两种版本：一种是 EasyBuilder 8000，适用于 MT/TK 系列机型；一种是 EasyBuilder Pro，适用于 eMT/cMT/iE/MT（iP）/TK（iP）系列机型。这两种软件都可以进行触摸屏画面的编辑，本章主要介绍的硬件设备为 MT8103（iE），因此软件主要介绍 EasyBuilder Pro。

进入威纶通官网的下载中心即可下载相应软件。链接地址为 http://www.weinview.cn/ServiceSupport/Download/Index.aspx。

2. 计算机硬件要求

对开发主机要求不高，目前主流计算机配置都能够支持，具体见产品手册。用户在 Windows XP 及以上版本操作系统电脑上安装 EasyBuilder Pro 软件即可。

3. EasyBuilder Pro 安装

EasyBuilder Pro 的安装与一般软件程序安装相似，即解压程序→双击"Setup"→单击"下一步"→选择"中文（简体）"→选择"安装路径"→选择"创建桌面图标"→单击"安装"等。

安装完成后，双击桌面上 Utility Manager 快捷图标，打开 Utility Manager 综合管理器，如图 7-5 所示。

4. Utility Manager 功能介绍

作为 EasyBuilder Pro 软件的综合管理器，Utility Manager 分为触摸屏系列（iP 系列）、设计、分析测试、传输、维护、数据转换等功能菜单。

（1）触摸屏系列菜单

单击 iP 菜单，会弹出图 7-6 所示 iP 系列/eMT 系列/iE 系列/cMT 系列等子菜单。

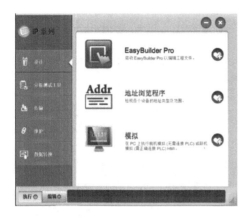

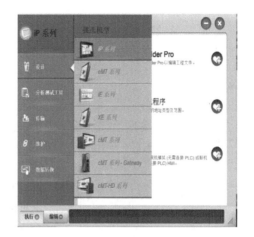

图 7-5 Utility Manager 综合管理器
快捷图标和软件界面

图 7-6 iP 系列菜单功能

EasyBuilder Pro 根据版本的高低，所支持的型号也会有所不同。如果在列表中没有找到所需要的型号，重新安装更高版本即可。

（2）设计菜单

设计菜单（见图 7-7）包括以下 3 部分：

① EasyBuilder Pro。双击，启动 EasyBuilder Pro 以编辑工程文件。

② 地址浏览程序。检视（查看）各个设备的地址类型及范围。不同品牌 PLC（如西门子、三菱）其地址类型及范围不同。

③ 模拟。模拟分为脱机模拟和联机模拟。在 PC 上执行脱机模拟（无须连接 PLC）或联机模拟（需正确连接 PLC）HMI。执行在线模拟或离线模拟功能时，需先选择 .exob 文件的来源位置。

图 7-7 设计菜单功能

（3）分析测试菜单

① EasyDiagnoser。在线除错及监控 HMI 与 PLC 之间的通信状况。

② EasyWatch。通过 PC 监看或设置 HMI 和设备内的数值，也可同时调用宏指令，可用于除错及远程监控使用。

③ 重新启动 HMI。通过连接以太网或 USB 线来重新启动 HMI，将 HMI 恢复到开机时的状态。

④ 序列埠穿透（串口穿透）。开启串行端口（虚拟/实体），并允许 PC 上的应用程序通过 HMI 对设备下发指令或交换数据。即，PC 可直接访问 PLC，交换数据。

（4）传输菜单

1）下载（见表7-2）。从 PC 下载文件至 HMI，如韧体（固件）、工程文件、配方、资料取样记录或开机画面。可以在此处设置开机画面。用户以太网或 USB 线操作时，可设定操作密码，防止非授权的用户查看。

表 7-2　下载设定说明

设定	描述
韧体（固件）	若勾选此项，表示要更新 HMI 所有核心程序。第一次下载文件至 HMI 时，一定要下载韧体
工程文件	选择 .exob 格式的工程文件
配方数据 RW/RW_A	选择 .rcp 格式的配方文件
配方数据库	选择 .db 格式的配方数据库文件
资料取样记录	先选择 HMI 上资料取样的文件夹名称后，再选择 .dtl 格式的资料取样
开机画面	将指定的 .bmp 图片下载到 HMI，HMI 启动时，就会先显示此图片，再载入下载的程序
下载完成后自动启动 HMI	若勾选此项，HMI 将会在下载文件成功后自动重新启动
消除配方数据/事件记录/配方数据库/资料取样记录/删除开机画面/清除操作记录	下载文件前会先清除勾选的文件

2）上传（见表7-3）。将工程文件、配方、事件记录、资料取样记录或扩展内存（EM）等资料文件由 HMI 上传文件至 PC，可使用以太网或 USB 在线上传方式。若将工程文件下载至 PC，由于下载文件的格式为 .exob，用户需先反编译为 .emtp 文件，才能通过 EasyBuilder Pro 编辑。

表 7-3　上传设定说明

设定	描述
事件记录	将 HMI 的 .evt 文件上传到 PC
扩展存储器	将 HMI 上的 SD 卡、USB 内的 .emi 文件上传到 PC

3）建立 SD 卡与 U 盘的下载资料。可使用 SD 卡与 U 盘下载数据到 HMI，此项功能是用来建立被下载数据的，具体用法如下：

① 将 SD 卡或 U 盘插入 PC。

② 指定文件资料所要存放的路径位置。

③ 指定所要建立的来源资料文件存放位置。

④ 选"建立"。所要建立文件写入 SD 卡或 U 盘后，用户可以直接下载至 HMI，无须通过以太网或 USB 线下载。

（5）维护菜单

① EasyPrinter/备份数据库。启动远程备份/打印服务器，它可以接收来自 HMI 的备份文件并运行已定义的批处理文件来进行转换，或者是打印 HMI 屏幕截图。

② 管理员工具。在 SD 卡/U 盘上建立可导入 HMI 的用户账号数据即 e-mail 设置。将用户账号、USB 安全密钥、e-mailSMTP 服务器设定、e-mail 联系人这 4 种资料存储于 U 盘。

③ EasyAccess 1.0，可经由局域网或因特网来远端遥控 HMI。

④ 资料取样/事件记录文件信息，可通过连接以太网或 USB 线来查看 HMI 内的历史数据记录文件数。

（6）数据转换菜单

① 配方数据库编辑器，用来编辑配方数据库。

② EasyConverter，用来读取由 HMI 采集的资料取样记录或事件记录，并转换成 excel 格式。

③ 配方数据/扩展内存编辑器，可建立 HMI 所使用的配方资料文件，也可开启和编辑现有的配方资料文件。

（7）执行、编辑菜单

快捷方式（见图 7-8）的添加、删除，可以把一些常用的工具添加到该位置，方便进行管理。

图 7-8 快捷方式示意图

5. EasyBuilder Pro 软件界面介绍

EasyBuilder Pro 软件界面分为菜单栏、工具栏、窗口区、画面编辑区、图片编辑区、信息窗口，其软件界面如图 7-9 所示。

图 7-9 EasyBuilder Pro 软件画面

按 F1 键可以得到菜单、设置等的帮助。

7.4.3 简单工程建立

1. 新建工程步骤

触摸屏技术的一般应用步骤可以简化为以下几个方面：首先明确监控任务，选择适当的 HMI 产品；在 PC 上用画面编辑软件制作"工程文件"，测试并保存；利用 PC 连接 HMI 硬件，下载"工程文件"到 HMI 硬件中；连接 HMI 和工业控制器（如 PLC、仪表等），实现人机交互。

① 打开 EasyBuilder Pro（以下简称 EB Pro）画面。

② 开新（新建）文件，并选择合适的 HMI 机型。

③ 新增设备和设置参数，添加欲连接的设备，并设置通信参数和属性。

④ 设计程序，建立窗口并放置所需元件。

⑤ 保存和编译程序，工程文件在下载之前，需编译成 .exob 文件格式。

⑥ 模拟程序，包括在线模拟/离线模拟。

⑦ 下载程序至 HMI，完成下载后，即可执行程序。

2. 新建工程实例

下面以实例进行说明。设计一个启动按钮、一个停止按钮、一个指示灯，按下启动按钮指示灯亮，按下停止按钮，指示灯熄灭。设计好画面后，先进行模拟，再下载到触摸屏进行操作。

（1）编制 PLC 控制程序

首先，在 GX Works2 中建立一个简单的起保停程序（见图 7-10）并下载到三菱 FX2N PLC 中。

图 7-10   指示灯起保停程序

（2）在 EB Pro 中创建新工程

进入 EB Pro 单击"打开新文件"（见图 7-11），选择 HMI 型号、显示模式（水平/垂直），勾选使用范本。

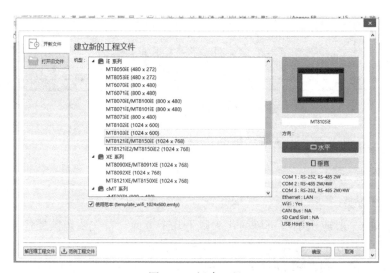

图 7-11   新建工程

（3）新增设备和设置参数

单击"确定"后，会弹出"系统参数设置"对话框（见图7-12）。

图 7-12　系统参数设置对话框

单击"新增设备/服务器"，弹出"设备属性"对话框。在设备属性窗口（见图7-13），填写 PLC 名称；选择位置：本机；选择需要连接的 PLC 类型：FX2N；接口类型：RS-232；单击"设置"，选择端口、波特率等参数。

通信端口：查看 MT8103 样本手册接口信息，单击"设置"按钮设置参数。

图 7-13　设备属性及通信端口设置对话框

设置好后，在设备列表中会增加一个新设备——三菱 FX2N PLC 设备（见图7-14）。

（4）新建画面

在 EB Pro 软件界面窗口区，鼠标置于 10 上，单击鼠标右键，选择"设置"，弹出"窗

图 7-14　添加完 PLC 设备对话框

口设置"对话框。在窗口名称中输入"起保停"（见图 7-15）。单击"确定"，得到编号为10 号的"起保停"窗口。

图 7-15　新建及窗口设置

单击菜单"元件",选择"文字"→"批注"在窗口中添加文字"威纶通触摸屏与三菱
FX2N 起保停控制",并添加两个"位状态设置"按钮,一个"位状态指示灯",同时设定
好 PLC 名称、地址、开关类型等,即完成了一个简单的工程文件,如图 7-16～图 7-18 所示。

图 7-16　启动按钮设置

图 7-17　指示灯设置

图 7-18　起保停控制画面

(5) 程序保存和编译

单击"另存为"保存程序。单击"工程文件"→"编译",将文件编译为 .exob 文件。在
编译对话框(见图 7-19)中可以进行相应的设置,如执行反编译时需要的密码、禁止反编

译、取消 HMI 上传功能等。

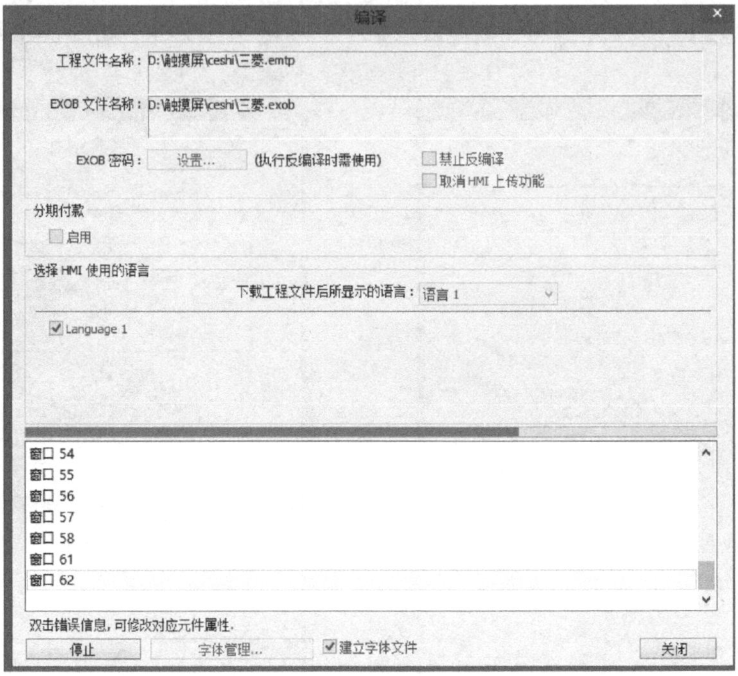

图 7-19　编译对话框

（6）离线模拟和在线模拟

工程文件编译之后，可进行离线模拟和在线模拟。

① 离线模拟：在 PC 上模拟工程运行，不与任何设备连线。

② 在线模拟：在 PC 上模拟工程运行，可在缺 HMI 时，让 PLC 直接与 PC 连接，先行调试程序。

经在线模拟，得到触摸屏起保停控制程序画面（见图 7-20）。

（7）下载工程文件到触摸屏

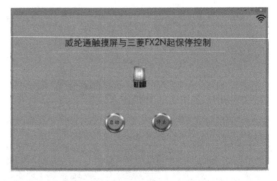

图 7-20　触摸屏起保停控制画面

经编译好之后的工程文件即可下载到触摸屏，下面介绍 4 种下载工程文件至 HMI 的方法。

1）方法一，使用 USB 下载线下载（部分触摸屏型号）。

用 USB 线连接 PC 和 HMI，使用 USB 线传输程序前，需在"我的电脑"→"设备管理器"中确认 USB 驱动正常安装。然后通过 EB Pro "工具"→"下载" 菜单，选择 "USB 下载线" 进行下载（见图 7-21）。

威纶通 HMI 工程文件上传、下载密码默认为 "111111"，可以重新进行设置，如图 7-22 所示。

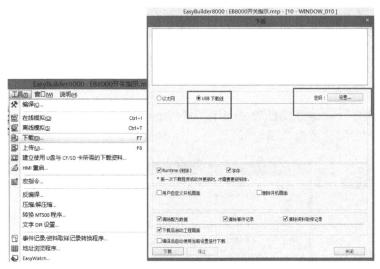

图 7-21　选择"USB 下载线"下载

图 7-22　密码设置窗口

2）方法二，以太网下载。

将 PC 与 HMI 用网线连接好，在 EB Pro 的工具菜单上，单击菜单"工程文件"→"下载"，选择以太网，并设定 HMI 的 IP 地址。HMI 地址与电脑地址必须在同一网段（见图 7-23）。

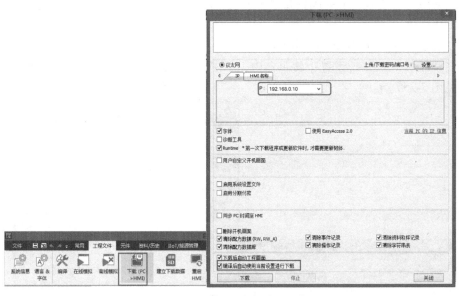

图 7-23　选择"以太网"下载

进入触摸屏界面，在其右下角单击"设置"，输入"111111"密码，进入 IP 地址设置界面。完成 IP 地址、子网掩码、默认网关、DNS 地址的设置，才能够建立连接并下载。

注意，如果勾选了图 7-23 所示的"编译后自动使用当前设置进行下载"，下一次只要单击"下载"，EB Pro 将自动编译程序，并下载到上一次下载的目标 HMI。其具体操作方法如下：

① 单击"文件"→"偏好设置"，弹出图 7-24 所示的对话框，勾选"下载和模拟前自动保存并编译工程文件"，单击"确定"。

图 7-24　偏好设置对话框

② 单击"保存"工程文件，并单击"下载"，勾选"编译后自动使用当前设置进行下载"，如图 7-23 所示。

③ 完成以上设定后，下一次只要单击下载，EB Pro 将自动编译程序并下载到上次下载的目标 HMI。

3）方法三，使用 HMI 名称下载。

① 在"工具"→"系统设置"编辑器中，单击"一般属性"，设定"HMI 名称：WeiLun-tong"（见图 7-25）。

图 7-25　系统设置编辑器

② 单击"下载",在下载对话框,勾选"以太网",选择之前设定的 HMI 名称并开始下载。若使用搜寻,请在 HMI 名称中输入要搜寻的设备名称;搜寻全部表示搜寻同网域所有 HMI(见图 7-26)。

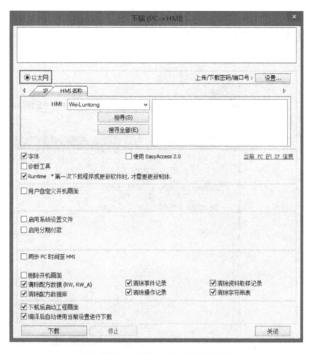

图 7-26　使用 HMI 名称下载

4) 方法四,使用 SD 卡/U 盘下载。

① 使用 Utility Manager"建立 SD 卡与 U 盘的下载资料"先建立要下载的资料。注意,确定"选择保存下载资料的目录"时,文件夹名中不能包含中文;选择"数据来源"时,选择 .exob 文件(见图 7-27)。

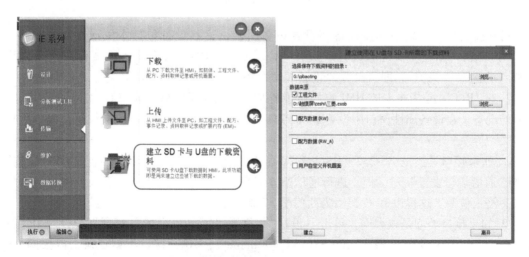

图 7-27　建立使用 SD 卡与 U 盘所需的下载资料

② 插入外围设备如 U 盘或 SD 卡至 HMI。

③ 在 HMI 上选择下载，输入密码。

④ 密码确认后会显示外部装置下的目录名称。

⑤ 选择工程存放路径，按下"确认"键即开始下载。

7.4.4　EasyBuilder Pro 软件详细介绍

1. 系统参数设置

（1）设备

单击菜单"常用"→"系统参数"，弹出"系统参数设置"对话框（见图 7-28）。

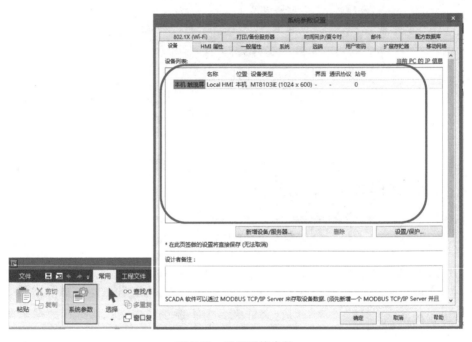

图 7-28　设置系统参数

可在设备列表中新增连接设备和设置设备属性，这些设备包括本机或远程的 HMI 或 PLC。当开新（新建）文件时，会默认有一个"Local HMI"设备，若需要修改设备内容，单击"设置"→"保护"，即可打开"设备属性"窗口（见图 7-29）。

"本机 PLC"是指与本地 HMI 直接连接的 PLC。如果要控制本机 PLC，需要先新增这种类型的设备。在设备属性窗口中设置本机 PLC 参数，包括设备名称、所在位置、设备类型、接口类型等。

① 如果接口类型是 RS-232、RS-485 2W、RS-485 4W，可以单击对话框中间"设置"，打开"通信端口设置"对话框，进行通信端口参数设定，包括通信端口、波特率、数据位、校验、停止位等。这里以 PLC 类型为西门子 S7-200 为例进行设置（见图 7-29）。

② 如果接口类型是以太网，单击"设置"，打开"IP 地址设置"对话框，设定 IP 地址和端口号。以 PLC 类型选择 S7-200 SMART（Ethernet）为例，接口类型默认为以太网（见图 7-30）。

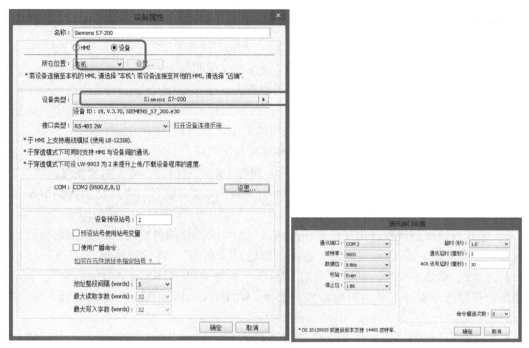

图 7-29 S7-200 设备属性设置

图 7-30 S7-200 SMART（Ethernet）设备属性设置

③ 如果接口类型是 USB，无须再设定，检查"设备属性"内各设定值是否正确即可。

（2）HMI 属性

HMI 属性主要用来设定 HMI 型号、时钟来源、打印机及滚动轴等。

（3）一般属性

一般属性用来设定与画面操作有关的属性，如快选窗口按键设置、屏幕保护设置、其他选项设置、键盘事件设置等。

1）窗口。设定初始窗口编号，公共窗口属性等，说明如下：

① 初始窗口编号，选择 HMI 开机后的起始页面。

② 公共窗口属性，公共窗口（4 号窗口）内的对象会出现在每个基本窗口中。这里可以设定公共窗口内的对象，出现在基本窗口对象的上层或下层。

2）屏幕保护设置。设置背光节能时间和屏幕保护时间，说明如下：

① 背光节能时间，当未碰触屏幕的持续时间等于此设定值时，将关闭背光灯。

② 屏幕保护时间，当未碰触屏幕的持续时间等于此设定值时，将自动切换到屏幕保护所指定窗口。

3）快选窗口按键设置。用来设定快选窗口（3 号窗口）的各项属性。使用快选窗口前，需先建立 3 号窗口。默认为"停用"，使用前需选择"启用"，并设置属性。

4）事件。默认不勾选。勾选"使用 LW9450～9455 作为事件记录的时间标签"，表示使用系统寄存器作为事件记录的时间标签，其中 LW9450～9455（16bit）分别为秒、分、时、日、月、年。

5）工程文件保护。限制工程文件只能在特定的触摸屏上执行，默认为"非启用"状态。勾选"启用"可设定"工程文件识别码"；在系统寄存器 LW-9046 及 LW-9047 中设定"HMI 识别码"。工程文件编译后所得到的 .exob 文件只能在"HMI 识别码"与"工程文件识别码"相同的触摸屏上执行。若两者不相同，LB-9046 的状态将被设定为 ON。变更"HMI 识别码"设置时，必须重新启动触摸屏以更新设定值。

（4）系统

系统设置主要包括声音的控制、系统寄存器的使用，以及禁止上传、禁止读取密码、禁止远程写入密码等其他功能。

① 自动注销。勾选"启用"表示，若没有操作 HMI 的时间超过此设定值，界面上设定了安全等级的对象将无法使用，需要再次输入用户 ID 及密码才能操作对象。

② 声音控制，可选择"当碰触元件时即发出声音"或"当元件动作时才发出声音"。

③ 要选择系统寄存器，用户可在新增元件时，在一般属性设置里勾选系统寄存器并选择设备类型。要检视所有系统寄存器，在 EB Pro 中依次单击"工程文件"→"地址标签"→"系统寄存器"（见图 7-31）。

④ 勾选"当与 PLC 通信失败时，在相关的元件上显示断线图标"，当使用此项功能且元件无法与 PLC 通信时，断线符号会显示在对象右下角。

（5）其他设置

① 用户密码，用来设定用户密码及可操控的对象类别，包括一般模式和高级安全模式两种模式。

② 扩展寄存器用于设定扩展内存的位置。扩展内存包含 EM0～EM9，用户只需在建立对象时，在设备类型中指定使用 EM0～EM9 即可，每个扩展内存最多可以存放 2G word 的数据。扩展内存中的数据可以使用档案的形式存放在 SD 卡、U 盘上，EM0～EM9 所使用的文件名分别为 em0.emi～em9.emi，用户可以使用 RecipeEditor 软件打开这些档案并编辑扩展内

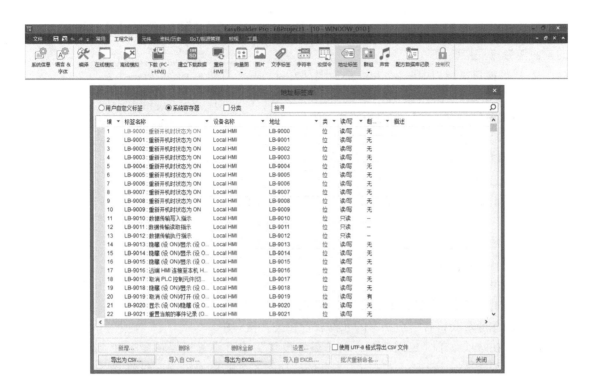

图 7-31　地址标签库

存中的数据。

③ 移动网络，用来设定移动网络相关的数据。

④ 打印/备份服务器，主要用来设定远程打印/备份服务器的相关数据，重点是通信设置，包括指定打印机的 IP 地址，以及指定端口、用户名称、密码等登录打印机的信息。

⑤ 时间同步/夏令时，主要用来保持 HMI 的时间与 NTP 服务器一致。若勾选"当 HMI 启动时即运行时间同步"，则当 HMI 启动时，会先自动与指定 NTP 服务器同步时间。

⑥ 邮件，主要用来设定 e-mail 的相关数据。启用邮件功能，若勾选"在 HMI 上使用现有的联系人设置"，会依照 HMI 上的联系人设定为主。

2. 窗口类型的介绍

EasyBuilder Pro 可建立 1997 个窗口，其范围为窗口 3～窗口 1999。窗口 3～窗口 9 为系统内部使用，窗口 10～窗口 1999 为用户可任意编辑操作窗口。按照功能与使用方式的不同，可将窗口分为基本窗口、快选窗口、公共窗口、系统信息窗口四种类型（见图 7-32）。

触摸屏最多可同时开启 16 个弹出窗口，包含系统信息窗口、直接窗口和间接窗口。系统不允许在一个基本窗口上使用两个直接（或间接）窗口弹出同一个窗口。

（1）基本窗口

基本窗口除了可作为主界面之外，也作为如下界面：

① 底层界面，可提供给其他窗口作为背景画面。可通过"窗口设置"中"重叠窗口"功能，选择设置好后的画面作为"底层画面"。

② 键盘窗口，窗口50~窗口65都为键盘窗口。

③ 功能键元件所选用的弹出窗口。

④ 间接窗口与直接窗口元件所使用的弹出窗口。

⑤ 屏幕保护窗口界面，编号为80的窗口为默认的屏幕保护窗口，可以对窗口进行设计。

（2）快选窗口

3号窗口为预设的系统快选窗口，它可以与基本窗口同时存在，一般用来放置常用的工作按钮。快选窗口在"系统参数设置"→"一般属性"→"快速窗口按键设置"中启用，进行设置。

图7-32　窗口类型

（3）公共窗口

4号窗口为预设的公共窗口，该窗口中的元件也会出现在其他基本窗口中，但不包含弹出窗口，因此通常会将各窗口共享的元件放置在公共窗口中。

注意，在选项菜单（见图7-33）的"偏好设置"中可设置当编辑程序时"公共窗口上的元件，是否会被显示于基本窗口上"。有了该功能，可避免编辑程序时将基本窗口的元件重叠到公共窗口的元件上。公共窗口的元件可以显示在其他窗口上，但是编辑设置只能在公共窗口中完成。

图7-33　公共窗口显示设置

（4）系统信息窗口

5、6、7、8号窗口为预设的系统提示信息窗口。

5 号窗口为 PLC Response 窗口，当触摸屏与 PLC 通信中断时，系统将自动弹出"Device No Response"的警告窗口，如图 7-34 所示。

图 7-34 "Device No Response" 窗口

6 号窗口为 HMI Connection 窗口，当本地触摸屏无法连接到远端的 HMI 时，系统将自动弹出"Failed Connection to Remote HMI"的警告窗口，如图 7-35 所示。

图 7-35 "Failed Connection to Remote HMI" 警告窗口

7 号窗口为 Password Restriction 窗口，当用户无权限操作某元件时，可设置决定是否弹出"Password Protected! Access Denied!!"的警告窗口，如图 7-36 所示。

图 7-36 "Password Protected! Access Denied!!" 警告窗口

8 号窗口为 Storage Space Insufficient 窗口，当 HMI 内存、U 盘或 SD 卡上的可用空间不足时，系统将自动弹出"Storage Space Insufficient!!"的警告窗口，如图 7-37 所示。

图 7-37 "Storage Space Insufficient!!" 警告窗口

注意，以上编号为 5~8 的系统信息窗口为系统默认画面，可以根据实际需要来修改，以方便操作人员识别故障信息。常见的为 5 号窗口和 7 号窗口。

3. 窗口的建立与设置

（1）窗口区介绍

单击菜单"检视"，勾选"目录树""窗口预览"，弹出窗口区（见图 7-38）。

① 目录树，显示窗口编号、窗口名称。目前已打开编辑的窗口编号前会有个（＊）符号，按下窗口编号旁的（+）号可看到窗口含有哪些元件，包含元件 ID、地址与描述。

图 7-38　窗口区

② 窗口预览，用整体窗口外形的小图来预览窗口，方便查找已设计好的窗口。

（2）新建窗口与设置

进行画面设计时采用"目录树"的形式。例如，在目录树下，选择欲建立的窗口编号后，单击鼠标右键，单击"新增"，即可进行画面设置（见图 7-39）。

1）大小。由于基本窗口的尺寸大小要与触摸屏显示屏幕相同，所以其分辨率设置也要设置成与所使用的触摸屏分辨率一致。一般情况下，只要选择好了触摸屏型号，宽度、高度会默认给出。

2）重叠窗口。重叠窗口功能可视为另一个额外的公共窗口，在设计程序时，同一元件可能被放置于许多窗口中，但不是所有窗口都可以使用重叠窗口。

每一个基本窗口最多可选择三个窗口作为背景，从"底层"开始到"顶层"结束，这些背景窗口内的元件将在基本窗口中依序出现。

重叠窗口中的元件无法从显示它们的基本窗口上编辑。若要编辑重叠窗口的元件，均需打开相应的窗口进行编辑。

（3）窗口打开和关闭

1）打开窗口。打开已经存在的窗口，有以下三种方式：

① 在目录树中，选中要打开的窗口，双击打开窗口。

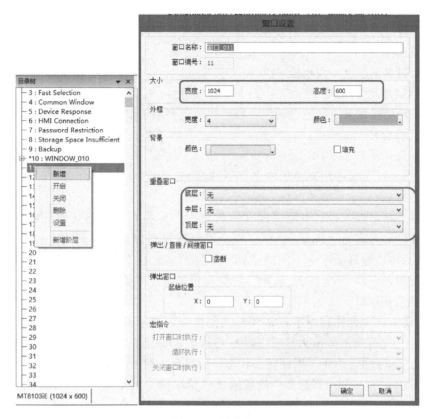

图 7-39　新建窗口

② 在目录树中，选中要打开的窗口，单击鼠标右键选择"打开"。

③ 在窗口预览中，选中要打开的窗口，单击打开窗口。

2）关闭窗口。关闭或删除已经打开的窗口，有以下两种方式：

① 在目录树中，选中要关闭或删除的窗口，单击鼠标右键选择"关闭"或"删除"相对应的窗口。

② 在窗口预览中，选中要关闭或删除的窗口，单击鼠标右键选择"关闭"或"删除"相对应的窗口。在窗口预览中，若要删除某一个窗口，必须先关闭才可以删除。

4. 画面结构设计

设计画面的基本结构时要注意以下几个方面。

（1）画面结构

画面结构要清晰，可以分为欢迎界面、主界面、分界面。

① 欢迎画面（或登录画面），即进入系统的封面，可以为"欢迎进入某监控系统"或用户名称、用户密码的登录界面等。

② 主画面，显示整个设备的主要运行状态。

③ 分画面，显示其他信息，包括报警窗口、数据记录、资料取样、参数设置、用户登录等。

如果有需要，还可以设计弹出窗口，即间接窗口或直接窗口。

（2）画面颜色

画面颜色设计时，大红大紫的颜色容易视觉疲劳，应以浅颜色为宜。

（3）元件排布

元件排布时尽量颜色、大小统一。

（4）按钮或指示灯

按钮或指示灯尽量采用绿色、蓝色，红色或黄色多用于报警、提示等。

5. 常用元件介绍

（1）位状态指示灯

"位状态指示灯"元件用来显示位寄存器的状态，状态 0 代表位的状态为 OFF；状态 1 代表位的状态为 ON。

在"位状态指示灯"设置页面，在"一般属性"标签页可以将读取的状态反向显示，也可设定元件显示方式为"闪烁"；在"安全"标签页可以设置不同用户的操作类别；在"图片"标签页可以选择图库中不同的"指示灯"样式；在"标签"标签页可以在"指示灯"元件上设置相应的文字；在"轮廓"标签页可以设置"位置"和"尺寸"。

（2）多状态指示灯

"多状态指示灯"元件利用字符寄存器内的数据，显示对应的状态与图形（最多支持 256 种状态）。当寄存器的数值为 0 时，显示"状态 0"；当数值为 1 时，则显示"状态 1"，依此类推。它提供数据、LSB、周期转换状态、位组合 4 种不同模式。

① 数据模式。直接利用寄存器内的数据减"偏移量"的结果作为元件目前的状态。一般偏移量设置为 0。

② LSB 模式。此模式首先会将寄存器（默认存十进制数）内的数据先转换为二进制，接着使用不为 0 的最低位决定元件目前的状态，见表 7-4。

表 7-4 LSB 模式转换表

十进制	二进制	显示的状态
0	0000	全部 bit 皆为 0，则显示状态 0
1	0001	不是 0 的最低位为 bit0，此时显示状态 1
2	0010	不是 0 的最低位为 bit1，此时显示状态 2
3	0011	不是 0 的最低位为 bit0，此时显示状态 1
4	0100	不是 0 的最低位为 bit2，此时显示状态 3
5	0101	不是 0 的最低位为 bit0，此时显示状态 1
6	0110	不是 0 的最低位为 bit1，此时显示状态 2
7	0111	不是 0 的最低位为 bit0，此时显示状态 1
8	1000	不是 0 的最低位为 bit3，此时显示状态 4

③ 周期转换状态模式。元件的状态会依照固定的频率依序变换状态。用户可以利用"频率"设定状态改变频率。

注意，在图库中选择指示灯时，要选择对应状态的指示灯。例如，在一般属性中设置状态数为"5"，则单击"图库"进行指示灯添加时，需要选择状态数为"5"的指示灯图片。

（3）位状态设置

"位状态设置"用于设置位寄存器的状态。相当于按钮和开关的功能，此元件提供手动操作与自动执行两种操作模式。

① 使用手动操作模式，按压此按钮可以将寄存器的状态设定为 ON 或 OFF。

② 使用自动执行模式，则在某些特定条件下会自动执行指定的动作，使用此种操作模式，即使按压此按钮也不会有任何影响。属性设置中开关类型设置有 5 种方式，见表 7-5。

表 7-5 "位状态设置元件" 开关类型

设为 ON	按压此元件后，所指定寄存器的状态将设定为 ON
设为 OFF	按压此元件后，所指定寄存器的状态将被设定为 OFF
切换开关	按压此元件后，所指定寄存器的状态将被反向，即 ON→OFF，OFF→ON
复归型	按压此元件后，所指定寄存器的状态将先被设置为 ON，但手松开后，状态将被设定为 OFF
周期切换开关	所指定寄存器的状态将在 ON 与 OFF 间周期性切换，此模式为自动执行。可设定的周期为 0.1~25.5s

（4）多状态设置

"多状态设置"用于设置字符寄存器的状态。相当于按钮和开关的功能，此元件提供手动操作与自动执行两种操作模式：

① 使用手动操作模式，按压此按钮可以设定寄存器内的数据。

② 使用自动执行模式，则在某些特定条件下会自动执行指定的动作，使用此种操作模式，即使按压此按钮也不会有任何影响。

属性中的"通知"勾选"启用"后，则在使用手动操作模式时，在完成动作后可以连带设定此项目所指定寄存器的状态，使用"设 ON"与"设 OFF"选择要设定的状态。"写入前"与"写入后"指的是在写入动作前或后所指定寄存器的状态。

属性中可选模式如下：

① 写入常数，设定常数功能。当按压一次元件，"设置常数"中的设定值将写入指定的寄存器中。

② 递加（JOG+）/递减（JOG-），加值/减值功能。每按压一次此按钮，会将指定的寄存器中的数值+递加值（-递减值），直至抵达上限值（下限值）。

③ 按住按钮时递加（JOG++）/递减（JOG--），按住按钮时递加/递减功能。每按压一次此按钮后，会将指定的寄存器中的数值+递加值（-递减值），如果将迟滞时间设为 1s，递加速度设为 0.5s，则按住此按钮的时间超过 1s 后，会以每 0.5s 的速度持续+递加值（-递减值）直到抵达上限值（下限值）。

④ 周期循环（0→最大值→0……），周期性递加功能。系统会自动将指定的寄存器中的数值以设定的频率+递加值，直到抵达上限值，接着数值会返回 0 再重新持续+递加值。

⑤ 自动递增（增至上限值）/自动递减（减至下限值），周期性递增/递减功能。系统会自动将指定的寄存器中的数值以设定的频率+递加值（-递减值），直到抵达上限值（下限值）后停止。

⑥ 周期循环（自定范围），周期性循环功能。系统会自动将指定的寄存器中的数值以设

定的频率+递加值，直到抵达上限值，接着再以相同的频率-递加值直到等于下限值，如此周而复始地执行不停止。

⑦ 周期递加（从低到高）/周期递减（从高到低），步进/步退功能。系统会自动将指定的寄存器中的数值以设定的频率+递加值（-递减值），直到抵达上限值（下限值），接着再返回下限值（上限值）重新递增（递减），如此周而复始地执行不停止。

⑧ 窗口打开时设定/窗口关闭时设定。开启/关闭元件所在位置的窗口时，会将"设定常数"中的设定值自动写至指定的寄存器中。

⑨ 当背光灯开时设定/当背光灯关时设定。当背光灯原处在关闭/开启状态，若恢复为相反状态时，会将"设定常数"中的设定值自动写至指定的寄存器中。

⑩ 循环递加（Cyclic JOG+）/循环递减（Cyclic JOG-），每按压一次此元件后，会将指定的寄存器中的数值+递加值（-递减值），当抵达上限值（下限值）后会自动复归回下限值（上限值）再递增（递减）执行。

⑪ 按住按钮时循环递加（JOG++）/按住按钮时循环递减（JOG--），持续递加/递减功能。每按压一次此按钮后，会将指定寄存器中的数值+递加值（-递减值），若按住此按钮的时间超过设定的迟滞时间后，会以设定的递加速度持续+递加值（-递减值）直到抵达上限值（下限值），接着会复归回下限值（上限值）再递增（递减）执行。

（5）位状态切换开关

"位状态切换开关"为"位状态指示灯"和"位状态设置元件"的组合。此元件除了可以用来显示寄存器状态外，也可以利用这个元件在窗口上定义一个碰触区域，按压此区域可以设定所指定寄存器的状态为 ON 或 OFF。

"写入地址"所指定的寄存器可以与"读取地址"所指定的寄存器相同或不同。如果读写使用不同的地址，则需要勾选"读取/写入使用不同的地址"。开关类型操作模式有四种（见表 7-6）。

表 7-6　开关类型操作模式

开关类型	描述
设为 ON	按压此元件后，所指定寄存器的状态被设定为 ON
设为 OFF	按压此元件后，所指定寄存器的状态被设定为 OFF
切换开关	按压此元件后，所指定寄存器的状态将被反相。当状态为 ON 时，会被现实为 OFF，当状态为 OFF 时，则会被显示为 ON
复归型	按压此元件后，所指定寄存器的状态将先被设定为 ON，但手放开后，状态将被设定为 OFF

（6）多状态切换开关

"多状态切换开关"为"多状态指示灯"和"多状态设置元件"的组合。此元件除了可以利用寄存器内的数据显示不同的状态外，也可以利用这个元件在窗口上定义一个碰触区域，按压此区域可以设定所指定寄存器内的数据。

"写入地址"所指定的寄存器可以与"读取地址"所指定的寄存器相同或不同。如果读写使用不同的地址，则需要勾选"读取/写入使用不同的地址"。

属性中的"操作模式"有"加"和"减"两种：

① 加（JOG+），递加功能。每按压一次元件，所指定寄存器内的数据+1，但递增的结果将不超过"状态数"。若"启用"循环，则抵达最大状态后会复归回最低状态 0。

② 减（JOG−），递减功能。每按压一次元件，所指定寄存器内的数据−1，直至 0。若"启用"循环，则抵达状态 0 后会复归回最高状态。

（7）项目选单

"项目选单"元件可以在一个列表中显示多项目，用户可以查看并选择。一旦用户选择了某一个项目，相对应的项目数据将被写入到字符寄存器。"项目选单"有两种模式："清单"和"下拉式选单"。

① 清单，可以完整显示所有项目，并把目前所选择的项目标示出来。

② 下拉式选单，在一般情况下只显示目前所选择的项目。当用户点选下拉式选单时，系统则会列出所有完整项目。日常工作中，用得比较多的为下拉式模式。

项目资料来源也就是项目选单显示的内容，共有四种模式：预设、历史数据日期、项目地址模式、用户账号模式。

① 预设，显示的选项由用户在状态设置页中手动输入。可调整欲使用的项目数。每一个项目表示一个状态并会显示在列表上，且相对应的数值可被写入至监看地址中。用户可在项目资料中设定显示文字，项目选单元件将显示所有项目的文字在列表上供用户查看和选择。

② 历史数据日期，可以与历史数据显示元件搭配使用，如趋势图、历史数据显示、事件显示元件。当在项目选单上选择一日期后，历史数据显示元件会显示其对应日期的数据。

③ 项目地址模式，可加载"项目地址"的文字并将其文字显示于项目选单上。当选择"项目地址"模式后，下方会出现"控制地址"和"项目地址"。

④ 用户账号模式。当启用"进阶安全模式"后，则数据来源将有"用户账号"选项。此时的项目选单会显示用户的名称。若勾选"权限"，将显示各个用户的使用权限。若勾选"隐藏用户"将显示已隐藏的用户数据。排序是决定用户账号的排序方式。

（8）滑动开关

"滑动开关"元件是用来建立一个滑动区域显示数值，或者通过拖曳滑轨改变指定寄存器内的数值。滑动开关可以分为上、下、左、右四个方向来显示。

若勾选了"滚动模式"，此模式不同于"最小刻度"拖拉开关改变数值，只要接触一下"滑动开关"物件时，数值会被递增/递减，增减的多少会依据"滚动值"的设定。

（9）功能键

"功能键"元件提供窗口切换、键盘输入、宏执行及画面打印等功能，同时也可用于设定 USB 安全密钥。

1）窗口切换。

① 切换基本窗口，切换到指定编号的基本窗口。

② 切换公共窗口，切换到公共窗口。

③ 弹出窗口，呼叫其他窗口，此时呼叫出的窗口必定在基本窗口的上面。使用此功能可以选择是否使用"当父窗口被关闭时结束弹出窗口"，选择此属性则呼叫出的窗口会在发生换页动作时自动消失，否则用户必须自己在被呼叫出的窗口上设计"关闭窗口"功能键

来关闭此窗口。

④ 关闭窗口，关闭在基本窗口上被呼叫出的窗口，包括信息窗口。

⑤ 返回上一窗口，返回前一页基本窗口。此功能只对基本窗口有效。

2) 键盘输入。键盘输入中 ASCII/Unicode 模式用来作为键盘的输入信号，主要用在"数值输入"与"字符输入"元件需要使用键盘来输入数字或文字的场合。

3) 触发宏指令。选择此项功能，将执行指定的宏命令，选择此项功能前需先建立宏命令。

4) 画面打印至 U 盘，SD 卡或打印机。该功能可用来打印当前的画面。要使用该功能前需先在"系统参数设置"→"HMI 属性"中选择所使用的打印机类型。

5) 导入用户数据/使用 USB 安全密钥登录。用来导入进阶安全的用户账号或 e-mail 的联络人，也可设定为"使用 USB 安全密钥登录"。账号导入模式选择"覆盖"，HMI 内将只保存此次导入的账号数据，若是选择"附加"，HMI 内账号数据将保留，并加入此次导入的新账号数据。

（10）数值输入与数值显示

数值输入和数值显示元件，都可用来显示所指定字符寄存器内的数值，其中数值输入元件可用键盘来输入数值，更改寄存器内的数据。

数值输入分为触控和位控制两种模式：

① 触控，用户通过触控元件来启动输入程序。

② 位控制，用户通过指定位寄存器的开或关来启动及结束输入程序。"允许输入位地址"用来指定控制输入启动及结束的位寄存器地址。输入时不可使用屏幕触控键盘，可以用计算机键盘输入。

（11）字符输入和字符显示

"字符输入"与"字符显示"元件使用 ASCII 码的方式显示所指定寄存器中的数据，其中字符输入元件可用键盘来输入数值，更改寄存器内的数据。字符输入元件比字符显示元件多了"通知"功能。

（12）曲线图

曲线图包括圆饼图、动态刻度、数据群组显示、XY 曲线、棒图、表针、动态绘图。

1) 圆饼图。输入数据于指定的字符地址后，以圆饼图的方式来显示各通道所占比例。

2) 动态刻度。该元件可呈现不同样式的刻度，并可以调整刻度内容，替其他元件如趋势图、棒图等提供刻度。其样式可选择圆形、水平、垂直三种。

3) 数据群组显示。一个数据群组是指一组连续地址中的数据，X 轴代表地址，Y 轴代表数据。数据群组显示元件也可同时显示多个数据群组的内容，用户可以观察和比较各寄存器中的数据。

4) XY 曲线。该元件用来显示二维坐标的 XY 数据点，每个数据包含 X 值和 Y 值，皆从寄存器中读取，同时可显示最多 16 组曲线。此功能可让用户观察和分析各寄存器中的数据，负数也可使用。

5) 棒图。该元件使用百分比例与棒图的方式，显示寄存器中的数据。棒图类型有直条和圆形。属性类型分一般型与偏差型。当选择偏差型时，需设定原点位置。另外，还可以设置棒图外框、背景颜色、棒的颜色和样式等。

6）表针。该元件是使用仪表图的方式，表示目前寄存器中的数据。另外，可设置角度、刻度标记、指针、轴心等外观。

7）动态绘图。该元件可在人机接口运作时，在一定区域内显示线段、矩形、圆形及点等图案。配合地址设定可画出不同的样式。

（13）动画

动画包括移动图形、动画、流动块。

1）移动图形。该元件可定义元件的状态和移动距离，元件会根据读取地址及连续寄存器内的数据，改变元件的状态与元件的移动距离。

2）动画。用户可以预先定义"动画"元件的移动轨迹，并利用更改寄存器内的数据，控制元件的状态与元件在移动轨迹上的位置。系统将使用连续两个寄存器内的数据来控制动画元件，第一个寄存器为控制元件的状态，第二个为控制元件的位置。

3）流动块。该元件表示导管内的滑块移动或运输情况，不同于以往使用"移动图形"元件绘制流动图形时需自行确认两点之间的位置是否整齐，流动块的每一段区块必须为精准的水平或垂直线段且流动间隔固定。流动块元件的特点如下：

① 每个线段必须为垂直或水平的直线，且流动间隔固定。

② 支持动态调整流速及方向（用指定寄存器调整）。

③ 可使用安全机制，利用指定位的状态作为流动块显示与否的依据。

（14）嵌入窗口

嵌入窗口分为间接窗口和直接窗口。

1）间接窗口。"间接窗口"元件是使用字符寄存器控制指定编号的窗口的弹出及关闭，欲关闭弹出窗口只需将字符寄存器的内容设定为 0 即可。

弹出窗口的显示范围有两种方式：

① 先在窗口上定义一个显示区域，在此显示区域内显示弹出窗口的内容。所显示的弹出窗口的长度与高度不会大于此显示区域。

② 使用"自动调整窗口尺寸"功能后，不需事先定义弹出窗口的区域，系统会自动根据对应的弹出窗口尺寸调整其显示区域。

2）直接窗口。"直接窗口"元件是用位寄存器去控制弹出窗口的开启及关闭。在窗口上定义一个显示区域，当所指的位寄存器的状态改变时，将在此显示区域内显示此窗口的内容，所显示窗口的长度与高度不会大于此显示区域，控制此弹出窗口的位寄存器状态即可关闭此弹出窗口。

"直接窗口"与"间接窗口"的区别：直接窗口是由位寄存器做控制，且须先设定弹出的窗口编号；而间接窗口则是由字符寄存器做控制，并根据寄存器内的数据弹出对应的窗口。

（15）日期/时间和二维码显示

"日期/时间"元件用来设定日期和时间。通过设置，可以显示不同的格式。

二维码显示：输入数据于指定的字符地址后，可产生相对于数据的二维码于窗口供扫描。可输入数据的字符长度为 1~1024。二维码有容错能力，如果有破损，仍然可以被机器读取，错误修正容量即校正标准（见表 7-7），分为四种——L、M、Q、H。

表 7-7　校正标准

L	7%的字码可被修正
M	15%的字码可被修正
Q	25%的字码可被修正
H	30%的字码可被修正

（16）文件浏览器

该元件可用于显示 SD 卡或 U 盘中的档案及文件夹。除浏览装置中的档案之外，在文件浏览器中点选的档案的文件名及路径会写入特定的地址。

6. 事件登录及报警功能

使用事件登录的基本流程如下：

① 定义事件触发条件与内容。

② 依据条件触发事件。

③ 可将事件记录储存到指定位置。

④ 可使用元件检视事件的完整处理周期。通过报警条、报警显示、事件显示等元件，可以得知事件从发生到等待处理直至警报解除的时间。

（1）事件登录

单击"事件登录"快捷键，进入设置画面，"当前类别"提供事件分类功能，将事件分为 0~255 个类别，可选择一个类别来输入或列出事件数据。当事件比较多时，可通过类别进行筛选。

"历史资料"中指定事件记录文件的储存位置，但若使用联机或脱机仿真功能时，文件一律存放在安装目录下的 HMI_memory/SD_card/USB 文件夹内。

若勾选了"文件保留时间限制"，将决定事件记录档案保留在 HMI 内存内的最大数量（不包含今天）。如果保留时间设定为 3 天，也就是系统将只保留除了今天以外的最新的 3 个事件记录档案，之前的档案将自动被删除，用来避免储存空间被耗尽。

单击"新增"进入"报警（事件）登录"设置，如图 7-40 所示。

"一般属性"标签页中，包括如下几项内容：

① 类别，选择事件类别，共分成 0~255 个类别。

② 等级，有低、正常、高、紧急四种等级。当已经发生事件的数目等于系统允许的最大值数目 1000 时，重要程度较低的事件将从事件记录中被删除，并加入新发生的事件。

③ HMI 重置时监视事件的延迟时间，与"动态状态数值"搭配使用。当 HMI 启动时，动态状态数值可能尚未设定，使用该功能可让系统延迟读取事件的时间。此功能仅在 HMI 启动时执行一次。

④ 类型，根据实际情况，可选"位"或"字"。

⑤ 读取地址，系统将读取此地址所获得的数据，来检查事件是否满足触发条件。当选择"位"时，事件登录将读取一个位地址的状态。触发条件可选择，ON、OFF、ON→OFF、OFF→ON。若选择"字"时，事件登录将检测字符地址的值是否等于、大于或小于一个特定数值。若勾选了"动态状态数值"，触发条件会参照指定地址的数值，若未勾选"读取/

图 7-40　报警（事件）登录设置

状态使用不同的地址"则触发条件的地址为"读取地址+1"。若勾选了"读取/状态使用不同的地址"，则可自行设定触发条件地址。

"信息"标签页中的"文字内容"可进行编辑，内容为事件记录在报警条、报警显示与事件显示元件中显示的信息内容。若勾选启用了"报警声"，当事件发生时会播放指定的声音，并且可以选择"持续发出警示声响"，直到该事件被确认或恢复正常时，才会停止发出声音。

（2）报警条和报警显示

报警条与报警显示元件可以用来显示已被定义在事件登录中，且系统目前状态满足触发条件的事件，此时这些事件也被称为警示。其具有如下属性：

① 报警条与报警显示元件，将利用事件被触发的时间先后，依序显示这些警示。

② 报警条元件，使用单行跑马灯形式呈现警示内容；报警显示元件可同时显示多行警示内容。

③ 报警条和报警显示元件，设定上唯一不同的是，报警显示可以设定确认地址。

④ 报警条和报警显示元件中，只能设定元件文字的尺寸与斜体效果，而报警条和报警显示中事件所显示的内容、字型与颜色则是根据事件登录中的设定而定。

（3）事件显示

事件显示元件可以用来显示已被定义在事件登录中，且曾经满足触发条件的事件。事件显示元件将根据事件被触发的事件顺序，依序显示这些事件。事件显示元件可以显示事件发生日期、事件发生时间、事件确认时间、恢复正常时间及事件信息的内容。内容可以用多行的方式显示。

在事件显示元件属性设置页面，可以设置"即时"或"历史"两种模式。即时模式将会显示所有自开机以来被触发的事件内容。历史模式时，系统会读取内存内的事件文件，显示数据于元件中。若检视的内容为当天的历史记录，将会每隔10s自动更新检视的内容。

7. 资料取样与数据记录

（1）资料取样

要使用资料取样的功能，首先要定义"资料取样"的取样方式，如取样时间、取样地址、及字符长度后；可将已获得的取样数据储存到指定的位置，如 HMI 内存、SD 卡或 U 盘；数据取样可搭配使用趋势图或历史数据显示元件检视数据取样记录的内容。

在资料取样设置画面，"取样方式"中若勾选了"优先执行"，则会优先执行数据取样功能。由于 HMI 会优先执行数据取样的动作，因此 HMI 画面的元件更新速度会减慢，所以要避免太多优先执行的取样设定，除非为特别紧急的需要优先执行的事件。

资料取样方式可分为周期式和触发式。采用"周期式"是指间隔固定的时间频率进行数据取样，采样周期可设定范围为 0.1s～120min。"触发式"是指利用一个特定的位地址状态，来触发取样动作。模式可为 OFF→ON、ON→OFF、ON↔OFF。若勾选"取样结束后设OFF"，则在触发数据取样后，系统会将触发位复归为 OFF。

在实时模式下，一个数据取样项目一天最多可以记录的取样数据笔数为 86400，即一天（24h），每秒取样一次，若"采样周期"设为"0.1s"，一天最多仍为 86400。数据取样达到最大笔数后，即自动停止数据取样动作。

"通道数"可设定读取多个不同格式的连续地址的数据，如将地址及格式分别设定为LW-0（16bit Unsigned）、LW-1（32bit Float）、LW-3（16bit Unsigned）。

若勾选了"清除实时数据地址"，当指定地址的状态由 OFF→ON 或 ON→OFF 时，将清除在趋势图"实时模式"下已取样的数据，取样数据的数目也会被归零，但不影响已经存成档案中的历史取样数据。

若勾选了"暂停取样控制"，当指定位地址的状态被触发时，将暂停取样动作，直到指定地址的状态恢复。

历史记录中"保存到 HMI"是指将取样数据保存在 HMI 里。需要注意的是数据必需要达到 4KB，才会被存储；若少于 4KB，可以使用系统缓存器［LB-9034］来强迫储存。也可以选择将数据"保存到 U 盘里"。若勾选了"每个档案包含一天的所有记录"，则数据取样将以一天为单位，按日期将档案储存于指定档名的文件夹内，且文件名为 yyyymm-dd.dtl。

（2）趋势图

该元件会使用连续的线段描绘资料取样中的数据，以方便进行资料分析。

趋势图设置的"一般属性"中，"资料取样元件索引"可以选择"资料取样"元件中已建立好的事件作为绘图所需的数据来源。显示方式可选择"即时"或"历史"。

① 即时模式，可显示来自资料取样元件从触摸屏开机后，固定笔数的取样数据。取样数据的显示数量于资料取样元件的"最大数据"中设定。当超过此设定的数量，则较旧的

数据会从画面上删除。若需要显示他日或较旧的资料，需使用历史模式。可以利用"暂停控制"功能暂停元件画面更新的动作，但仅指暂停画面刷新，并不会暂停"资料取样"元件的取样动作。

② 历史记录，来自资料取样元件，使用日期来分类并储存的取样数据。使用历史模式可以利用"资料取样元件索引"选定要显示的历史记录，并利用"历史数据控制"选择不同日期的历史记录。若检视的内容为当天的历史记录，将会每隔 10s 自动更新检视的内容。

历史模式中，HMI 会将取样数据的历史记录文件依时间先后排序，以日期最新的文件为记录 0（今日已存盘的取样数据），日期次新的文件为记录 1，其余记录依次类推。

在"历史控制"中所指定寄存器中的数据如果为 0，"趋势图"元件将显示记录 0 的数据；寄存器中的数据如果为 1，将显示记录 1 的数据。也就是说，寄存器中的数据如果为 n，将显示记录 n 的数据。

（3）圆盘曲线图

该元件可将资料取样的取样数据以极坐标系绘成圆盘曲线图，半径代表 y 分量，夹角代表 x 分量。使用上与趋势图相似。

"一般属性"设置中的"距离"是指圆周一圈的时间长度，单位为 h，长度范围为 1~24。

（4）历史数据显示

该元件用来显示已经储存的取样数据，跟趋势图不同的是，历史数据显示元件使用列表的方式直接显示这些数据的内容。若检视的内容为当天的历史记录，将会每隔 10s 自动更新检视的内容。

"一般属性"标签页，可设置"资料取样元件索引""网格""外观""文字""时间""日期"等。默认按照"时间逆序"进行记录的显示。

"数据显示格式"标签页，显示目前选取的"资料取样"元件一次取样的数据长度、各通道的数据格式、显示于此元件上的通道编号。"资料取样"元件执行一次将存取读取 4 个数据（通道 1~通道 4）。

"标题"标签页中若勾选"使用标题"，则用户可以自定义标题，编号、时间、日期是系统默认有的，其他可以自己指定。

8. 配方

（1）配方的使用

配方是用来描述生产一件产品所用的不同配料之间的比例关系，以表征一种工艺参数，是一群数据项的组合，如设备运行参数或生产工艺参数等。用户可使用名称或编号，作为配方索引。

通过在 HMI 上的选择控制，下载不同的配方数据到 PLC 控制器，进而改变机器设备的生产变量，以生产出相应的产品。现举例说明使用配方的一般步骤。

① 新增配方。单击"配方数据库"，进入设置页面，在配方列表中单击"新增配方"→"liuliang"，如图 7-41 所示。

② 新增项目。选中配方"liuliang"单击"新增项目"，如图 7-42 所示，设置好项目名称、显示类型、项目大小等。数据类型要与 PLC 匹配。

③ 设置好配方及配方项目后，在"数据"标签页，增加数据，如图 7-43 所示。

图 7-41　配方数据库设置页面

图 7-42　新增项目

左边的"liuliang",以及右边上方的四个配方项目,名称皆是读取系统参数设置的配方而来的;接下来依照各项目的格式定义,按下新增后,可编辑配方项目的数据。

每一个配方最多可以新增 10000 笔记录。配方数据在编译后会储存于 .exob 文件内并且被下载到 HMI。若是在下载工程文件后,再次使用配方记录修改配方内容,且需下载到 HMI,务必勾选"清除配方数据库",若无勾选,则触摸屏还是会保持旧的配方数据库内容。

④ 新增项目选单元件,注意"监看地址"选择"RECIPE-Selection",在"状态设置"标签页里面,设置好项目资料,如图 7-44 所示。

⑤ 画面上新增一个"字符输入"元件,注意"读取/写入地址"选择"RECIPE-liuliang-name";新增 3 个"数值输入"元件,"读取/写入地址"选择"RECIPE-QF1/QF2/QF3"。新增一个"触发式资料传输"元件,设置来源地址和目标地址,"字数量"是以来源/目标地址为首地址开始的 3 个地址。

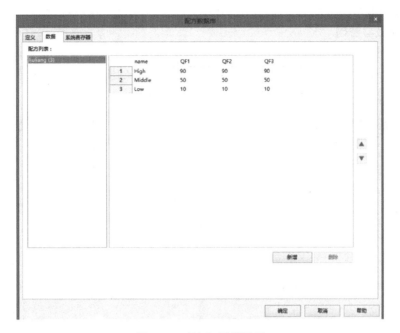

图 7-43   配方记录设置页

图 7-44   项目选单设置页

设置好后，单击"触发式传输"元件即可把设置好的配方数据传输到连接的 PLC 中。

（2）配方数据传送

配方数据是指存在 RW 与 RW_A（配方寄存器）地址上的数据，读写这些地址的方式与读写一般字符地址的方式相同。配方数据的特征在于关机后这些数据将保存在触摸屏闪存上，重新开机后 RW 和 RW_A 地址上的数据将维持前一次记录的内容。

RW 地址可储存的配方数据大小为 512Kword，而 RW_A 地址则为 64Kword，用户可以通过 SD 卡、U 盘、USB 或以太网更新配方数据，并利用这些数据更新 PLC 上的数据，同样也可以上传配方数据至计算机。用户也可以将 PLC 上的数据保存在配方数据中。

也可以通过"触发式数据传输"元件，将配方数据传送到特定地址；或者，将特定地址的数据保存在 RW 与 RW_A 中。

9. 用户等级与密码

（1）设置用户安全等级与密码

在 EasyBuilder Pro "系统参数设置" 里可以设置用户的安全等级与密码（见图 7-45），共有两种模式：一般模式和高级安全模式。一般模式用得较多。

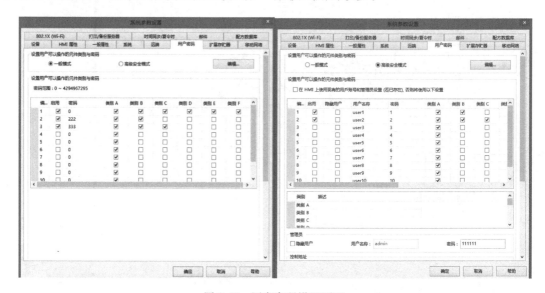

图 7-45　用户密码设置页面

1）一般模式

一般模式最多可设置 12 个用户，各设置不同的用户密码，并规划每个用户可操作的元件类别，分为 A~F 共 6 个类别。HMI 运行时，用户在成功输入密码后，系统会依照设置内容决定用户可以操作的元件类别。

2）高级安全模式

高级安全模式可设置的用户数为 11 组，另外提供管理员使用模式、此管理员有最大使用权限，任何元件的安全等级都可操作。不同的用户密码可由英文或数字所组成，并可设置每个用户可操作的元件类别分为 "A~L" 共 12 个类别。

高级安全模式提供一组控制地址机制，供用户登录和管理账号；或者，可使用 USB 安全密钥自动登录，当插入的设备含有 USB 安全密钥时，将自动登录指定的账号。

高级安全模式下可以设置 "工程文件密码"。

（2）元件操作安全防护

在操作所有元件时，在设置页面会有 "安全" 标签页，用于设置该元件的防护（见图 7-46）。一个元件只能属于一个安全等级，或者将安全等级设置为 "无"，任何人都可操作该元件。

勾选 "操作前先确认"，是指当按压一个元件后，会出现一个确认对话窗，需选中 "确认" 来确定操作。如果等待确认操作的时间超过确认等待时间，对话框会自动消失并取消动作。

用户限制：设置元件类别，只允许可操作此类别的用户操作。

236

图 7-46　功能键元件安全设置

操作类别："无"表示任何用户都可操作；"Adminastrator"表示只有管理员账号可以操作。

若勾选"操作完成后将使用限制取消"，一旦用户的操作等级被允许操作该元件，系统便不再检查该元件的安全等级。也就是说，其他用户，可随意操作该元件。一般很少用。

若勾选"当用户无权限操作此类别时弹出提示窗口"，当用户操作身份不符合此元件的操作等级时，将弹出警告窗口 7 号（见图 7-47）。用户可自行设置此窗口上的提示文字。

图 7-47　无权操作提示框

若勾选"当用户无权限操作此类别时隐藏该元件"，当用户操作身份不符合此元件操作的等级时，元件会被隐藏。

需要注意如下几点：

① 用户名称。设计用户登录窗口时，"用户名"采用"下拉式项目选单"，而"项目资料来源"选择"预设"，另外"设备"选择"系统寄存器"中的［LW-9219］。

② 用户密码。设计用户登录窗口时，"用户密码"使用"数值输入"元件，"设备"选择"系统寄存器"中的［LW-9220］。当密码输入错误时，系统寄存器［LB-9060］的状态

将被设置为 ON 状态；当密码输入成功时，［LB-9060］的状态将自动被恢复为 OFF 状态。用户 1 至用户 12 所有用户的密码可以利用读取系统保留寄存器［LW-9500］至［LW-9522］中的内容取得。

③ 在线更改密码。当［LB-9061］的状态设置为 ON 时，系统将读取［LW-9500］至［LW-9522］内的数值，更新用户的密码。此时用户可操作类别的元件并不会因密码的变更而改变。

④ 用户注销。设计用户注销时，采用"位状态设置"元件，"开关类型"选择"复归型"，"设备"选择"系统寄存器"中的［LW-9050］。

7.5　小结

作为最常用的人机界面，触摸屏有着大量的应用场景和规模庞大的应用数量。本章内容以市面上最常用的威纶通产品为对象进行讲解，其选用逻辑、使用方法及程序逻辑等也对其他产品有借鉴。同时，随着控制系统国产化的发展，基于国产软、硬件技术的触摸屏产品目前也逐步走向成熟，其在安全性、市场渠道等方面具备的优势，在工控系统设计及选用产品时值得关注。

第 **8** 章 工业组态软件

8.1 概述

8.1.1 组态软件

组态软件是工业组态软件的简称，是指一些专门用于数据采集与过程控制的专用软件。它们是在自动控制系统监控层一级的软件平台和开发环境，能以灵活多样的组态方式（而不是编程方式）提供良好的用户开发界面和简捷的使用方法，通过图形化界面操作，能快速建立计算机监控系统。组态软件通常运行在 PC 上，通过相应板卡或接口（如以太网、RS-232、RS-485）采集外部设备的数据，并能够控制外部设备执行特定操作。由于组态软件运行在 PC 上，所以通常被称为上位机软件。PLC 等控制系统设备软件则称为下位机软件。

一般而言，组态软件不是必需的。用户可以通过 VC、Qt、Delphi、C#、VB 等通用开发语言完成组态软件功能。但这种开发工作量大、开发时间长，而且可靠性因人而异。组态软件的优势在于对工业控制过程常见功能进行了大量封装，如动画、数据超差报警及市场上常见的控制器、板卡、总线等，因此对于用户开发来说非常方便。

组态软件通常具有下列特点：

① 通用性。每个用户根据工程实际情况，利用通用组态软件提供的底层设备（PLC、智能仪表、智能模块、板卡、变频器等）的 I/O 驱动、开放式的数据库和界面制作工具，就能完成一个具有动画效果、实时数据处理、历史数据和曲线并存、具有多媒体功能和网络功能的工程，不受行业限制。

② 封装性。通用组态软件所能完成的功能都用一种方便用户使用的方法封装起来，对于用户，不需掌握太多的编程语言技术，就能很好地完成一个复杂工程所要求的所有功能。

③ 扩展性。用通用组态软件开发的应用程序，当现场（包括硬件设备或系统结构）或用户需求发生改变时，不需很多修改而方便地完成软件的更新和升级。

常用的组态软件包括 InTouch、iFix、WinCC、组态王（KingView）、力控（ForceControl）及中电智科的 Proview 等。这些软件各具特色，但都含有大致相同的功能设计，包括图形组态模块（含控制网络组态、功能扩充脚本等）、数据变量管理维护模块、设备管理模块、系统设置组件及其他一些组件（如第三方板卡、设备驱动导入模块）等。

8.1.2 组态软件功能扩展

目前，实现组态软件的功能扩展至少有两种方法。第一种途径是通过开发相应的驱动程序来实现，成熟的组态软件均可通过开发驱动程序来扩展其功能。一般情况下，驱动由组态软件开发商开发并提供，用户特殊的功能需求需要给开发商支付一定的开发费用。使用组态软件提供的 COM 调用功能是另外一种解决方法。以北京亚控公司的组态王软件为例（下面均以组态王为对象进行说明），可在开发环境中通过工具箱的"插入通用控件"按钮导入需要的 COM 控件（OCX 文件），这是使用 COM 组件技术实现组态软件功能扩展的基础。

需要说明的是，本章内容是在工程实践过程中逐步形成的，成果也在工程实践中应用了很长时间。现在看来，开发时使用的开发工具落后于当前计算机技术发展（如 Delphi 语言），但是实现原理和方法没有太大变化，稍加改造就可以移植到现在主流开发语言中来，不影响对实现原理和方法的理解。

8.2　组态王

8.2.1　概要介绍

1. 概述

组态王（Kingview）软件是北京亚控科技有限公司开发的一种通用的工业监控软件。该软件提供了丰富的简捷易用的配置界面和大量的图形元素和图库精灵，同时也为用户创建图库精灵提供了简单易用的接口；具有历史曲线、报表及 web 发布等功能，能够以组态王的历史库或 KingHistorian 为数据源，快速建立所需的报表。它具有适应性强、开放性好、易于扩展、开发周期短等优点。它还具有丰富的设备驱动程序和灵活的组态方式、数据链接功能。作为一个开放型的通用工业监控软件，它支持与国内外常见的 PLC、智能模块、智能仪表、变频器、数据采集卡等（如西门子 PLC、莫迪康 PLC、欧姆龙 PLC、三菱 PLC、艾默生模块等），通过常规通信接口（如串口方式、USB 接口方式、以太网、总线、GPRS 等）进行数据通信。它也是目前应用较多的组态软件。

亚控公司在不断地进行新设备驱动的开发，有关支持设备的最新消息及设备最新驱动的下载可以通过亚控公司的网站 http://www.kingview.com 获取。

本章内容以组态王 6.55 版本进行介绍，该版本软件分为开发版、运行版、WEB 版、演示版等。演示版支持 64 点，开发和在线运行 2h。

2. 基本组成

组态王软件包由工程管理器（ProjManager）、工程浏览器（TouchExplorer）和画面运行系统（TouchView）三部分组成。组态王安装程序及桌面快捷图标如图 8-1 所示。

（1）工程管理器（ProjManager）

双击桌面快捷图标，进入工程管理器（见图 8-2）。工程管理器主要作用是为用户集中管理本机上的组态王工程，包括新建、删除工程，对工程重命名，搜索组态王工程，修改工程属性，工程的备份、恢复，数据词典的导入导出，切换到组态王开发或运行环境。

单击"文件"菜单，弹出下拉菜单（见图 8-3）。

单击"视图"菜单，弹出下拉菜单，可以选择是否显示工具栏和状态栏（见图 8-4）。

单击"工具"菜单，弹出下拉菜单（见图 8-5）。

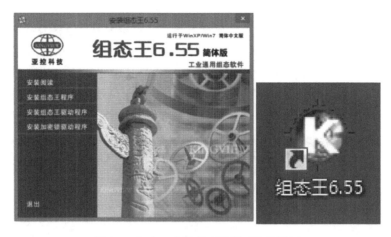

图 8-1　组态王安装程序及桌面快捷图标

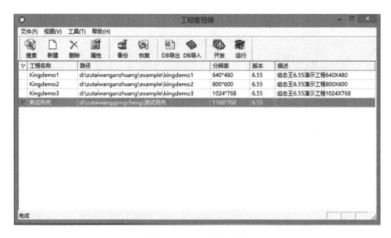

图 8-2　工程管理器

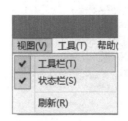

图 8-3　"文件"菜单的下拉菜单　　图 8-4　"视图"菜单的下拉菜单　　图 8-5　"工具"菜单的下拉菜单

（2）工程浏览器（TouchExplorer）

工程浏览器是组态王的集成开发环境，可以看到工程的各个组成部分，包括画面、数据库、外部设备、系统配置、SQL 访问管理器等。它们以树形结构表示，使用方法和 Windows

的资源管理器类似。

　　工程浏览器由菜单栏、工具栏、工程目录显示区、目录内容显示区及状态栏组成。工程目录显示区以树形结构图显示大纲项节点，用户可以扩展或收缩工程浏览器中所列的大纲项。选中目录显示区的某项后，在目录内容显示区显示相应的选项所包括的内容。

　　工程浏览器（见图8-6）作为工程开发设计工具，用于创建监控画面、监控的设备及相关变量、动画链接、命令语言及设定运行系统配置等，是组态王的开发系统。

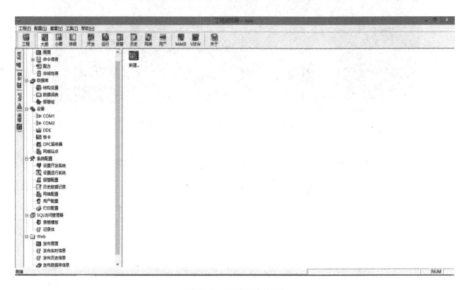

图 8-6　工程浏览器

（3）画面运行系统（TouchView）

　　工程运行界面，从采集设备中获得通信数据，并依据工程浏览器的动画设计显示动态画面（见图8-7），实现人与控制设备的交互操作。

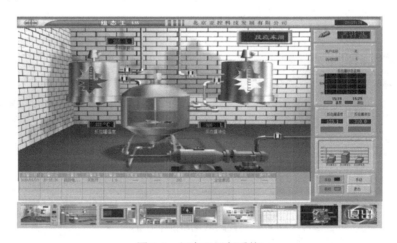

图 8-7　组态王运行系统

　　工程浏览器（TouchExplorer）和画面运行系统（TouchView）是各自独立的 Windows 应用程序，均可单独使用；两者又相互依存，在工程浏览器的画面开发系统中设计开发的画面应用程序，必须在画面运行系统（TouchView）运行环境中才能运行。

3. 工程开发流程

通常情况下，制作一个工程大致可分为以下几个步骤：

① 创建新工程，为工程创建一个目录，用来存放与工程相关的文件。

② 定义外部设备，把需要与之交换数据的设备或程序作为外部设备添加到工程中。

③ 构造数据库（定义变量），添加工程中使用的变量，包括内存变量和 I/O 变量。

④ 设计图形界面（定义画面），按照实际工程的要求绘制监控画面。

⑤ 建立动画连接，按照工程要求，使静态画面随着过程控制对象实际产生动态效果。

⑥ 编写命令语言，通过脚本程序的编写以完成较复杂的操作控制。

⑦ 运行系统的配置，系统用于现场运行前，需对运行系统、报警、历史数据记录、网络、用户等进行设置。

⑧ 保存工程并运行，完成以上步骤后，一个可以完整运行的工程就制作完成了。

以上各个步骤并不是完全独立的，事实上，这几个部分常常是交错进行的。在用组态王画面开发系统编制工程时，根据需要调整。同时，要依照上述过程考虑以下三个方面：

① 用户图形画面。怎样用抽象的图形画面来模拟实际的工业现场和相应的工控设备。

② 数据。怎样用数据来描述工控对象的各种属性呢？可以创建一个具体的数据库，通过此数据库中的变量反映工控对象的各种属性，如温度、压力等。

③ 数据和图形画面连接关系。画面上的图素以怎样的动画来模拟现场设备的运行，以及怎样让操作者输入控制设备的指令。

8.2.2　组态王使用

1. 开发环境

（1）工程浏览器概述

工程浏览器是组态王的重要组成部分，它将图形画面、命令语言、设备驱动程序、配方、报警、网络等工程元素集中管理（见图 8-8）。

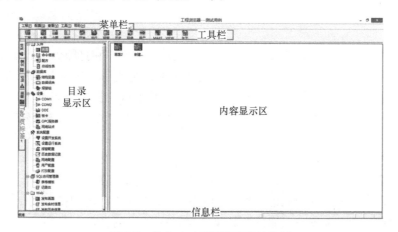

图 8-8　组态王工程浏览器的结构图

组态王工程浏览器由 Tab 标签条、菜单栏、工具栏、目录显示区、内容显示区、状态栏、信息栏组成。工程目录显示区，以树形结构显示功能节点，用户可以扩展或收缩工程浏览器中所列的功能项。工程浏览器左侧是"工程目录显示区"，主要展示工程的各个组成部分，主要包括"系统""变量""站点"和"桌面"4部分。这4部分的切换是通过工程浏览器最左侧的 Tab 标签实现的。其右侧是"目录内容显示区"，将显示每个工程组成部分的详细内容，同时对工程提供必要的编辑修改功能。

（2）工程浏览器的功能

组态王开发系统内嵌于组态王工程浏览器，又称为画面开发系统，是应用程序的集成开发环境，简单易学，操作界面和 Windows 中的资源管理器非常类似，为工程的管理提供了方便高效的手段。

下面简要介绍工程浏览器的功能。

① "工程"菜单的下拉菜单（见图 8-9），在此菜单中有如下功能：

a. 启动工程浏览器此命令，用来打开工程管理器。

b. 导入此命令，用于将另一组态王工程的画面和命令语言导入到当前工程中。

c. 导出此命令，用于将当前组态王工程的画面和命令语言导出到指定文件夹中。

d. 退出此命令，是关闭工程浏览器。

② "配置"菜单的下拉菜单（见图 8-10）。

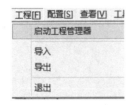

图 8-9　"工程"菜单的下拉菜单　　　　图 8-10　"配置"菜单的下拉菜单

a. 开发系统，用于对开发系统外观进行设置。

b. 运行系统，用于对运行系统外观、定义运行系统基准频率、设定运行系统启动时自动打开的主画面等。

c. 报警配置，用于将报警和事件信息输出到文件、数据库和打印机中的配置。

d. 历史数据记录，此命令和历史数据的记录有关，是用于对历史数据保存路径和其他参数（如数据保存天数）进行配置。可以利用历史趋势曲线、历史报表及 WEB 发布显示历史数据。另外，也可进行分布式历史数据配置，使本机节点中的组态王能够访问远程计算机的历史数据。

e. 网络配置，用于配置组态王网络。

f. 用户配置，用于建立组态王用户、用户组，以及安全区配置。

g. 打印配置，用于配置"画面""实时报警""报告"打印时的打印机。

h. 设置串口，用于配置串口通信参数及对 Modem 拨号的设置。

③ "查看"菜单的下拉菜单（见图 8-11）。

④ "工具"菜单的下拉菜单（见图 8-12）。

图 8-11　"查看"菜单的下拉菜单　　　　图 8-12　"工具"菜单的下拉菜单

a. 查找数据库变量，用于查找指定数据库中的变量，并且显示该变量的详细情况供用户修改。

b. 变量使用报告，用于统计组态王变量的使用情况，即变量所在的画面及使用变量的图素在画面中的坐标位置和使用变量的命令语言的类型。

c. 更新变量计数。数据库采用对变量引用进行计数的办法来表明变量是否被引用，"变量引用计数"为 0 表明数据定义后没有被使用过。当删除、修改某些连接表达式，或者删除画面，使变量引用计数变化时，数据库并不自动更新此计数值。用户需要使用更新变量计数命令来统计、更新变量使用情况。

d. 删除未用变量。数据库维护的大部分工作都是由系统自动完成的，设计者需要做的是在完成的最后阶段"删除未用变量"。在删除未用变量之前需要更新变量计数，目的是确定变量是否有动画连接或是否在命令语言中使用过，只有没使用过（变量计数为 0）的变量才可以删除。更新变量计数之前要求关闭所有画面。

e. 替换变量名称，用于将已有的旧变量用新的变量名来替换。

f. 工程加密。为了防止其他人员对工程进行修改，可以对所开发的工程进行加密，也可以对加密的工程进行取消工程密码保护的工作。

⑤"帮助"菜单，用于显示组态王的版本情况和组态王的帮助信息。

（3）组态王画面开发系统

组态王画面开发系统内嵌于组态王工程浏览器中，又称为界面开发系统，是应用程序的集成开发环境，开发人员在这个环境里进行系统开发。

单击工程浏览器工具条"MAKE"按钮或右键单击工程浏览器空白处，从显示的快捷菜单中选择"切换到 MAKE"命令，进入组态王"开发系统"。此时开发系统没有画面打开，菜单栏只有"文件"和"帮助"两栏。单击"文件"→"新画面"，输入画面名称，弹出图 8-13 所示的开发系统界面。或者直接单击目录显示区"画面"，单击右侧内容显示区"新建"，输入画面名称，也弹出图 8-13 所示的开发系统界面。

2. 变量定义与管理

（1）变量的类型

数据库是组态王最核心的部分。在组态王运行时，工业现场的生产状况要以动画的形式反映在屏幕上，同时开发人员在计算机发布前的指令也要迅速送达生产现场。所有这一切都是以实时数据库为中介环节，数据库是联系上位机和下位机的桥梁。数据库中存放的是变量的当前值，变量包括系统变量和用户定义的变量。变量的集合形象的称为"数据词典"。数据词典记录了所有用户可使用的数据变量的详细信息。

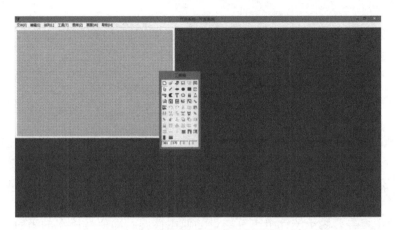

图 8-13　组态王界面开发系统界面

变量可以分为基本类型和特殊类型两大类。

1）基本类型

按照数据类型分，基本类型变量可分为实型、离散型、和字符串型、长整数型、结构变量。其中前几种变量与传统计算机高级语言中相应变量基本一致。这里重点说明结构变量，结构变量可包含多个成员，每一个成员就是一个基本变量。

按照数据来源分，基本类型的变量又分为"I/O 变量"和"内存变量"两类：

①"I/O 变量"指的是组态王与外部数据采集程序直接进行数据交换的变量，如下位机数据采集设备（PLC、仪表等）中定义的变量。这种数据交互是双向的动态的。也就是说，在组态王系统运行过程中，每当 I/O 变量的值改变时，该值就会自动写入下位机或其他应用程序；每当下位机或其他应用程序中的值改变时，组态王系统中的变量值也会自动更新。所以，那些从下位机采集来的数据、发送给下位机的指令，如"温度""湿度""管道压力""电源开关"等变量，都需要设置成"I/O 变量"。

②"内存变量"指那些不需要和其他应用程序交换数据，也不需要从下位机得到数据，只在组态王内需要的变量，如计算过程的中间变量，就可设置成"内存变量"。

依据来源及数据类型不同，可以看出基本类型变量有 8 种，包括内存离散、内存实型、内存整型、内存字符串、I/O 离散、I/O 实型、I/O 整型、I/O 字符串。

2）特殊类型

此类变量在变量的集合中是找不到的，是组态王内部定义的特殊变量。特殊变量类型有报警窗口变量、历史趋势曲线变量、系统预设变量三种。开发人员可用命令语言编制程序来设置或改变一些特性。

（2）变量的定义

打开工程浏览器，单击左边目录树中的"数据词典"，在右侧会显示当前工程所定义的变量。双击"新建"图标，弹出"定义变量"属性对话框（见图 8-14）。组态王的变量属性由基本属性、报警定义、记录和安全区三个标签页组成。

① 变量名。唯一标识一个应用程序中数据变量的名字，同一应用程序中的数据变量不能重名，数据变量名区分大小写，最长不能超过 32 个字符。变量名字可以是汉字或英文名

图 8-14　变量定义

字，如"温度""压力""液位""var1"等均可以作为变量名。

② 变量类型。只能定义 8 种基本类型中的一种；当定义有结构变量时，一个结构就是一种变量类型。

③ 描述。编辑和显示数据变量的注释信息。例如，想在报警窗口中显示某变量的描述信息，可在定义变量时，在描述编辑框中加入适当说明，并在报警窗口中加上描述项，则在运行系统的报警窗口中可见该变量的描述信息（最长不超过 39 个字符）。

④ 变化灵敏度。数据类型为模拟量或整型时此项有效。只有当该变量的值变化幅度超过"变化灵敏度"时，组态王才更新与它相连接的画面显示（缺省为 0）。

⑤ 最小值、最大值。该变量值在数据库中的下限、上限。

⑥ 最小原始值、最大原始值。前面定义的最小值所对应的输入寄存器值的下限、上限。

⑦ 保存参数。在系统运行时，如果变量的阈值（可读可写型）发生了变化，组态王运行系统退出时，系统自动保存该值。组态王运行系统再次启动后，变量的初始阈值为上次系统运行退出时保存的值。

⑧ 保存数值。系统运行时，如果变量的值发生了变化，组态王运行系统退出时，系统自动保存该值。组态王运行系统再次启动后，变量的初始值为上次系统运行退出时保存的值。

⑨ 初始值。这项内容与所定义的变量类型有关，定义模拟量时出现编辑框可输入一个数值，定义离散量时出现开或关两种选择。定义字符串变量时出现编辑框可输入字符串，它们规定软件开始运行时变量的初始值。

⑩ 连接设备。只对 I/O 类型的变量起作用。从"连接设备"下拉列表框中选择相应的设备即可。此下拉列表框所列出的连接设备名是组态王设备管理中已安装的逻辑设备名。用户要想使用自己的 I/O 设备，首先单击"连接设备"按钮，则"变量属性"对话框自动变成小图标出现在屏幕左下角，同时弹出"设备配置向导"对话框，开发人员根据安装向导完成相应设备的安装；当关闭"设备配置向导"对话框时，"变量属性"对话框又自动弹出。开发人员也可以直接从设备管理中定义自己的逻辑设备名。

⑪ 项目名。连接设备为 DDE 时，DDE 会话中的项目名，可参考 Windows 的 DDE 交换协议资料。

⑫ 寄存器。用来指定要与组态王定义的变量进行连接通信的寄存器变量名。该寄存器与开发人员指定的连接设备有关。

⑬ 转换方式。规定 I/O 模拟量输入原始值到数据库使用值的转换方式。

a. 线性，用原始值和数据库使用值的线性插值进行转换。

b. 开放，用原始值的二次方根进行转换。

c. 提供非线性查表和累计算法两种高级数据转换方式。

⑭ 数据类型。只对 I/O 类型的变量起作用，定义变量对应的寄存器的数据类型，共定义了 9 种数据类型供用户使用，分别为 BIT、BYTE、SHORT、USHORT、BCD、LONG、LONGBCD、FLOAT、STRING，具体范围请参阅手册。

⑮ 采集频率。用于定义数据变量的采集频率。与组态王的基准频率设置有关。

⑯ 读写属性。定义数据变量的读写属性，开发人员可根据需要定义变量为"只读"属性、"只写"属性、"读写"属性。

⑰ 允许 DDE 访问。组态王内置的驱动程序与外围设备进行数据交换，为了方便开发人员用其他程序对该变量进行访问，可通过选中"允许 DDE 访问"，这样组态王就作为 DDE 服务器，可与 DDE 客户程序进行数据交换。

（3）结构变量

在工程实际应用中，往往会有一个被控制对象有很多的参数变量，并且这样的被控制对象很多，每个对象的参数也基本相同。例如，一个压力容器可能有压力、液位控制、报警、温度和流量等参数，这样的压力容器在实际工程中会有很多。如果用户对每一个对象的每一个参数都在组态王中定义一个变量，有可能会造成使用时查找变量不方便，定义变量所耗费的时间很长，而且大多数定义的都是有重复属性的变量。如果将这些参数作为一个对象变量的属性，在使用时直接定义对象变量，就会减少大量的工作，提高效率。为此，组态王引入了结构变量的概念。

1）结构变量的定义

为方便用户快速、成批定义变量，组态王支持结构数据类型，使用结构数据类型定义结构变量。

结构变量是指利用定义的结构模板在组态王中定义变量，该结构模板包含若干个成员。当定义变量的类型为该结构模板类型时，该模板下所有的成员都成为组态王的基本变量。一个结构模板下最多可以定义 64 个成员。结构变量中结构模板允许两层嵌套，即在定义了多个结构模板后，在一个结构模板的成员数据类型中可嵌套其他结构模板数据类型。

在使用结构变量前，需要先定义结构模块和结构成员及属性。选择组态王工程浏览器数据库下的结构变量（见图 8-15），双击右侧的提示图标，进入结构变量定义对话框（见图 8-16）。

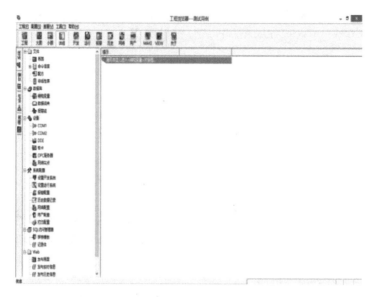

图 8-15 选择定义结构变量

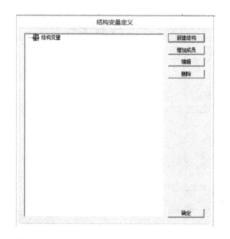

图 8-16 "结构变量定义"对话框

在对话框上有"新建结构""增加成员""编辑""删除"四个功能按钮，单击"新建结构"按钮，弹出结构变量名输入对话框，输入结构变量名称，单击"确定"按钮。以此类推可以建立多个结构。

2）增加成员

选中一个结构模板，然后单击"增加成员"按钮，弹出添加成员对话框，输入成员名称，即模板下的变量的名称；选择成员类型，如果用户定义了其他结构模板，其结构模板的名称也出现在数据类型中，用户选择结构模板作为数据类型，将其嵌入当前结构模板中；定义完毕后单击"确定"按钮。

（4）变量的管理

为了能够对变量进行有效管理和使用，组态王提供了许多有效的管理工具，如变量组、数据词典导入和导出、变量的更新和替换等。通过这些工具，用户可以对变量进行批量操作，也可以借助 Excel、Access 等成熟软件进行批量操作。

3. 动画

（1）动画连接概述

通过组态王开发系统，技术人员可以开发出静态的画面，但是静态画面是不能完全反映工程现场实际状况的。因此，需要借助实时数据库，使用数据库内变量的变化来驱动画面变化，以反映真实场景，这就是组态王开发系统提供的"动画连接"功能。

动画连接就是建立画面图素与数据库变量的对应关系。通过这样的对应关系，采集到的现场数据在变化时通过 I/O 接口，引起实时数据库内变量的变化，从而引起画面的变化动作，如液位的上下活动等。

图形对象与变量之间有丰富的连接类型。图形对象可以按动画连接的要求改变颜色、尺寸、位置、填充百分数等，一个图形对象还可以同时定义多个连接。把这些动画连接组合起来，将呈现出实时的动画效果。

（2）动画连接对话框内容说明

动画连接对话框是给图形对象定义动画连接的地方。双击组态王中的图形，就会弹出"动画连接"对话框（见图 8-17），如矩形框。

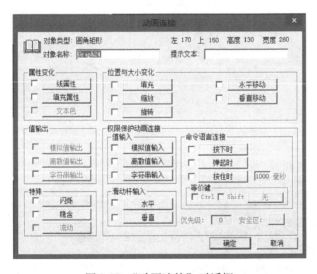

图 8-17　"动画连接"对话框

组态王提供了 21 种动画连接方式。其相应的功能如下：

①"属性变化"，共有 3 种连接（线属性、填充属性、文本色），规定了图形对象的颜色、线型、填充类型等属性如何随变量或连接表达式的值变化而变化。

②"位置与大小变化"，有 5 种连接（水平移动、垂直移动、缩放、旋转、填充），规定了图形对象如何随变量值的变化而改变位置或大小。

③"值输出"，只有文本图形对象能定义 3 种值输出连接中的某一种（模拟值输出、离

散值输出、字符串输出）。这种连接用来在画面上输出文本图形对象的连接表达式的值。运行时文本字符串将被连接表达式的值所替换，输出的字符串的大小、字体和文本对象相同。

④ "值输入"，所有图形对象都可以定义为 3 种用户输入连接中的一种（模拟值输入、离散值输入、字符串输入），输入连接使被连接对象在运行时为触敏对象。当运行时，触敏对象周围出现反显的矩形框，可由鼠标或键盘选中此触敏对象。

⑤ "命令语言连接"，所有的图形对象都可以定义 3 种命令语言连接中的一种（按下时、弹起时、按住时），命令语言连接使被连接对象在运行时成为触敏对象。当运行时，触敏对象周围出现反显的矩形框，可由鼠标或键盘选中。按 Space 键、Enter 键或鼠标左键，就会执行定义命令语言连接时用户输入的命令语言程序。按相应按钮弹出连接的命令语言对话框。

⑥ "特殊"，所有的图形对象都可以定义 2 种连接（闪烁、隐含），这是 2 种规定图形对象可见性的连接。

⑦ "滑动杆输入"，所有的图形对象都可以定义 2 种滑动杆输入连接中的一种（水平、垂直）。滑动杆输入连接使被连接对象在运行时为触敏对象。当运行时，触敏对象周围出现反显矩形框，鼠标左键拖动有滑动杆输入连接的图形对象可以改变数据库中变量的值。

⑧ "等价键"，设置被连接的图素在被单击执行命令语言时与鼠标操作相同功能的快捷键。

⑨ "优先级"，此编辑框用于输入被连接的图形对象的访问优先级级别。当软件运行时，只有优先级级别不小于此值的操作人员才能访问它，这是组态王保障系统安全的一个重要功能。

⑩ "安全区"，此编辑框用于设置被连接对象的操作安全区。当工程处在运行系统时，只有在设置安全区内的操作人员才能访问它，安全区与优先级一样是组态王保障系统安全的一个重要功能。

4. 趋势曲线和其他曲线

组态王的实时数据和历史数据除了在画面中以值输出的方式和以报表形式显示外，还可以用曲线的形式显示。组态王的曲线有趋势曲线、温控曲线和超级 X-Y 轴曲线。

（1）趋势曲线

趋势分析是控制软件必不可少的功能，组态王对该功能提供了强有力的支持和简单的控制方法。

趋势曲线有实时趋势曲线和历史趋势曲线两种。曲线外形类似坐标纸，X 轴代表时间，Y 轴代表变量值。画面程序运行时，实时趋势曲线可以自动卷动，以快速反应变量随时间的变化；历史趋势曲线不能自动卷动，它一般与功能按钮一起工作，共同完成历史数据的查看工作，这些按钮可以完成翻页、设定时间参数、启动/停止记录、打印曲线图等复杂功能。

1）实时趋势曲线

工具箱中选中"实时趋势曲线"工具，然后在画面上绘制趋势曲线，如图 8-18 所示。双击实时趋势曲线图，弹出"实时趋势曲线"对话框，进行设置，如图 8-19 所示，设置完成后，单击"确定"即可。

2）历史趋势曲线

组态王提供三种形式的历史趋势曲线。

① 第一种是从工具箱中调用历史趋势曲线，对于这种历史趋势曲线，用户需要对曲线

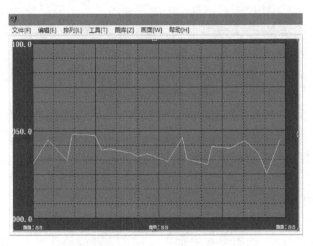

图 8-18　工具箱中选中"实时趋势曲线"

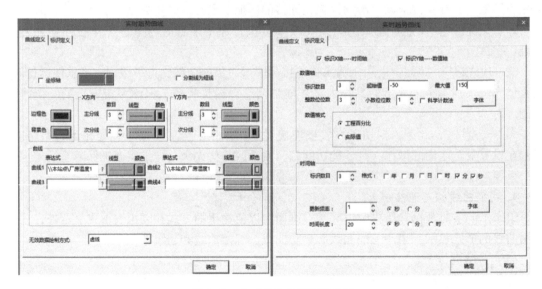

图 8-19　实时趋势曲线属性设置

的各种操作按钮进行定义，即建立命令语言连接才能操作历史曲线，用户自主性较强，能绘制出个性化的历史趋势曲线。该曲线控件最多可以绘制 8 条曲线，但无法实现曲线打印功能。

② 第二种是从图库管理器中调用已经定义好各功能按钮的历史趋势曲线，对于这种历史趋势曲线，用户只需要定义几个相关变量，适当调整曲线外观即可完成历史趋势曲线的复杂功能，这种形式使用简单方便。该曲线控件最多可以绘制 8 条曲线，但无法实现曲线打印功能。

③ 第三种是调用历史趋势曲线控件，对于这种历史趋势曲线来说其功能很强大，使用比较方便。通过该控件，不但可以实现组态王历史数据的曲线绘制，还可实现 ODBC 数据库中数据记录的曲线绘制，而且在运行状态下，可以实现在线动态增加/删除曲线、曲线图标

的无级缩放、曲线的动态比较、曲线的打印等，最多可绘制 16 条曲线。

无论使用哪一种历史趋势曲线，都要进行相应配置，主要包括变量属性配置和历史数据文件存放位置配置。下面简要介绍其配置。

① 定义变量范围。由于历史趋势曲线数值轴显示的数据是以百分比来显示的，因此对于要以曲线形式来显示的变量需要特别注意变量的范围。如果变量定义的范围很大，如 −999999 ~ 999999，而实际变化范围很小，如 −0.0001 ~ +0.0001，这样曲线数据的百分比数值就会很小，在曲线图表上就会出现看不到该变量曲线的情况。

② 对变量做历史记录。对于要以历史趋势曲线的形式显示的变量，都需要对变量作记录。在组态王中，离散型、整型和实型变量支持历史记录，字符串型变量不支持历史记录。组态王的历史记录形式可以分为数据变化记录、定时记录（最小单位为 1min）和备份记录。记录形式的定义通过变量属性对话框中提供的选项完成。单击"定义变量"属性设置对话框中的记录和安全区，进行设置，如图 8-20 所示。

图 8-20 "记录和安全区"标签页

下面以调用历史趋势曲线的控件为例介绍历史趋势曲线的用法。

KVHTrend 曲线控件是组态王以 ActiveX 控件形式提供的绘制历史曲线和 ODBC 数据库曲线的功能性工具。

① 创建历史趋势曲线控件（见图 8-21）。组态王开发系统画面中，在工具箱中单击"插入通用控件"或选择菜单"编辑"→"插入通用控件"，弹出"插入控件"对话框，在列表中选择"历史趋势曲线"，单击"确定"按钮。

② 属性设置。在历史趋势曲线控件上单击鼠标右键，在弹出的快捷菜单中选择"控件属性"命令，弹出属性对话框，历史趋势曲线固有属性含有 5 个标签页：曲线、坐标系、预置打印选项、报警区域选项、游标配置选项，如图 8-22 所示。曲线属性页中数据源是说明在定义绘制曲线时，历史数据的来源，可以选择组态王的历史数据库或其他 ODBC 数据库为数据源。

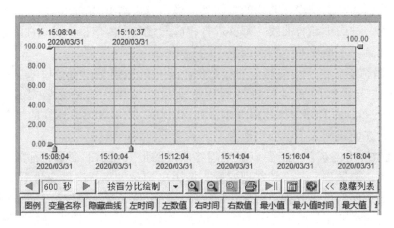

图 8-21　历史趋势曲线控件

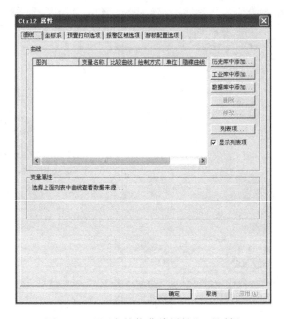

图 8-22　"历史趋势曲线属性"对话框

　　单击"历史库添加",出现"增加曲线"对话框(见图 8-23)。在"变量名称"文本框中输入要添加的变量名称,或者在左侧列表框中选择。

　　坐标系、预置打印选项、报警区域选项、游标配置选项属性页可以根据用户的需要进行设置。设置完成后,单击"确定"按钮,得到温度、湿度历史趋势曲线图如图 8-24 所示。

　　(2) 温控曲线

　　温控曲线是用来实现对现场温度的控制和监测,反映出实际测量值按设定曲线变化的情况。在温控曲线中横轴代表对应时间的变化,纵轴代表温度值。同时,将每一个温度采样点显示在曲线中,它既可以显示设定的温控曲线,也可以动态显示实时采样,主要适用于温度控制、流量控制等。

　　单击工具箱中"插入控件"按钮(见图 8-25)。在"创建控件"对话框中选"温控曲线",双击"温控曲线"或单击"创建"按钮(见图 8-26)完成控件创建。双击该控件可以进行属性设置。

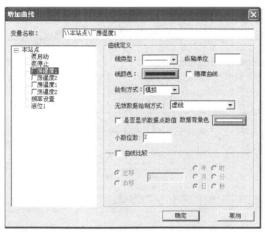

图 8-23 "增加曲线"对话框

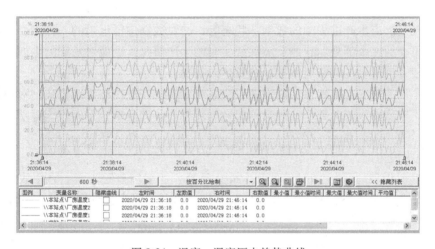

图 8-24 温度、湿度历史趋势曲线

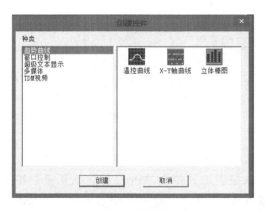

图 8-25 创建控件

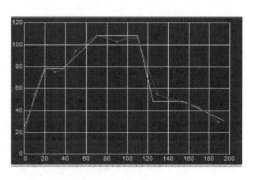

图 8-26 温控曲线控件

（3）X-Y 轴曲线

X-Y 轴曲线是用曲线来表示两个变量之间的运行关系，如时间-流量、电流-转速等。

单击工具箱"插入控件"按钮，弹出对话框。选择"X-Y 轴曲线"，双击"X-Y 轴曲图"或单击"创建"完成控件创建。X-Y 轴曲线控件如图 8-27 所示。

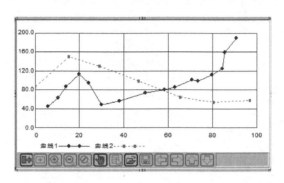

图 8-27　X-Y 轴曲线控件

5. 报表系统

数据报表是反应生产过程中的数据、状态等，并对数据进行记录的一种重要形式，是生产过程中不可少的一个部分。它能反应系统实时的生产情况，也能对长期的生产过程进行统计、分析，使管理人员能够实时掌握和分析生产情况。

组态王不仅为开发人员提供了内嵌式报表系统，实现任意设计报表格式，对报表进行组态，还提供了丰富的报表函数，实现运算、数据转换、统计分析、报表打印等功能。

（1）制作实时数据报表

1）新建报表窗口

新建"实时报表画面"，在组态王工具箱内选择"报表窗口"工具，在报表画面上绘制报表，如图 8-28 所示，双击报表窗口的灰色部分，弹出"报表设计"对话框，定义报表控件名为"实时数据报表"，单击"确定"按钮，如图 8-29 所示。

图 8-28　报表窗口

图 8-29　报表设计

2）设计报表

① 设置表头格式。选中 b1～c1 单元格区域，从报表工具箱上单击"合并单元格"按钮，在报表工具箱的编辑框里输入文本"实时数据报表"，单击"输入"按钮；或者，双击合并的单元格，使输入光标位于该单元格中，然后输入"实时数据报表"。单击报表工具箱中的"设置单元格格式"按钮，设置单元格格式。

② 设置报表时间。在单元格 b2 中显示当前时间,双击该单元格,然后输入函数 " = Date(＄年,＄月,＄日)"。c2 中显示当前时间,双击该单元格,然后输入 " = Time(＄时,＄分,＄秒)"。设置单元格 b2 的格式为:数字-日期(YY/MM/DD)。设置单元格 c2 的格式为:数字-时间(13:30:00)。

③ 显示变量的实时值。在 a3 单元格中输入文本"液位",再选中 b3 单元格,在单元格中直接插入变量"液位 1",注意在该变量前加一个 " = ",如没有等号会被认为是个字符串。

3)保存报表

在报表工具箱中单击"保存"按钮,选择保存路径及名字。

4)报表打印

在画面中"新建打印"按钮,在弹起时命令语言中输入"ReportPrint2"(实时数据报表)。

(2)制作历史数据报表

1)表格设计

历史报表的创建和表格样式设计与实时数据报表方法一样,用上面同样的方法建立一个历史数据报表,在报表画面中建一个"报表查询"按钮,在"弹起时"命令语言中输入历史查询函数"ReportSetHistData2();"。在此要注意的是,对哪个变量进行数据报表查询,必须在定义变量时的"记录和安全区"中数据记录方式进行设置,如"不记录、定时记录、数据变化记录、每次采集记录、备份记录"等,根据需要进行选择。

运行时,打开历史报表画面,单击"报表查询"按钮,在弹出的对话框中设置起始时间、终止时间和时间间隔,选择需查询的变量,单击"确定"按钮进行查询。

2)报表函数

常用的报表函数如下:

ReportPageSetup,在运行系统中对指定的报表进行页面设置。

ReportPrintSetup,对指定的报表进行打印预览并且可输出到打印配置中自动的打印机上进行打印。

ReportGetCellString,获取指定报表的指定单元格的文本。

ReportGetCellValue,获取指定报表的指定单元格的数值。

ReportLoad,将指定路径下的报表读到当前报表中来。

ReportSaveAs,将指定报表按照所给的文件名存储到指定目录下。

ReportSetCellValue,将指定报表的指定单元格设置为给定值。

ReportSetCellValue2,将指定报表的指定单元格区域设置为给定值。

ReportSetHistData,按照用户给定的参数查询历史数据。

6. 报警和事件

报警是指当系统中某些量的值超过了所规定的界限时,系统自动产生相应警告信息,表明该量的值已经超限。此时应该及时提醒操作人员,报警允许操作人员应答。

事件是指用户对系统的行为、动作,如修改了某个变量的值,用户的登录、注销,站点的启动、退出等。事件不需要操作人员应答。

报警和事件的产生、记录,是保证工业现场安全生产必不可少的。组态王对报警和事件的处理方法是,当报警和事件发生时,组态王把这些信息存于内存中的缓冲区,由于报警和事件在缓冲区是以先进先出的队列形式存储，所以只有最近的报警和事件在内存中。当缓冲区达到指定数目或记录定时时间到时，系统自动将报警和事件信息进行记录。

（1）报警窗口

1）定义

报警和事件主要包括变量报警事件、操作事件、用户登录事件和工作站事件。通过这些报警和事件，用户可以方便地记录和查看系统的报警、操作和各个工作站的运行情况。当报警和事件发生时，在报警窗口会按照设置的过滤条件实时地显示出来。

切换到工程浏览器，在左侧选择"报警组"，然后双击右侧的图标进入"报警组定义"对话框，如图8-30所示。

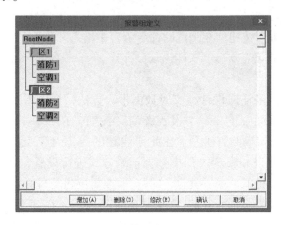

图8-30 "报警组定义"对话框

在"报警组定义"对话框中单击"增加"，在根目录下新增"厂区1"和"厂区2"2个报警组名，并分别在报警组下在增加"消防"和"空调"分组。

2）配置

设置变量"液位1"的报警属性。在工程浏览器的左侧选择"数据词典"，在右侧双击变量名"液位1"，弹出"定义变量"对话框；在"定义变量"对话框中单击"报警定义"配置页，弹出对话框，进行配置。只有在"报警定义"对话框中定义了变量所属的报警组名和报警方式后，才能在报警和事件窗口中显示此变量的报警信息，如图8-31所示。

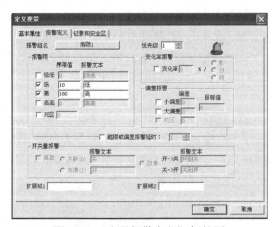

图8-31 "变量报警定义"标签页

（2）建立报警和事件窗口

1）建立新画面

新建一个名为"报警画面"的窗口。

2）在工具箱中选择"报警窗口"工具，绘制报警窗口，如图 8-32 所示。

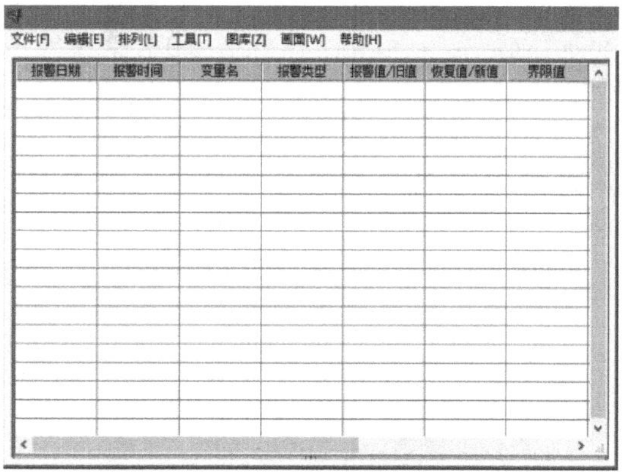

图 8-32　绘制报警窗口

双击报警窗口，弹出"报警窗口配置属性页"对话框，可以对其进行设置。

通用属性（见图 8-33）：报警窗口名为 alarm；历史报警窗，有效；显示列标题，有效；显示状态栏，有效；显示水平网格，有效；显示垂直网格，有效；报警自动卷滚，有效；新报警位置，最前。

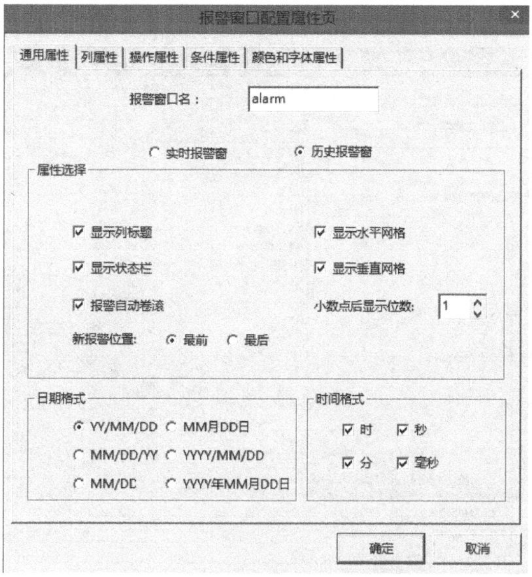

图 8-33　通用属性配置

列属性（见图 8-34）：设置为在运行时，将事件日期、事件时间、报警日期、报警时间、变量名、报警类型、报警值/旧值、界限值、报警组名、操作员等各项信息。

航天发射场设备控制技术基础

操作属性（见图 8-35）：设置显示工具条，有效；允许报警确认，有效；允许双击左键，有效。

图 8-34 列属性配置

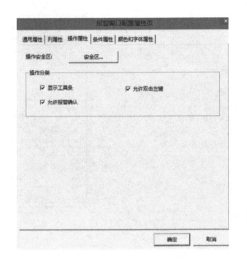

图 8-35 操作属性配置

条件属性（见图 8-36）：设置报警服务器名，本站点；报警信息源站点，本站点；报警类型，事件类型全选中；报警组，厂区 1；优先级，999（范围为 1~999，999 为最低的优先级）。

图 8-36 条件属性配置

颜色和字体属性：根据实际需要设置。

3）报警窗口的操作

图标快捷按钮依次为，报警确认、报警删除、更改报警类型、更改事件类型、更改优先级、更改报警组、更改站点名、更改报警服务器名（运行系统初始时，报警窗口按照开发中对报警窗口配置属性进行定义的结果显示）。

报警窗口运行效果如图 8-37 所示。

图 8-37　报警窗口运行效果

（3）实时报警窗口

1）实时报警画面的绘制

制作一个实时报警画面，画面属性选择"覆盖式"，实时报警画面的绘制与报警画面的绘制方法相同。只是在"报警窗口配置属性页"的"通用属性"选择"实时报警窗"。因为报警画面显示的实时值，所以它会不断弹出，覆盖要查看的画面。

2）实时报警画面的自动弹出

使用事件命令语言，在事件描述内输入：\\本站点\ $新报警＝＝1，在发生时输入函数：

ShowPicture（"实时报警画面"）；

\\本站点\ $新报警＝0；

这样每次有新报警产生就会弹出实时报警画面（见图 8-38）。

3）报警和事件输出

报警和事件输出有 4 种形式：运行系统报警窗口、文件、数据库和打印机。其输出格式及其他配置可以在报警配置内配置。

7. 系统安全管理

安全保护是应用系统不可忽视的问题，在组态王开发系统中可以对工程进行加密，对画面上图形对象设置访问权限，同时给操作者分配访问优先级和安全区，组态王以此来保障系统的安全运行。它具体包括工程加密/去密、给画面上的图形对象设置访问权限、给操作人员分配访问优先级和安全区等手段，具体请参阅手册。

8. 用户脚本程序

组态王命令语言是一种在语法上类似 C 语言的程序，开发人员可以利用这些程序来增强应用程序的灵活性，处理一些算法和操作。

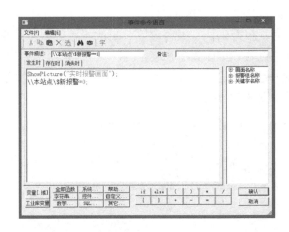

图 8-38　实时报警画面的自动弹出的设置

命令语言都是靠事件触发执行的，如定时、数据的变化、键盘按下、鼠标单击等。根据事件和功能的不同，包括应用程序命令语言、热键命令语言、事件命令语言、自定义函数命令语言、动画连接命令语言和画面命令语言等。其具有完备的语法查错功能和丰富的运算符、数学函数、字符串函数、控件函数、SQL 函数和系统函数。各种命令语言通过"命令语言编辑器"编辑输入，在组态王运行系统中编译执行。

应用程序命令语言、热键命令语言、事件命令语言、数据改变命令语言可以称为"后台命令语言"，它们的执行不受画面打开与否的限制，只要符合条件就可以执行。另外，可以使用运行系统中的菜单"特殊/开始执行后台任务"和"特殊/停止执行后台任务"来控制所有这些语言是否执行，而画面和动画的连接命令语言的执行不受影响。也可以通过修改系统量"＄启动后台命令语言"的值来实现上述控制，该值置 0 时停止执行，置 1 时开始执行。

（1）应用程序命令语言

在工程浏览器的目录显示区，选择"文件"→"命令语言"→"应用程序命令语言"，在右边内容显示区出现"请双击这儿进入<应用程序命令语言>对话框…"图标，如图 8-39 所示。

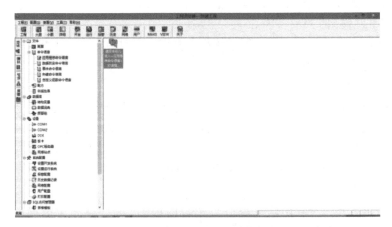

图 8-39　选择应用程序命令语言

双击该图标，则弹出"应用程序命令语言"对话框，如图 8-40 所示。

图 8-40 "应用程序命令语言"对话框

在输入命令语言时，除汉字外，其他关键字（如标点符号）必须以英文状态输入。

应用程序命令语言是指在组态王运行系统应用程序启动时、运行期间和程序退出时执行的命令语言程序。如果是在运行系统运行期间，该程序按照指定时间间隔定时执行。当选择"运行时"标签时，会有输入执行周期的编辑框"每 XX 毫秒"。输入执行周期，则组态王运行系统运行时，将按照该时间周期性地执行这段命令语言程序，无论打开画面与否。

① 启动时。在该编辑器中输入命令语言程序，该程序只在运行系统程序启动时执行一次。

② 停止时。在该编辑器中输入命令语言程序，该段程序只在运行系统程序退出时执行一次。

命令语言程序只能定义一个。

（2）数据改变命令语言

在工程浏览器中选择"命令语言"→"数据改变命令语言"，在浏览器右侧双击"新建…"按钮，弹出"数据改变命令语言"对话框，如图 8-41 所示。

图 8-41 "数据改变命令语言"对话框

在命令语言编辑器"变量〔域〕"编辑框中输入或通过单击"？"按钮来选择变量名称（如液位 1）。这里可以连接任何类型的变量和变量的域，如离散型、整型、实型、字符串型、报警窗等，当连接的变量的值发生变化时，系统会自动执行该命令语言程序。

数据命令语言可以按照需要定义多个。

（3）事件命令语言

事件命令语言是指，当规定的表达式的条件成立时执行的命令语言，如某个变量等于定值，某个表达式描述的条件成立等。在工程浏览器中选择"命令语言"→"事件命令语言"，在浏览器右侧双击"新建…"，弹出"事件命令语言"对话框，如图 8-42 所示。

图 8-42 "事件命令语言"对话框

① 发生时，是指事件条件初始成立时执行一次。

② 存在时，是指事件存在时定时执行，在"每 XX 毫秒"编辑框中输入执行周期，则当事件条件成立存在期间周期性执行命令语言。

③ 消失时，是指事件条件由成立变为不成立时执行一次。

④ 事件描述，是指命令语言执行的条件。

（4）画面命令语言

画面命令语言就是与画面显示与否有关的命令语言程序。画面命令语言定义在画面属性中，打开一个画面，选择菜单"编辑"→"画面属性"，或用鼠标右键单击画面，在弹出的快捷菜单中选择"画面属性"菜单项，打开"画面属性"对话框，在对话框上单击"命令语言…"按钮，弹出"画面命令语言"对话框。画面命令语言分为三个部分：显示时、存在时、隐含时。

① 显示时，是指打开或激活画面为当前画面，或画面由隐含变为显示时执行一次。

② 存在时，是指画面在当前显示时，或更新画面由隐含变为显示时周期性执行，可以定义指定执行周期，在"存在时"中的"每 XX 毫秒"编辑框中输入执行的周期时间。

③ 隐含时，是指画面由当前激活状态变为隐含或被关闭时执行一次。

只有画面被关闭或其他画面完全遮盖时，画面命令语言才会停止执行。

只与画面相关的命令语言可以写到画面命令语言中，如画面上动画的控制等，而不必写到后台命令语言中，如应用程序命令语言等，这样可以减轻后台命令语言的压力，提高系统运行的效率。

（5）动画连接命令语言

对于图素，有时一般的动画连接表达式完成不了的动作，程序只需要单击一个画面上的按钮等图素就能执行，如单击一个按钮执行一连串的动作，或执行一些运算、操作等。这时可以使用动画连接命令语言，该命令语言是针对画面上的图素的动画连接的。组态王中的大多数图素都可以定义动画连接命令语言。例如，在画面上放置一个按钮，双击该按钮，弹出动画连接对话框。

① 按下时。当鼠标在该按钮上按下时，或与该连接相关联的热键按下时执行一次。

② 弹起时。当鼠标在该按钮上弹起时，或与该连接相关联的热键弹起时执行一次。

③ 按住时。当鼠标在该按钮上按住，或与该连接相关联的热键按住，没有弹起时周期性执行这段命令语言。

9. 组态软件信息窗口

组态王信息窗口是一个独立的 Windows 应用程序，用来记录、显示组态王开发和运行系统在运行时的状态信息，包括系统的启动、关闭、运行模式，历史记录的启动、关闭，I/O 设备的启动、关闭，网络连接的状态，与设备连接的状态，命令语言中函数未执行成功的出错信息等，如图 8-43 所示。

图 8-43　组态软件信息窗口

8.2.3　组态软件功能扩展技术

目前，实现组态软件的功能扩展至少有两种方法。第一种方法，是通过开发相应的驱动程序来实现的，成熟的组态软件均可通过开发驱动程序来扩展其功能。一般情况下，驱动由组态软件开发商开发并提供，用户特殊的功能需求需要给开发商支付一定的开发费用。使用组态软件提供的 COM 调用功能是另外一种方法。

1. COM 组件方式

以北京亚控公司的组态王软件为例（下文均以组态王为对象进行说明），可在开发环境中通过工具箱的"插入通用控件"按钮导入需要的 COM 控件（.ocx 文件），这是使用 COM 组件技术实现组态软件功能扩展的基础。具体步骤包括：

1）注册 COM 控件

把 .ocx 文件和对应的 .lic 文件复制到指定目录下，为了防止出错，建议目录路径不包含中文或空格。使用命令"regsvr32 ocx"+"文件名"进行注册，如图 8-44 的命令"regsvr32 dqdata2c3ocx.ocx"，回车运行后会有注册成功提示。

图 8-44　注册 COM 控件

2）通过组态王开发环境导入

在组态王开发环境中，通过"工具箱"中的"插入通用控件"按钮（见图 8-45）打开添加刚才注册的 COM 控件(.ocx 控件)，图 8-46 所示"插入控件"窗口中选中部分就是刚刚注册成功的 COM 控件，单击"确定"后，弹出"插入通用控件"的结果，如图 8-47 所示。

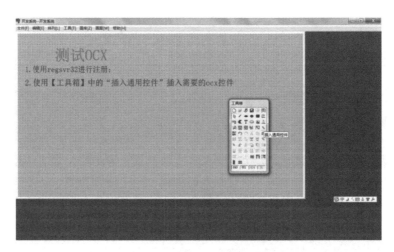

图 8-45　"插入通用控件"按钮

3）编写脚本进行调用

插入 COM 控件以后，就可与组态王自带的 COM 控件一样使用，一般通过脚本进行调

用。可以通过"命令语言"窗口下方的"控件"按钮查看控件的属性和方法，如图 8-48
所示。

图 8-46　"插入控件"窗口

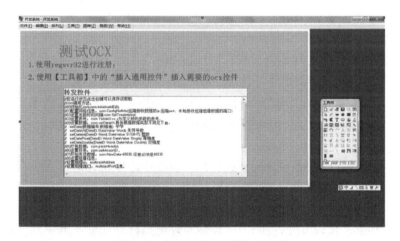

图 8-47　"插入通用控件"的结果

2. 驱动程序方式

详见 8.3 节组态王驱动开发部分相关内容。

3. 两种方式的比较

上述两种方法从本质上讲都需要实现一个 COM 组件。COM 技术是组态软件实现设备与
系统之间数据交换的技术基础。组态软件为设备驱动程序定义了统一的接口协议，每个设备
的驱动实际上就是一个符合统一接口要求的 COM 组件。两种方式不同的方面如下：

① 驱动是以 .dll 文件和描述文件（.des）形式存在，"插入通用控件"（下面均以 COM

图 8-48　编写脚本进行调用

控件表示该通用控件）时调用的 COM 是 . ocx 文件。

② 驱动有严格的规范，必须实现 StrToDevAddr、GetRegisters 等开发态函数和 AddVar-ToPacket、ProcessPacket 等运行态函数，而对 COM 控件中的函数没有要求。

③ 开发环境中，驱动提供的数据容器（寄存器）必须绑定变量才能使用，而 COM 控件中的数据直接可以在组态王中访问（唯一受影响的是数据是否是 public 型），但是对数据的读写操作必须通过编写代码实现。

④ 驱动按照组态软件机制定制而成，因此驱动初始化、调用等均由组态王自动完成，用户无须编写调用代码。COM 控件则必须由用户编写代码进行调用。

⑤ 从调试开发角度来看，调试驱动程序需要特殊程序的支持（如组态王 debug 版本的 TouchView、TouchExplorer），而 COM 控件的调试可以在任何一种高级语言的开发环境中进行。

⑥ 驱动的开发目前只支持 VC++开发语言。而开发 COM 组件的语言没有限定，传统的高级语言如 VC、Delphi、VB 及 C#等都支持。

综上所述，驱动的优势在于能够与组态软件完全融合，组态软件接管了数据的获取及给变量的赋值，使用起来比较方便；而 COM 控件实现组态软件功能扩展虽然比较烦琐，但是受约束（不需要调试工具支持、不需要了解驱动程序构架）较少，因此也是一种值得探索、研究的方法。

8.3　组态王驱动开发

8.3.1　组态王驱动运行机制

组态王驱动采用 Windows 标准 COM 组件，组态王把每一台与其通信的下位机都看作是外部设备，并把驱动程序作为外部设备与组态王的通信接口。在组态王运行时，外部设备通过接口驱动程序与上位机组态王进行数据交互，实现数据的采集功能和指令、数据的下发功能。每个外部设备的驱动程序都作为一个 COM 对象，这样外部设备、驱动程序和组态王就构成了一个完整的控制系统。

组态王的驱动程序是组态王和硬件设备连接的桥梁，驱动程序中的各函数是被组态王的两个应用程序 TouchExplorer. exe 和 TouchVew. exe 调用的。如果这两个应用程序都不启动，函数中的代码将永远没有机会执行。因此，必须严格按照驱动程序开发步骤和规范来进行驱动开发。

8.3.2　组态王 I/O 采集机制

（1）I/O 驱动在组态王中的处理过程

组态王通过主线程和数据采集线程与驱动程序通信。其中，数据采集线程还可能包含多个线程。数据采集线程的处理逻辑如下：

① 首先检查包队列，如果包队列不为空，则对包队列中的包进行处理。

② 如果包队列为空，则每隔50ms扫描数据采集线程中所有的变量（数据采集的周期最小为50ms），对于达到采集周期的变量，组态王按照驱动中定制的打包规则（一般同类变量打入 1 个包中）对变量进行打包，形成 1 个包队列。

③ 组态王依次对包队列进行处理，直到包队列中的每个元素都处理完毕。

④ 处理完包队列后，组态王会根据扫描周期是否到达，实施下一次扫描。

（2）包处理机制在组态王中的规定

组态王是以包的形式进行数据处理的。所谓包，就是为了高效实施数据采集和发送，定义的一种变量集合。这样做的好处是，同一类变量在采集和发送过程中合成一个整体共同处理，减少了反复处理单个变量的时间消耗。

组态王订制了包的各种属性，规定在读数据和写数据共存的包队列里，写属性包相对于读包有更高的优先级。即，写包是插在包队列中的第一个读包之前的。这样就保证了每个写属性包都会优先进行处理。

打包完毕后，组态王会调用每一个包处理函数来处理每一个包中数据的写入或采集，直至把包处理完毕，再进行下一次处理。

（3）通信失败的处理

对于一般的驱动程序来说，一个包队列中所有包的处理过程是依次进行的。也就是说，只有在当前包中变量的写入或采集完成以后，包处理函数运行结束并且返回值为真（TRUE）后，组态王才会调用下一个包的处理函数。

如果前一个包的处理函数返回错误，即认为组态王与设备通信出现了问题：有可能发生了数据发送失败，也有可能数据接收失败，或者设备没有响应等情况。此时，组态王暂时不会再次发送或接收导致失败的命令和数据，而是按照驱动中写入的规则重新组织命令结构，并调用重连函数对设备尝试连接。如果外部设备能够正常响应命令或上发数据，则表示尝试连接成功，组态王则又会调用包的处理函数来继续完成数据的采集。如果设备仍然没有正确响应，则认为尝试连接再次失败，组态王会再一次调用重连函数，重复上述过程。如果 3 次调用重连都连接失败，这种情况组态王就会认为与外部设备的通信失败，监视画面上会显示"???"以提示用户通信失败。

8.4　数据转发驱动实现

亚控公司（组态王软件开发商）提供了组态王驱动开发包（见图 8-49）、驱动安装工具（见图 8-50）及相关支撑文档。用户下载该驱动开发包安装后，可在 VC++环境下进行驱动程序的开发。

开发包采用了微软标准的 COM 组件技术。采用该技术，在创建接口时，可以创建多个互相独立对象，每个对象都可以拥有自己的变量。驱动程序是一个 .dll 文件，同时还附带一个驱动程序描述文件。通过组态王提供的驱动程序安装工具进行驱动的安装。

需要注意的是，开发驱动程序时可以在 VC++中交互调试，但是需要联系组态王公司获取 Debug 版本的 TouchExplorer.exe 和 TouchVew.exe。这两个模块在购买软件（包括开发版和运行版）时不会包含。

下面以发射场地勤软件中的数据转发功能为例，演示组态王下设备驱动程序的开发过程与方法。

图 8-49　驱动程序开发包安装界面

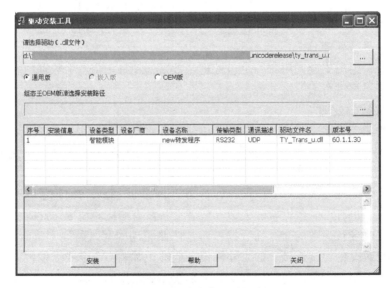

图 8-50　"驱动安装工具"窗口

8.4.1　功能需求

地勤软件主要完成各种地面设施设备信息的采集监测、数据存储显示与转发（UDP 组播）功能，同时需要接收来自时间服务器的时间校准数据（UDP 组播）对服务器系统时间进行校准。其中，组态王可实现数据的采集、存储、显示等功能，而数据的转发和时间校准数据的接收则通过 COM 组件来实现。该组件需要实现的功能如下：

① 配置网络，包括发送数据的 IP 地址和端口、接收时间校准数据的接收端口（UDP）。同时。由于接收的是组播数据，所以按照组播方式实现数据的接收和发送。

② 发送状态信息，包括数据长度、数据帧数等。

③ 组播数据发送。

④ 组播数据接收。

⑤ 修改本机系统时间。

具体需要使用 VC++语言实现组播数据的发送接收，同时修改本地时间。

8.4.2　数据帧格式及传输标准

信息交换包括数值型参数、状态型参数和指令型参数。信息传递协议为 UDP/IP。约定的信息包结构符合 TCP/UDP 数据字段的关系（见图 8-51）。

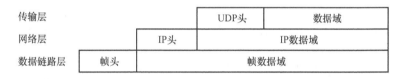

图 8-51　传输的信息与 TCP/UDP 数据字段的关系

数据域规定了信息在数据段中的组织格式，是信息发送方和接收方进行信息交换的基础，双方按照此约定进行信息的组织、发送、接收和信息解析处理。

8.4.3　驱动实现

1. 程序结构

程序包含如下几个主要的类（见图 8-52），主要功能在类 CDevTransfer 和组播类 CUDP-Socket 以及 CTableDev 等类中实现。

① 驱动工程类（CTransPro），实现两个接口——IprotocolImp 和 IprotocolImp2。为了实现组播功能，在类中定义了负责 UDP 通信的子类 CUDPSocket。

② 设备类（CDev），实现 COM 接口，包括两类——设备基类和设备子类。其中，CbaseDev 为设备基类和 CdevTrans 为设备子类。为了进行特定格式数据传输，实现了 CTableDev 类。

③ 通信类（CCom），实现串口、网卡等的通信，开发包向导会根据用户设置，自动地产生串口通信类（CSerialCom）或网络通信类（CNetCom），用户也可以根据需要添加 USB 通信类（CUSBCom）。本程序没有实现该子类。

④ 调试信息类（CDebug），实现各种调试信息在组态王信息窗口中的输出，如错误信

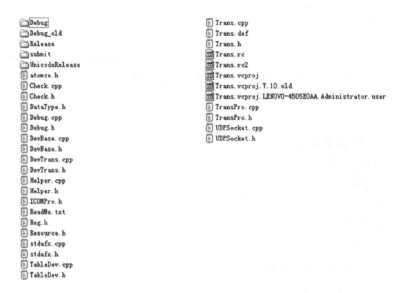

图 8-52　驱动程序类文件

息、接口信息等。程序中没有实现该类子类，调试信息的输出直接调用了 CDebug 的相关功能。

⑤ 帮助函数（CHelper），提供了一系列用户在开发驱动过程中可能会用到的功能函数。

⑥ 数据桢校验类（CCheck），提供了在开发中会遇到的各种校验函数，包括和校验、异或校验、循环冗余校验等。

驱动程序中各类的调用与继承关系，如图 8-53 所示。

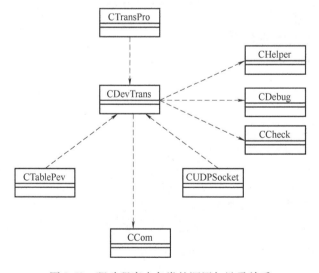

图 8-53　驱动程序中各类的调用与继承关系

2. 重要类实现

（1）组播类 CUDPSocket

组播类 CUDPSocket 包括以下几步：创建 Socket、设置地址重用、bing 绑定地址、设置多播 TTL 选项、加入组播、指定监听函数。下面介绍几个相关的程序段。

1）创建 Socket

```
BOOL CUDPSocket::Socket(int nSocketType,long lEvent,int nProtoco-
lType,int nAddressFormat)
{
m_hSocket=socket(nAddressFormat,nSocketType,nProtocolType);
if(m_hSocket==INVALID_SOCKET)
{
return FALSE;
}
const int on=1;
//地址重用
if(setsockopt(m_hSocket,SOL_SOCKET,SO_REUSEADDR,(char *)&on,si-
zeof(on))==SOCKET_ERROR)
{
closesocket(m_hSocket);
CDebug::ShowErroMessage(_T("OCD::setsockopt return false"));
return FALSE;
}
//阻塞方式读取数据
int  nTimeOut=1000;
if(setsockopt(m_hSocket,SOL_SOCKET,SO_RCVTIMEO,(char *)
&nTimeOut,sizeof(nTimeOut))==SOCKET_ERROR)
{
closesocket(m_hSocket);
CDebug::ShowErroMessage(_T("OCD::setsockopt return false"));
return FALSE;
}
return TRUE;
}
```

2）bing 绑定地址

```
BOOL CUDPSocket::Bind(UINT nSocketPort,LPCSTR lpszSocketAddress/
*=NULL */)
{
SOCKADDR_IN sockAddr;
memset(&sockAddr,0,sizeof(sockAddr));
//填充 sockAddr 结构
```

```
sockAddr.sin_family=AF_INET;
if(lpszSocketAddress==NULL)
{
//自动获得本机 IP 地址
sockAddr.sin_addr.s_addr=htonl(INADDR_ANY);
}
else
{
DWORD lResult=inet_addr(lpszSocketAddress);
if(lResult==INADDR_NONE)
{
return FALSE;
}
sockAddr.sin_addr.s_addr=lResult;
}
//指定端口
sockAddr.sin_port=htons((u_short)nSocketPort);
//具体绑定动作
int nRes=bind(m_hSocket,(SOCKADDR *)&sockAddr,sizeof(sockAd-
dr));
if(nRes==SOCKET_ERROR)
{
return FALSE;
}
//设置多播 TTL 选项
int TTL=8;
nRes=setsockopt(m_hSocket,IPPROTO_IP,IP_MULTICAST_TTL,(const
char *)&TTL,sizeof(int));
if(nRes==SOCKET_ERROR)
{
return FALSE;
}
//加入到组播组中
struct ip_mreq ipmr;
ipmr.imr_interface.s_addr=htonl(INADDR_ANY);
ipmr.imr_multiaddr.s_addr=inet_addr("232.85.111.212");
const int on=1;
if(setsockopt(m_hSocket,IPPROTO_IP,IP_ADD_MEMBERSHIP,(char *)
```

```
&ipmr,sizeof(ipmr))==SOCKET_ERROR)
{
closesocket(m_hSocket);
CDebug::ShowErroMessage(_T("OCD::加入组播组失败"));
return FALSE;
}
//指定回调函数:难点在于该类没有句柄,无法接收消息
//因此,只能采用线程轮询方式进行判断,可以在发送线程中调用接收过程
return TRUE;
}
```

3）组播数据发送

```
UINT CUDPSocket::SendToClient(UINT len,void * buf,const sockaddr_
in * to)
{
int nRes = sendto (m_hSocket, (LPSTR) buf, len, 0, (sockaddr *) to,
sizeof(sockaddr));
CDebug::TraceBinData((BYTE *)buf,len);
CDebug::ShowSendMsg((BYTE *)buf,len);
if(nRes==SOCKET_ERROR)
{
return 0;
}
else
{
return nRes;
}
}
```

4）组播数据接收后处理

```
void CUDPSocket::OnReceive(int nErrorCode)
{
if(ChangeTimeCount! =0)
{
ChangeTimeCount=byte(ChangeTimeCount+1);
return;
}
ChangeTimeCount=byte(ChangeTimeCount+1);
```

```
    char RecBuf[RecBufLen];
    memset(RecBuf,0,RecBufLen);
    sockaddr_in sockaddr_client;
    int nLen=sizeof(sockaddr_in);
    memset(&sockaddr_client,0,sizeof(nLen));
    nErrorCode=0;
    int nRec = recvfrom(m_hSocket,RecBuf,RecBufLen,0,(sockaddr *)
&sockaddr_client,&nLen);
    if(nRec! =38)
    {
    nErrorCode=-1;
    return;
    }
    //解析北京时间协议
    if(RecBuf[0]! =-128)   //协议版本号
    {
    nErrorCode=-1;
    return;
    }
    if(RecBuf[3]! =0x04)//信源 SID
    {
    nErrorCode=-1;
    return;
    }
    if(RecBuf[4]! =0x11)
    {
    nErrorCode=-1;
    return;
    }
    if(RecBuf[5]! =0x00)
    {
    nErrorCode=-1;
    return;
    }
    if(RecBuf[6]! =0x25)
    {
    nErrorCode=-1;
    return;
```

```
    }
    //从第 32 开始依次保存日期、时间信息
    WORD dates=0;
    DWORD times=0;
    memcpy(&dates,RecBuf+32,2);
    memcpy(&times,RecBuf+34,4);
    //下面解析时间
    NewTime(dates,times);
    }
```

5）修改时间

```
    //解析收到的北京时,然后判断是否更新系统时间
    void CUDPSocket::NewTime(WORD dates,DWORD times)
    {
    SYSTEMTIME st;
    int hours=0,minutes=0,seconds=0;
    //时间基准为 2000-1-1 0:0:0,0
    COleDateTime dt(2000,1,1,0,0,0);//此处设置为 2000-1-1 0:0:0,0
    //计算小时、分钟、秒的多少
    seconds=int(times/10000);
    hours=int(seconds/3600);
    seconds=int(seconds%3600);
    minutes=int(seconds/60);
    seconds=int(seconds%60);
    dt=dt+COleDateTimeSpan(dates,hours,minutes,seconds);//时分秒
    st.wYear=dt.GetYear();
    st.wMonth=dt.GetMonth();
    st.wDay=dt.GetDay();
    st.wHour=dt.GetHour();
    st.wMinute=dt.GetMinute();
    st.wSecond=dt.GetSecond();
    st.wMilliseconds=0;//毫秒级别不计
    SetLocalTime(&st);//设置系统时间,此处不能使用 SetSystemTime 函数,该
函数是根据 UTC(Coordinated Universal Time),SetLocalTime 则是普通表示
形式
    }
```

（2）CTableDev 类

该类严格按照协议要求，把数据内容封装成标准数据包，这种标准格式的数据包可被指

发射场所有工位系统所辨识和解析。

1）把时间处理成秒，供帧格式使用

```
WORD CTableDev::daysBWD(SYSTEMTIME st)
{
byte days[]={31,28,31,30,31,30,31,31,30,31,30,31};
unsigned short YearDays=365;
unsigned short sum=0;
if(st.wYear<2000)
{
return 0;
}else
{
//相差的年数
for(int i=2000;i<st.wYear;i++)
{
if((i % 400==0) ||(i % 4==0 && i % 100! =0))
{
YearDays=366;
}
sum +=YearDays;
YearDays=365;
}
//闰年2月份29天
if((st.wYear % 400==0) ||(st.wYear % 4==0 && st.wYear % 100! =
0))
{
days[1]=29;
}
//相差的月数
for(int i=0;i<st.wMonth-2;i++)
{
sum +=days[i];
}
sum+=st.wDay;
return sum;
}
}
```

2）对数据内容打包并发送

```
BOOL CTableDev::GetSendString(int& nLen)
{
unsigned long SID=0x0FAAAAAA;//信源
unsigned long DID=0x0FAAAAAB;//信宿
unsigned long BID=0x0FAAAAAC;//类型
unsigned long TimeDelta=0;//时间差
unsigned short DateDelta=0;//日期差
ZeroMemory(m_bySndBuf,sizeof(m_bySndBuf));
int iLen=0;
//*****************帧头****************
*******
//1 版本号
m_bySndBuf[iLen++]=128;
//2 信源 dword
memcpy(m_bySndBuf+iLen,&SID,sizeof(DWORD));
iLen=iLen+sizeof(DWORD);
//3 信宿 dword
memcpy(m_bySndBuf+iLen,&DID,sizeof(DWORD));
iLen=iLen+sizeof(DWORD);
//4 数据分类标志 BID,DWORD
memcpy(m_bySndBuf+iLen,&BID,sizeof(DWORD));
iLen=iLen+sizeof(DWORD);
//5 数据帧编号 word
PacketID++;//帧自动加 1,初始值为 0
memcpy(m_bySndBuf+iLen,&PacketID,sizeof(DWORD));
iLen=iLen+sizeof(DWORD);
//6 数据处理标识 byte,0 表示真实数据
m_bySndBuf[iLen++]=0;
//7 备用字段 4byte
m_bySndBuf[iLen++]=0;
m_bySndBuf[iLen++]=0;
m_bySndBuf[iLen++]=0;
m_bySndBuf[iLen++]=0;
//8 发送日期 word:与 2000-1-1 天数差
SYSTEMTIME st;
GetSystemTime(&st);//获取系统当前时间
DateDelta=daysBWD(st);
memcpy(m_bySndBuf+iLen,&DateDelta,sizeof(unsigned short));
```

```
iLen=iLen+sizeof(unsigned short);
//9 发送时间 dword:距离当日 0:0:0.0 的 0.1ms
TimeDelta=(st.wHour * 3600+st.wMinute * 60+st.wSecond) * 10000;//
当天毫秒数
memcpy(m_bySndBuf+iLen,&time,sizeof(DWORD));
iLen=iLen+sizeof(DWORD);
//10 数据域长度 word:放到最后在修改
BYTE byLen=0;
switch(m_wDataType) {
case BYTE_DATATYPE:
byLen=1;
break;
case INT_DATATYPE:
byLen=4;
break;
case UINT_DATATYPE:
byLen=4;
break;
case LONG_DATATYPE:
byLen=4;
case FLOAT_DATATYPE:
byLen=4;
break;
case STRING_DATATYPE:
byLen=1;
break;
}
m_bySndBuf[iLen++]=HIBYTE(2+m_wTabLen * (2+byLen));
m_bySndBuf[iLen++]=LOBYTE(m_nTabIndex);
m_bySndBuf[iLen++]=HIBYTE(m_nTabIndex);
int nRec=iLen;
LONG * lPtr=m_lData;
for(WORD i=0;i<m_wTabLen;i++)
{
WORD ii=i+1;
switch(m_wDataType)
{
case BYTE_DATATYPE:
```

```
memcpy(m_bySndBuf+iLen,&ii,sizeof(WORD));
iLen=iLen+sizeof(WORD);//数据复制完毕
m_bySndBuf[iLen++]=lPtr[i];
break;
case INT_DATATYPE:
{
memcpy(m_bySndBuf+iLen,&ii,sizeof(WORD));
iLen=iLen+sizeof(WORD);//数据复制完毕
short tmp=lPtr[i];
memcpy(m_bySndBuf+iLen,&tmp,sizeof(short));
iLen+=2;
break;
}
case UINT_DATATYPE:
{
memcpy(m_bySndBuf+iLen,&ii,sizeof(WORD));
iLen=iLen+sizeof(WORD);//数据复制完毕
USHORT tmp=lPtr[i];
memcpy(m_bySndBuf+iLen,&tmp,sizeof(USHORT));
iLen+=2;
break;
}
case LONG_DATATYPE:
{
memcpy(m_bySndBuf+iLen,&ii,sizeof(WORD));
iLen=iLen+sizeof(WORD);//数据复制完毕
LONG tmp=lPtr[i];
memcpy(m_bySndBuf+iLen,&tmp,sizeof(LONG));
iLen+=4;
break;
}
case FLOAT_DATATYPE:
{
memcpy(m_bySndBuf+iLen,&i,sizeof(WORD));
iLen=iLen+sizeof(WORD);//数据复制完毕
float tmp=*((float*)lPtr);
memcpy(m_bySndBuf+iLen,&tmp,sizeof(float));
iLen+=4;
```

```
lPtr++;
break;
}
}
BYTE bySumCheck=CCheck::Sum_Check(m_bySndBuf+nRec,iLen-nRec);
nLen=iLen;
return TRUE;
}
```

其余类按照组态王向导生成并进行简要调整、修改即可。

本节深入介绍了组态王运行机理机制及驱动程序开发方法和过程，并使用组态王提供的驱动程序 SDK 开发了数据转发驱动程序，实现了与组态王的无缝链接，完成了数据转发功能。该驱动程序严格按照相关标准文件要求开发，可用于发射场后续所有地勤系统。

8.5 数据通信 COM 组件研究与开发

8.5.1 功能需求

COM 组件可以采用多种高级语言来开发，此处采用 Delphi 7.0 作为开发环境。其他相关内容见见 8.4.1 节。

8.5.2 COM 组件的实现

在 COM 组件中，定义了两个子线程。线程 DataSend（TDataThread）负责把发送缓冲区的数据组播发送，具体发送动作由 TNMUDP 组件来完成；线程 SockRecv 负责接收时间校准的组播数据。COM 组件工作（调试开关打开）界面如图 8-54 所示。COM 组件工作流程图如图 8-55 所示。

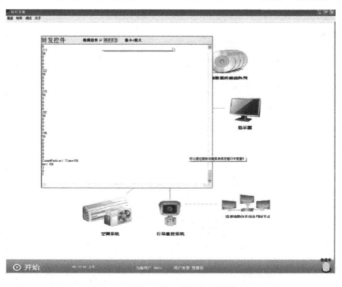

图 8-54　COM 组件工作（调试开关打开）界面

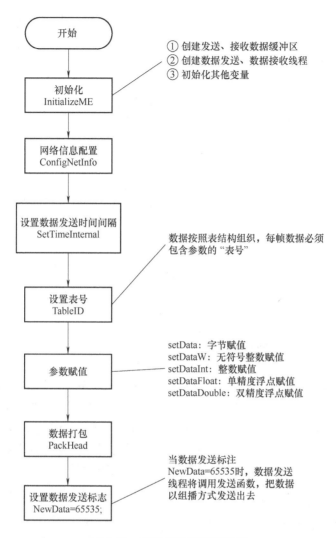

图 8-55　COM 组件工作流程图

（1）初始化配置

初始化配置信息函数为 InitializeME，主要完成发送数据线程 DataSend、接收数据线程 SockRecv 的创建和初始化，接收、发送缓冲区的创建及其他默认信息的初始化等。

（2）配置网络

给数据发送线程配置组播的 IP 地址和端口，包括两部分内容。数据发送部分的网络配置包括发送 IP 和端口，这个只需要指定 TNMUDP 的相应参数即可。接收组播则相对复杂一些，具体包括以下几个步骤：

1）创建接收数据的 Socket

```
Sock:=Socket(AF_INET,SOCK_DGRAM,pPE.p_proto);
```

2）设置地址复用

```
if SetSockOpt(Sock,SOL_SOCKET,SO_REUSEADDR,@ nReuseAddr,SizeOf
(integer))=SOCKET_ERROR then CloseSocket(Sock);
```

3）绑定地址

```
if Bind(Sock,SockAddrLocal,SizeOf(SockAddrLocal))=SOCKET_ERROR
then CloseSocket(Sock);
```

4）设置多播 TTL 选项

```
if SetSockOpt(Sock,IPPROTO_IP,IP_MULTICAST_TTL,@ nTTL,SizeOf(in-
teger))=SOCKET_ERROR then CloseSocket(Sock);
```

5）加入组播

```
if SetSockOpt(Sock,IPPROTO_IP,IP_ADD_MEMBERSHIP,@ MCReq,SizeOf
(TIP_mreq))=SOCKET_ERROR then CloseSocket(Sock);
```

6）启动监听线程

在线程中调用函数 RecvFrom 接收数据。

（3）赋值过程

赋值过程主要包括两个步骤：把数据赋值到缓冲区相应单元；修改数据包长度。经过实际测试，发现在 Delphi 软件的 COM 开发中，无法使用多态技术。因此，针对不同的数据类型编写了 setData、setDataW、setDataInt、setDataFloat、setDataDouble 5 个方法，分别对应 byte、word、integer、float（single）及 double 5 种数据类型。以 setDataFloat 为例，实现方法如下（DataID 表示数据编号，数据接收端使用该信息判断数据的单位、上下限等信息，函数 setpacklen 把当前数据包长度传递给发送线程 DataSend，用于确定发送数据的长度）：

```
procedure TDQData2C3.setDataFloat(DataID: Word; DataValue: Sin-
gle);
begin
copymemory(@ bufferBytes[BufferPos],@ DataID,sizeof(Word));//ID
BufferPos:=BufferPos+sizeof(Word);
copymemory(@ bufferBytes[BufferPos],@ DataValue,sizeof(Sin-
gle));//value
BufferPos:=BufferPos+sizeof(Single);
CurrentCount:=CurrentCount+1;//当前包中数据个数
CurrentPackLen:=CurrentPackLen+2+sizeof(Single);//新包长度
setpacklen(CurrentPackLen);
end;
```

（4）监测数据（UDP 组播数据）的发送

数据的发送，通过调用 TNMUDP 组件的 SendBuffer 函数来实现。数据发送以前需判断属性 IfNew 是否为 65535，如果是，才执行发送过程。数据发送完毕后清空缓冲区。发送之前需要调用打包函数 PackHead，该函数完成通信协议中数据包头信息的填充。

（5）时钟校准（UDP 组播数据）的接收

接收线程收到组播数据后进行解析形成新的时间值，调用 Windows API 函数 SetLocalTime 进行系统校时。

（6）调试功能

对该 COM 组件的调试及测试，可以通过高级语言编写的测试程序来完成。调试完毕后再在组态王中调用；也可使用组态王对 COM 进行调试，但是需要 Debug 版本的工具（TouchExplorer. exe 和 TouchView. exe 的 debug 版本），而这些工具一般用户很难获得。因此，在组件编写过程中应该考虑调试的需要。

本次 COM 开发中，实现了组态王中调试功能开关：通过给属性 FDebugStatus 赋值 65535、打开调试开关（见图 8-56）。调试开关打开后，COM 执行每一个动作，都会在显示区域显示动作及相关数据。以数据发送为例，发送的每一帧数据都能会在显示区域以 10 进制形式显示其真值。

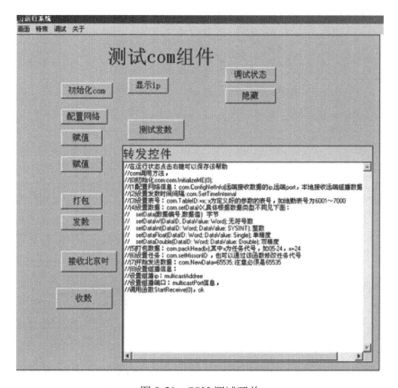

图 8-56 COM 调试开关

这里开发的 COM 组件，已经成功应用于某航天发射场地勤系统，很好地满足工作需要，性能良好，对网络带宽的占用也比较低。在编写过程中，特别注重模块化构架的设计，因此，只需修改部分内容（通信协议封装函数 PackHead）即可移植到其他系统使用，具有很强的适应性；本节介绍的开发方法与过程适用于所有 COM 组件的开发，尤其是针对组态软件的扩展具有较高的借鉴价值。

8.6　小结

本章主要对组态软件相关知识进行了介绍。从使用情况来看，国产组态王软件有着绝大部分国外组态软件所不具备的特点，如对系统资源要求低、对开发人员要求低、上手快、更符合使用习惯等，其所提供的功能基本上可以满足绝大部分使用场景和领域；同时，在组态软件提供的功能无法满足系统设计要求时，可以通过开发驱动程序和 COM 组件来进行功能扩展。

本章内容实践性比较强，建议读者以上机训练为主进行学习。

第 9 章   推进剂加注控制技术实例

9.1   概述

运载火箭推进剂加注控制系统的主要功能，是将来自地面推进剂贮罐的推进剂，按照要求输送至火箭推进剂贮箱，完成火箭推进剂的转注、加注、泄回、紧急停止加注、回流试验、信号联试，以及完成升降温、倒罐、排空管线、管路气密性检查等辅助工作。

加注系统，是发射场关键设施设备，其工艺设备是指完成系统工艺要求中的功能所需的各种执行机构和检测仪表，主要包括贮罐、加注屏蔽泵、流量校验装置、气动球阀、气动截止阀、电/气动调节阀、管道液位信号器、流量检测仪表、温度检测仪表、压力检测仪表、贮罐液位检测仪表、管道阀门以及推进剂调温设备等。

一个典型的加注系统工艺设备图如图 9-1 所示。

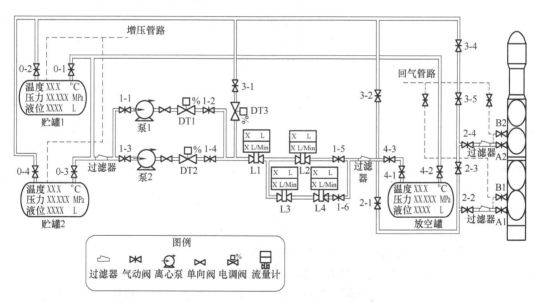

图 9-1   一个典型的加注系统工艺设备图

自动控制设备是指完成加注测控任务所需的计算机及辅助设备，主要包括控制台、电源柜、工控机（IPC）、可编程控制器（PLC）、模拟显示系统、加注信号柜等。

加注系统应用软件，是配合加注设备完成参数装订、加注控制、模拟显示等功能的软件的统称，包括加注 PLC 控制软件、上位机应用软件、大屏幕显示控制系统应用软件。

推进剂加注，一般有开式加注和闭式加注两种。开式加注是指加注管路没有形成压力循环通路，加注过程中火箭安溢活门处于打开状态，不通过管路与地面贮罐连通，发射前关闭；闭式加注是指加注管路形成闭式压力循环通路，火箭安溢活门与地面贮罐连通，加注完毕关闭。

常规推进剂加注，一般为闭式加注，主要使用变频泵进行推进剂的输送，流量调节方式包括变频泵流速调节、电调阀开度调节与管路分流三种方式。

新型低温推进剂一般采用开式加注。以液氧加注为例，液体的流动通过泵或增压挤压方式来完成。泵加注方式与常规推进剂基本一样，都是通过调节泵转速、阀门开度及开闭分流管路来完成；增压方式则是通过自身设置的汽化器增压设备或利用外部设置增压汽化器设备进行增压，使液氧在压力挤压下由贮罐进入到火箭贮箱。

常规推进剂基础加注量，以贮箱液位计为准，地面流量计为辅；补加量以地面流量计为主，贮箱液位为辅助参照；低温推进剂加注量以火箭贮箱连续液位为准。

加注时间取决于加注量和加注流量，现代运载火箭一般使用混合法进行大流量加注。加注时机一般根据工作需要及推进剂特性选择。常规推进剂在贮存时基本不会损耗，可在发射前几天加注。低温推进剂则不同，为了缩短低温推进剂对火箭有关部件作用的时间并减少蒸发损失，一般在发射前数小时进行。

9.2 总体设计

推进剂加注系统 PLC 软件接收上位监控计算机控制指令、装订参数，采集火箭贮箱推进剂液位，以及加注设备的现场压力、温度、流量、加注泵实时状态参数（电流、泵电机频率）、管路阀门状态、控制台按钮状态等信息，根据加注工艺流程要求控制加注泵、阀门等动作，将推进剂由地面贮罐送入到火箭推进剂贮箱；同时，将实时状态数据向上位机传送。考虑工作的危险性，加注设备一般分成多个控制柜分别分布在不同的区域，控制柜之间通过光纤网连接。PLC 与外部传感器、执行设备之间通过总线（如变频器）或直接接入方式（如按钮、指示灯）连接，PLC 与 IPC 之间采用以太网通信。标准模块式结构化 PLC 中各种模块相互独立，并安装在固定的机架（导轨）上，构成一个完整的 PLC 应用系统，如西门子 S7-300、S7-400 系列、中电智科超御系列 PLC。由于火箭加注工作非常重要，通常采用冗余 PLC 进行控制，但在具体应用中，除了硬件组态有些不一致外，软件与非冗余系统基本一致。

一个典型的加注控制系统控制设备组成如图 9-2 所示。

加注控制台主要是负责完成加注任务的指挥与管理、参数装订、系统监控、数据记录和程序控制功能，完成转注、打回流、气密性检查、信号联试、调试、检修、日常维护和状态模拟等功能。加注前需要装订参数，主要包括流量计系数、加注速度、基础加注量、补加量、加注泵号、出液罐号等。加注控制台面板如图 9-3 所示。

9.2.1 加注工艺

根据图 9-1 所示的工艺设备图，加注控制系统需要控制阀门开闭，利用变频器控制泵起停，把推进剂由贮罐输送至火箭贮箱。

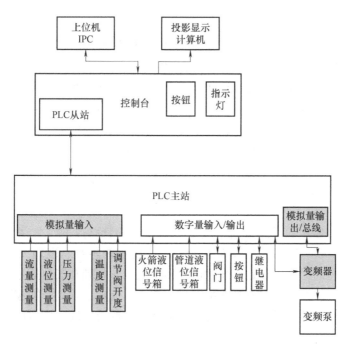

图 9-2　一个典型的加注控制系统控制设备组成

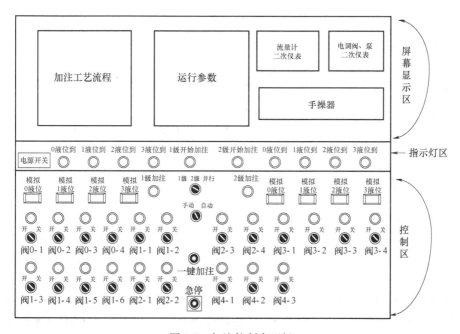

图 9-3　加注控制台面板

对加注过程工艺梳理如下。

1）管路气检

加注之前对管路充入一定压力的气体，进行保压，通过检查管路连接处的气密性和管路压降情况检查加注管路气密性。这一步是为了确保液体流经管路时不会出现渗漏。

2）灌泵

通过给贮罐进行增压（在控制台上控制贮罐增压管路连通，用一定压力的气体对贮罐进行充压），使推进剂在压力作用下由贮罐流入到泵腔及其前后管路，使推进剂充满从贮罐到流量计的相关管路及泵腔，并通过打开设置于泵上的排气手阀排气来保证管路及泵腔内没有气体，再通过放空管路流至放空罐。这一步是为了保证启泵时，没有气体留在泵腔及其前后管路内。

以 1#贮罐为加注罐，打开出液阀 0-1、打开泵前阀门 1-1、1-3，将泵后电调阀 DT1、DT2 开度调到最大（一般在 95% 左右），打开泵后阀门 1-2、1-4，流量计后阀门 1-5、1-6，放空罐入口阀门 4-3、4-1。

3）加注

在管路沟通（液体从贮罐到火箭推进剂贮箱经行的管路连通，管路上所有阀门处于打开或保持一定开度的状态）后，启动泵开始加注，推进剂经泵、电动调节阀、流量计和外管线进入到火箭推进剂贮箱。开始加注时保持为小流量，收到 0 液位信号后，由小流量转到大流量；在距离额定加注量一定值时，由大流量转到小流量；收到补加液位信号后，开始进行推进剂补加；补加至补加量后，加注管路转为地面打回流工况；之后停泵，加注结束。

4）加注后处理

加注后，需要将管路内的推进剂排放到放空罐中，部分推进剂废气还需要进一步进行无害化处理。

实际上，在加注系统的设计中，还需要考虑很多工序，如推进剂转注（将推进剂由铁路运输槽车或公路槽车转至推进剂贮罐）、推进剂泄回（将火箭贮箱中已经加注的推进剂排回至地面贮罐，一般仅在火箭出现故障，需要推迟发射时使用）、推进剂调温（确保火箭贮箱内推进剂的温度保持在一定温度范围）、打回流（通过泵使推进剂从贮罐流出，经过管路后重新回到贮罐）等。这些工序对于加注系统来说必不可少，非常必要。但是，从设备控制角度来看，这些工序除了推进剂调温和打回流外，转注、泄回等工序基本上不需要自动控制。

9.2.2 信号采集及传输

如图 9-2 所示，控制系统需要完成的工作如下：

1）采集模拟量参数

① 贮罐的温度、压力和液位，加注泵的电压、电流，电动调节阀 DT1 ~ DT4 的开度。

② 控制台上阀门开度控制按钮等。这些需要使用 PLC 的模拟量输入（AI）模块进行采集。

2）采集数字量参数

① 流量计计数脉冲数（L1 ~ L4）、加注泵转速信息，这些需要 PLC 的高速计数模块进行采集。

② 控制状态输入，如控制台上的"起泵""停泵""加注"等各类按钮，需要数字输入（DI）模块进行采集。

3）输出模拟控制量

输出电动调节阀 DT1 ~ DT4 开度控制电压，这些需要使用 PLC 的模拟量输出（AO）模块进行控制。

4）输出数字控制量

对各类阀门（如 1-1、1-2、1-3 等）进行控制，输出 1，驱动阀门 24V 供电使阀门打开。这些需要数字量输出模块（DO）进行控制。

5）变频泵控制

变频泵由变频器直接控制。控制方式可以为总线（RS-422/485、DP 总线等）、模拟量（4~20mA，使用 AO 模块）；同时，变频器输出参数（一般接变频器多功能输出端 D01）接入 PLC 的 DI 模块，将变频器状态信息传送给控制系统。

9.2.3 控制功能实现

加注控制方式可以分为手动、工序加注和自动加注三种。

手动加注时，阀门控制方式为手动方式，泵控制方式为手动方式，流量计控制方式为自动方式，电调阀控制为手动方式。通过控制台上的开、关阀旋钮操作阀门的开启、关闭；通过触摸屏虚拟按键控制泵的启动、停止；通过触摸屏虚拟按键控制流量计的启动、停止、清零，并按 IPC 装订的定值发信方式发信；通过触摸屏调节电调阀的开度，通过管路阀门沟通进行流量分流等调节。通过以上的手动操作按照加注流程完成加注工作。

工序加注和自动加注时，阀门控制方式为自动方式（可视情况调为干预方式），泵控制方式为自动方式，流量计控制方式为自动方式，电调阀控制为自动方式。工序加注和自动加注状态下，由加注控制程序按照设定好的加注流程控制阀门的开启、关闭；由加注控制程序按照加注流程及 IPC 装订的流速控制泵的启动、变频及停止；由加注控制程序按照加注流程控制流量计的启动、停止、清零，并按 IPC 装订的定值发信方式发信；由加注控制程序按照加注流程控制电调阀的开度。

按工序分步加注，是由操作人员按照加注流程按下各个工序按钮，加注控制程序依次完成每个对应工序的加注任务（见表 9-1）。

表 9-1 加注工序与对应功能

工序	加注工作		
	打回流	正式加注	定值泄回
工序 1	沟通打回流管路	沟通打回流管路	
工序 2	启泵	启泵	
工序 3	模拟介质入发射塔		
工序 4		加注介质入发射塔	
工序 5			沟通定值泄回管路
工序 6			开始定值泄回
工序 7			紧急泄回
工序 8		一键发射塔打回流	
工序 9	停泵	停泵	
工序 10	阀门复位	阀门复位	阀门复位
工序 11	内存点复位	内存点复位	内存点复位
工序 15		一键加注	
工序 16		暂停	

自动加注，是将各对应工序通过软件的时序和逻辑控制来完成加注。在自动加注状态下，接收到控制台"一键加注"的指令后，软件能够控制相关设备自动完成推进剂加注。进行加注前，通过 IPC 向 PLC 装订加注量、贮罐供液方式等参数；加注参数的装订可在 IPC 上人工干预重发。

在自动加注过程中，不同的时间节点对应加注程序及所处的加注阶段（见表 9-2），具体的时间节点也对应各加注阶段。

表 9-2　自动加注时间节点与加注工序阶段

时间节点	工序	加注阶段	说明
1	工序 1	沟通打回流管路	沟通打库房回流管路，发射塔液路阀门和回气管路阀门
2	工序 2	启泵	启泵
3	工序 4	介质入发射塔	关闭供液罐进液阀，沟通供液罐和发射塔回气管路
4		0 液位到	流量计清零
5		大流量加注	
6		小流量加注	打开分流阀，切换成小管路
7		1 液位到	
8		2 液位到	
9		补加结束	转库房打回流状态
10	工序 9	停泵	

9.3　硬件系统设计

本章使用中电智能科技有限公司（以下简称"中电智科"）的 PLC 产品为例进行讲解。该公司产品关键核心芯片国产化率达 100%，是国内第一款通过 IT 产品信息安全认证的 PLC 产品；其软件开发平台 SC-ProSys 支持 FBD、LD、SFC、ST、IL 等语言，同时也支持 C 语言开发；其编程方式和命名规则等对标西门子产品，学习成本比较低。

PLC 模块组态图如图 9-4 所示。

9.3.1　CPU 配置

考虑加注控制系统的安全性、稳定性、运算速度和控制规模，本例选用了国产超御 NX2000 系列双冗余大型 CPU。它支持 EtherCAT 协议，具备 2 路以太网口（物理接口 RJ45；10/100M 自协商 AUTO_MIDX）、2 路 EtherCAT 接口（物理接口为 RJ45；100M）、2 路冗余链路口（物理接口 SpaceWire；200M），内存容量为 FLASH 256MB、DDR2 256MB。

NX2000 CPU 主控模块实现 EtherCAT 主站功能，并通过两条 SpaceWire 同步总线实现双 CPU 冗余的功能，轮询 EtherCAT 从站数据，管理从站信息；实现与上位总线组态管理软件通信并完成总线的配置下装及诊断上报；能够满足加注系统 CPU 的通信及处理需求。

9.3.2　数字量输入（DI）模块配置

超御 N 系列数字量输入模块主要如下：

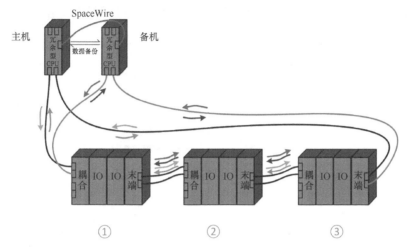

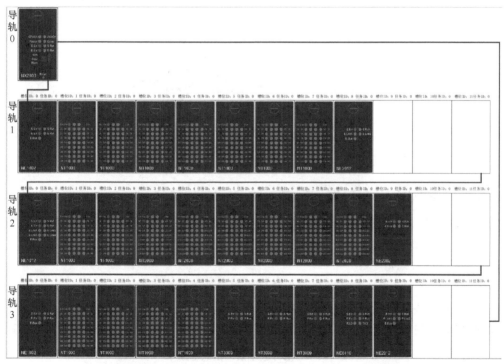

图 9-4　PLC 模块组态图

NT1008：DI 8×DC 24V

NT1000：DI 32×DC 24V

由于加注系统开关信号较多，为满足数据采集点位需求，减少模块配置增加系统集成，选用 32 通道漏型数字量输入模块 NT1000。

设计中 DI 模块数量，由实际的开关量输入点数决定。表 9-3 给出了部分数字输入点信息。

表 9-3　部分数字量输入点信息

模块编号	地址	输入点名称
DI1	DI0.0	阀门 0-1 回信采集
	DI0.1	阀门 2-2 回信采集
	DI0.2	阀门 2-3 回信采集
	DI0.3	阀门 3-4 回信采集
	DI0.4	泵 1 运行状态采集
	DI0.5	DT1 控制模式选择
	DI0.6	DT2 控制模式选择
	DI0.7	管道液位信号采集
	DI0.8	工序 1 按钮
	DI0.9	库房故障按钮
DI2	DI1.0	一级 0 液位
	DI1.1	一级 1 液位
	DI1.2	一级 2 液位
	DI1.3	一级 3 液位
	DI1.4	一级 4 液位
	DI1.5	流量计 1 启动按钮
	DI1.6	流量计 1 清零按钮
	DI1.7	流量计 1 停止按钮
	DI1.8	一级加注活门开到位
	DI1.9	一级安溢活门开到位

9.3.3　数字量输出（DO）模块配置

超御 N 系列数字量输出模块主要如下：

NT2008：DO 8×DC 24V

NT2000：DO 32×DC 24V

由于加注系统开关控制信号较多，为满足控制点位需求，同时减少模块配置增加系统集成，选用 32 通道源型数字量输出模块 NT2000。

设计中 DO 模块数量，由实际的开关量输出点数决定。表 9-4 给出了部分数字输出点信息。

表 9-4　部分数字量输出点信息

模块编号	地址	输入点名称
DO1	DO0.0	阀门 0-1 开关控制
	DO0.1	阀门 2-2 开关控制
	DO0.2	工序 1 启动控制
	DO0.3	工序 2 启动控制
	DO0.4	泵 1 上电控制
	DO0.5	泵 1 启动控制
	DO0.6	泵 1 冷水阀打开控制
	DO0.7	泵 1 停止控制
	DO0.8	库房故障输出
	DO0.9	启动工序 1

（续）

模块编号	地址	输入点名称
DO2	DO1.0	一级加注活门开关控制
	DO1.1	一级安溢活门开关控制
	DO1.2	罐 1 增压阀打开
	DO1.3	罐 2 增压阀打开
	DO1.4	网络状态指示灯控制
	DO1.5	库房故障指示灯控制
	DO1.6	急停指示灯控制

9.3.4　模拟量输入（AI）模块配置

超御 N 系列数字量输出模块主要如下：

NT3004：AI 4×16bit

NT3009：AI 16×24bit

本实例选用通道更多、ADC 转换精度更高的 NT3009 作为模拟量输入模块。表 9-5 给出了部分模拟量输入点信息。

表 9-5　部分模拟量输入点信息

模块编号	地址	输入点名称
AI1	AI0.0	罐 1 温度 1 采集
	AI0.1	罐 1 温度 2 采集
	AI0.2	罐 1 压力采集
	AI0.3	罐 2 压力采集
	AI0.4	泵 1 前压力采集
	AI0.5	泵 1 后压力采集
	AI0.6	泵 1 前温度采集
	AI0.7	泵 1 后温度采集
	AI0.8	DT1 开度反馈
	AI0.9	DT2 开度反馈
AI2	AI1.0	泵 1 频率采集
	AI1.1	泵 2 频率采集
	AI1.2	泵 1 电压采集
	AI1.3	泵 1 电流采集
	AI1.4	罐 1 液位采集
	AI1.5	罐 2 液位采集
	AI1.6	一级 R 箱压力采集
	AI1.7	二级 R 箱压力采集
	AI1.8	一级 Y 箱压力采集
	AI1.9	二级 Y 箱压力采集

9.3.5 模拟量输出 (AO) 模块配置

超御 N 系列数字量输出模块主要如下：

NT4004：AO 4×12bit

NT4009：AO 16×16bit

本实例选用通道更多、输出精度更高的 NT4009 作为模拟量输出模块。表 9-6 给出了部分模拟量输出点信息。

表 9-6 部分模拟量输出点信息

模块编号	地址	输入点名称
AO1	AO0.0	DT1 开度控制
	AO0.1	DT2 开度控制
	AO0.2	泵 1 频率控制
	AO0.3	泵 2 频率控制

9.3.6 高速计数 (FI) 模块配置

为对流量计脉冲信号进行采集和对流量计启停、清零进行控制，需配置高速计数模块。

超御 N 系列目前只有一款高速计数模块，为 4 路高速脉冲计数器模块 NF1004，具备 4 个独立的脉冲计数器，8 路数字量输出功能，用于连接现场流量计，模块内部控制器对流量计脉冲量进行采集，并将采集结果通过总线上传至主站，同时执行 CPU 对流量计的控制指令。表 9-7 给出了高速计数模块变量点信息。

表 9-7 高速计数模块变量点信息

模块编号	地址	输入点名称
FI1	DO0.0	流量计 1 启停控制
	DO0.1	流量计 1 清零控制
	GATE0.0	流量计 1 脉冲采集

9.3.7 Modbus 网关模块配置

加注系统中，需要配置 Modbus 网关模块用于 CPU 与变频器的通信，从而实现对加注泵的控制。

本实例选用超御 NE6410 网关模块，其 Modbus-RTU 协议采用 RS-485 接口，NE6410 模块作为 EtherCAT 从站通过 EBUS 总线与 EtherCAT 主站 CPU 进行数据通信；同时，它作为 Modbus-RTU 主站，通过 RS-485 接口与 Modbus-RTU 从站变频器进行数据通信，实现 EtherCAT 从站转 Modbus-RTU Master 协议之间的数据通信。表 9-8 给出了 Modbus 网关模块变量表。

表 9-8　Modbus 网关模块变量表

模块编号	地址	输入点名称
NE6410	M0.0	变频器 1 输出频率
	M0.1	变频器 1 输出电流
	M0.2	变频器 1 输出电压
	M0.3	变频器 1 级数/频率源
	M0.4	变频器 1 母线电压
	M0.5	变频器 1 传动比/变频器状态
	M0.6	变频器 1 状态输出
	M0.7	变频器 1 频率输出

9.4　软件系统设计

本节以常规推进剂加注为例,介绍其关键部件控制、数据采集、全流程工艺控制逻辑等内容。程序开发使用梯形图、SCL 进行开发,让读者体会高级语言编程的便利性。

9.4.1　参数采集

1. 模拟量采集

系统需要采集模拟量参数有温度、压力、液位、电调阀开度反馈、变频器频率反馈及各控制柜的电压,通过 AI 端采集的 AI 型数据需要根据其对应的量程换算成 REAL 型实际值,并存储在内存中。模拟量采集可由 AI 功能块直接完成,只需要配置好码值上下限以及对应的量程上下限即可。以温度传感器数据 T1 采集为例,其程序梯形图如图 9-5 所示。

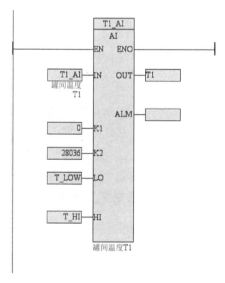

图 9-5　温度传感器数据采集程序梯形图

28036 是 AI、AO 模块满量程对应的数字量值，这个值不同 PLC 厂商是不一样的，西门子 PLC 一般为 27648。

2. 变频器参数采集

系统需要采集变频器的电流、电压和频率。它们都是通过 Modbus 模块采集的 WORD 型数据，只需通过数据类型转换模块 BCS 将 WORD 型转换成 REAL 型数据，并存储在内存中。

（1）泵电压采集（见图 9-6）

泵电压数据转换数据类型后，需将交流电压值除以 1.414 转换为有效值。

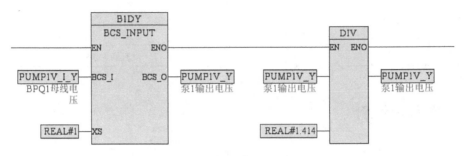

图 9-6　泵电压采集程序梯形图

（2）泵电流（见图 9-7）

直接采集转换类型后的泵输出电流即可。

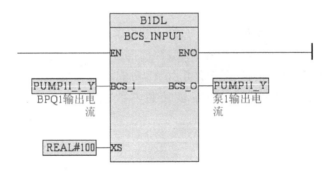

图 9-7　泵电流采集程序梯形图

（3）泵频率采集（见图 9-8）

泵频率采集有两种方式：一种是通过采集与泵对应的变频器输出频率；另一种是采集泵的频率反馈值。

3. 电调阀开度反馈采集

将 AI 型电调阀开度转换成 INT 型数据，存储在内存中，用于参与流速调节。通过 MOVE 工程块赋值即可完成电调阀开度的数据类型转换。电调阀 DT1 的开度反馈采集程序梯形图如图 9-9 所示。

4. 阀门开关次数采集

通过检测阀门开关控制信号的上升沿，判断该阀的开关次数是否做"+1"运算。

5. 泵运行时间

当检测到"启泵"信号上升沿时，记录当前时刻为 T_START，当检测到"停泵"信号上升沿时，记录当前时刻为 T_STOP，泵运行时间 T_RUN＝T_STOP-T_START，并对 T_RUN 进行累加。

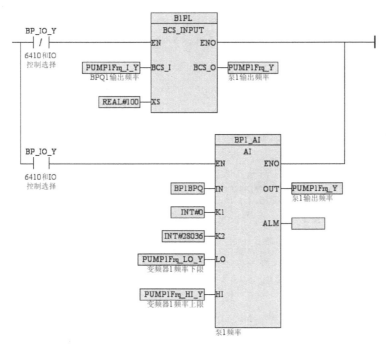

图 9-8　泵频率采集程序梯形图

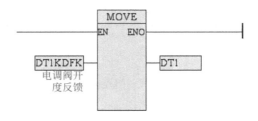

图 9-9　电调阀 DT1 开度反馈采集程序梯形图

9.4.2　阀门控制

1. 阀门开关控制

根据控制台阀门控制模式的选择，当选择"手动"模式时，由控制台阀门控制旋钮对阀门的开关进行直接控制，旋钮的开/关 DI 信号对控制该阀门的 DO 冗余信号进行置位/复位，阀门 1-1 近控手动控制（见图 9-10）；当选择"自动"模式时，由程序内部变量对控制该阀门的 DO 冗余信号进行置位/复位，阀门 1-1 自动控制（见图 9-11）；当选择"干预"模式时，旋钮的开/关 DI 信号和程序内部变量都可对控制该阀门的 DO 冗余信号进行置位/复位，但旋钮控制的优先级高于程序内部变量控制，阀门 1-1 干预控制（见图 9-12）。

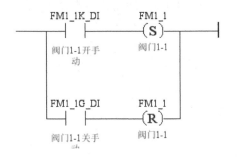

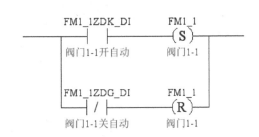

图 9-10　手动模式阀门控制程序梯形图　　　　　图 9-11　自动模式阀门控制程序梯形图

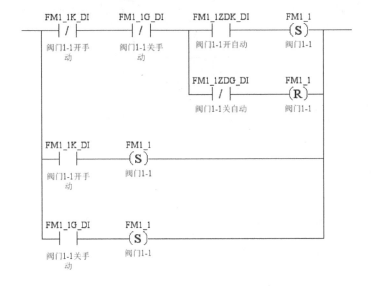

图 9-12　干预模式阀门控制程序梯形图

2. 阀门互锁控制

根据加注工艺要求，某些特定阶段或状态下，相应阀门必须为规定状态，不得更改。例如，当泵运行时，该泵的前后阀门及冷水阀门必须处于打开状态，即对对应阀门的 DO 冗余信号进行置位。泵 1 与其前后阀门互锁控制程序梯形图如图 9-13 所示。

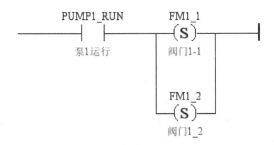

图 9-13　泵 1 与前后阀门互锁控制程序梯形图

9.4.3 泵控制

1. 泵状态判断

对 Modbus 传回的变频器运行状态参数进行比对，若为 WORD#0，则判断泵处于停止状态；若为 WORD#1，则泵处于运行状态。泵 1 状态判断程序梯形图如图 9-14 所示。

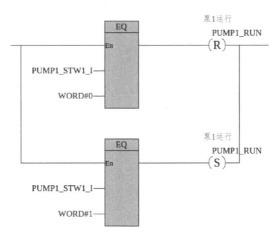

图 9-14 泵 1 状态判断程序梯形图

2. 泵手动控制

当泵处于手动控制时，在泵处于"未启动"的状态下，通过按钮发出启泵命令，通过 Modbus 控制字输出泵启动和启动频率信息到变频器 AO 端，同时将变频器启动 DO 置位。泵 1 手动启泵控制如图 9-15 所示。

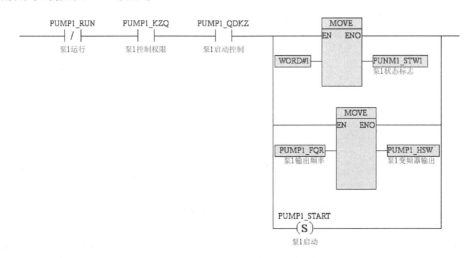

图 9-15 泵 1 手动启泵控制程序梯形图

当泵处于手动控制时，在泵处于"启动"的状态下，发出停泵命令，通过 Modbus 控制字输出泵"停止"信息到变频器，同时将变频器启动 DO 复位。泵 1 手动停泵控制程序梯形图如图 9-16 所示。

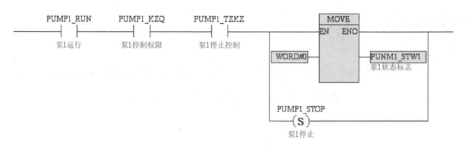

图 9-16 泵 1 手动停泵控制程序梯形图

3. 泵自动控制

当泵处于自动控制时，泵的启/停接受程序内部变量控制，自动控制启泵和停泵。

当接收到自动启泵信号时，给变频器 Modbus 控制字写入泵启动和启动频率信息，同时将变频器启动 DO 置位，将变频器频率中间值赋值给变频器控制频率 AO 端。通过将实时计算好的变频器频率中间值赋给 Modbus 控制字和变频器控制频率 AO 端，也可以实时调节泵的频率。泵 1 自动启泵控制程序梯形图如图 9-17 所示。

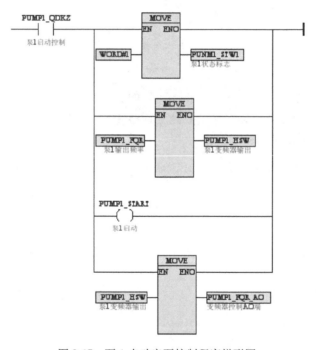

图 9-17 泵 1 自动启泵控制程序梯形图

在泵处于"启动"的状态下，当接收到自动停泵信号时，通过 Modbus 控制字输出泵"停止"信息到变频器，同时将变频器启动 DO 复位。泵 1 自动停泵控制程序梯形图如图 9-18 所示。

9.4.4 流量计控制

1. 流量计启停控制

在手动模式下，需要对流量计进行启动/停止、清零控制时，可分别通过控制台发出相

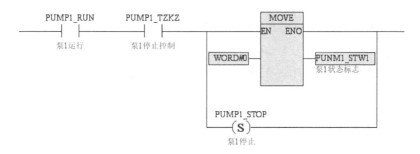

图 9-18   泵 1 自动停泵控制程序梯形图

应指令，将对应的流量启停控制 DO 端进行置位/复位，或者对流量清零控制 DO 端进行置位。

2. 流量计计算

流量计计算是通过高速计数模块采集流量计发出的频率脉冲，也就是从启动或清零时刻到当前时刻这一时间段内的累积脉冲数，乘以流量计系数就得到了这一时间段的实际累积流量（单位为 L），有

$$累积流量 = 累积脉冲数 × 流量计系数$$

瞬时流量计算，采用截取当前时刻的前 2s 的累积流量，乘以 30，得到该流速 1min 内的累积流量，即瞬时流量（单位为 L/min），有

$$瞬时流量 = 累积流量前 2s × 30$$

9.4.5   主要工序控制逻辑

加注工序指 PLC 内预置的控制逻辑段，控制台一般有各工序相应的控制按键，负责打回流、加注、沟通管路、阀门复位等不同阶段的自动或手动逻辑控制。各工序程序可互相嵌套、调用，包括工序 1 ~ 工序 14。本节介绍除工序 1（库房打回流）、工序 2（发射塔打回流）、工序 3（一键加注）、工序 4（定值泄回）、工序 7（阀门复位）、工序 8（内存点复位）、工序 10（沟通管路）、工序 11（启泵）、工序 12（介质入发射塔）、工序 13（停泵）这些主要工序逻辑。

1. 工序 1（库房打回流）

库房打回流主要用于推进剂库房日常设备维护保养，对设施设备进行系统状态检查和维护保养。

库房打回流需要完成两步操作：沟通打回流管路和启泵。其中，沟通管路由工序 10 实现，启泵则由工序 11 中的"启动一级泵"和"启动二级泵"两个子程序实现。图 9-19 所示为库房打回流控制流程图。图 9-20 所示为库房打回流主控程序梯形图。

2. 工序 2（发射塔打回流）

发射塔打回流，主要用于需要对发射塔上加注管路进行系统性状态检查和维护时使用。

当工序 3 按键未按下且工序 2 按键按下时，PLC 执行发射塔打回流程序。发射塔打回流需要完成两步操作：沟通发射塔打回流管路和启泵。图 9-21 所示为发射塔打回流控制流程图。图 9-22 所示为发射塔打回流主控程序梯形图。

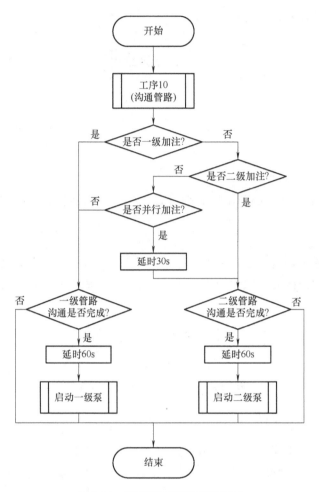

图 9-19　库房打回流控制流程图

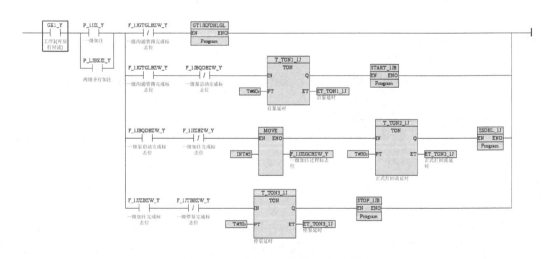

图 9-20　库房打回流主控程序梯形图

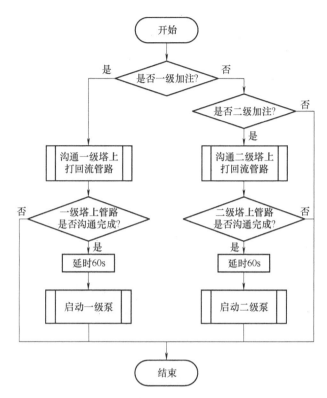

图 9-21　发射塔打回流控制流程图

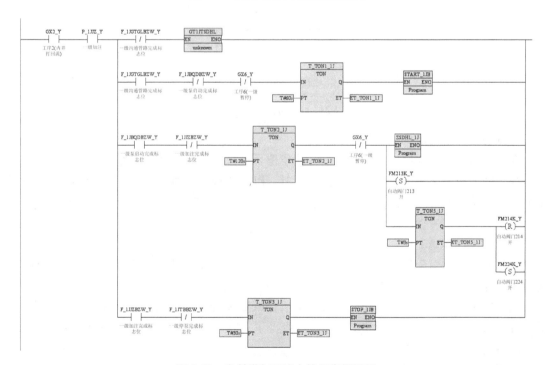

图 9-22　发射塔打回流主控程序梯形图

3. 工序3（一键加注）

一键加注主要用于火箭一键自动加注，是加注控制系统最核心的部分。

一键加注的功能由工序10、工序11、工序12、工序13及工序7依次执行完成。图9-23所示为一键加注控制流程图，图9-24所示为一键加注主控程序梯形图。

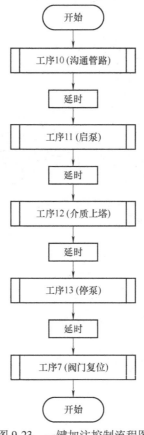

图9-23　一键加注控制流程图

4. 工序4（定值泄回）

定值泄回功能主要用于当火箭上部分液位信号故障时，采取的应急处置预案。

当工序3按键未按下且工序4按键按下时，PLC执行定值泄回程序。定值泄回分为沟通定值泄回管路、启动流量计及开始泄回步骤。图9-25所示为定值泄回控制流程图。图9-26所示为定值泄回主控程序梯形图。

5. 工序7（阀门复位）

阀门复位主要用于加注工作结束或打回流工作结束，设备撤收阶段。作用是将所有阀门进行复位操作。

当工序3按键未按下且工序7按键按下时，PLC执行阀门复位程序（见图9-27）。通过对系统内所有控制阀门开关的DO端进行置位操作，以及对所有电调阀的开度赋初始值。

6. 工序8（内存点复位）

当工序3按键未按下且工序4按键按下时，PLC执行内存点复位程序。对所有内存变量赋初始值。

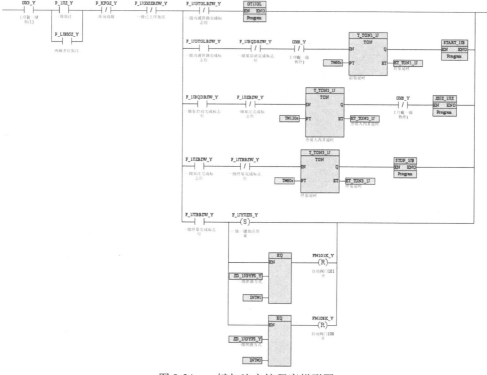

图 9-24　一键加注主控程序梯形图

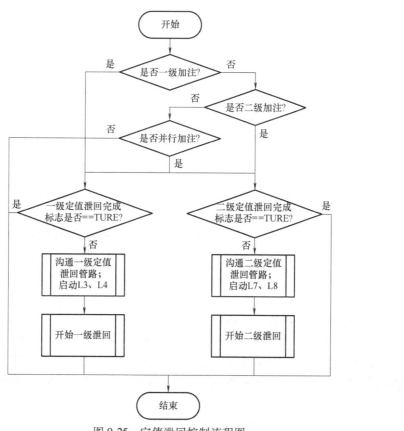

图 9-25　定值泄回控制流程图

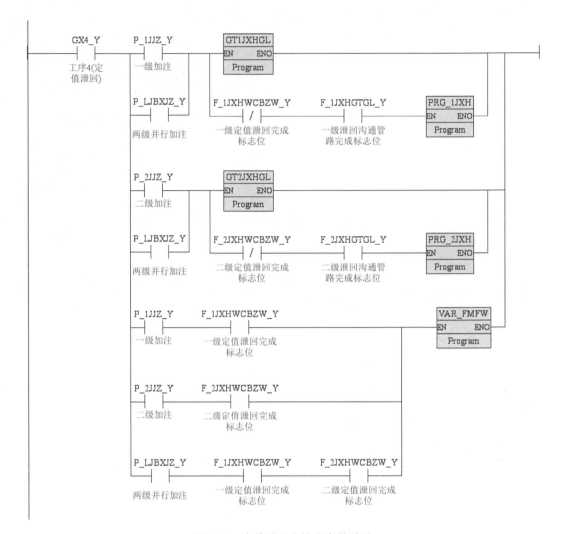

图 9-26　定值泄回主控程序梯形图

7. 工序 10（沟通管路）

沟通管路主要用于各种工况下进行加注管路沟通工作；如加注阶段沟通管路、打回流阶段沟通管路。

当工序 3 按键未按下，且工序 10 按键按下时，PLC 执行沟通管路程序。沟通管路是通过打开相应阀门，沟通库房打回流的管路及发射塔管路。图 9-28 所示为沟通管路控制流程图。

8. 工序 11（启泵）

启泵主要用于根据装订数据启动相应加注屏蔽泵。

当工序 3 按键未按下且工序 11 按键按下时，PLC 执行启泵程序。在泵前后阀门已打开和管路沟通完成的前提下，发出泵启动信号和频率，待泵后压力建立起来之后，调节泵后对应的电调阀开度至初始开度。图 9-29 所示为启泵控制流程图。图 9-30 所示为启泵控制程序梯形图。

```
FM101K_Y := FALSE;
FM102K_Y := FALSE;
FM103K_Y := FALSE;
FM104K_Y := FALSE;
FM105K_Y := FALSE;
FM106K_Y := FALSE;
FM107K_Y := FALSE;
FM108K_Y := FALSE;
FM109K_Y := FALSE;
FM110K_Y := FALSE;
FM111K_Y := FALSE;
FM112K_Y := FALSE;
FM113K_Y := FALSE;
FM114K_Y := FALSE;
FM115K_Y := FALSE;
FM116K_Y := FALSE;
FM117K_Y := FALSE;
FM118K_Y := FALSE;
FM119K_Y := FALSE;
FM120K_Y := FALSE;
FM121K_Y := FALSE;
FM201K_Y := FALSE;
FM202K_Y := FALSE;
FM203K_Y := FALSE;
FM204K_Y := FALSE;
FM205K_Y := FALSE;
FM206K_Y := FALSE;
FM207K_Y := FALSE;
FM208K_Y := FALSE;
FM209K_Y := FALSE;
FM210K_Y := FALSE;
FM211K_Y := FALSE;
```

图 9-27　阀门复位程序

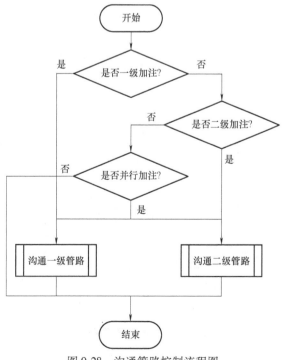

图 9-28　沟通管路控制流程图

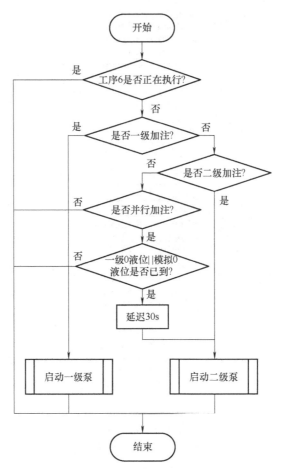

图 9-29　启泵控制流程图

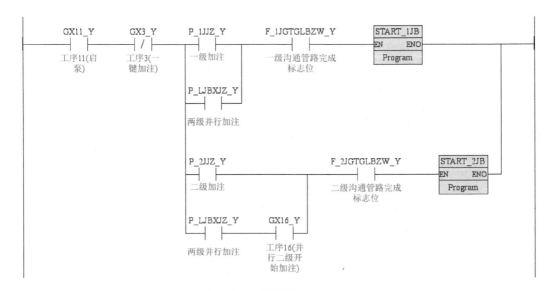

图 9-30　启泵控制程序梯形图

9. 工序 12（介质入发射塔）

介质进入发射塔工序主要用于推进剂加注阶段由库房打回流状态转为正式加注火箭贮箱阶段。

当工序 3 按键未按下且工序 12 按键按下时，PLC 执行介质入发射塔程序。启泵完成后，系统状态有库房打回流状态转至正式加注过程，本过程控制流速调节、并泵停泵、分流、切换小管路，补加完成后，关闭发射塔阀门，转至库房打回流状态。图 9-31 所示为介质入发射塔控制流程图。图 9-32 所示为介质入发射塔控制程序梯形图。

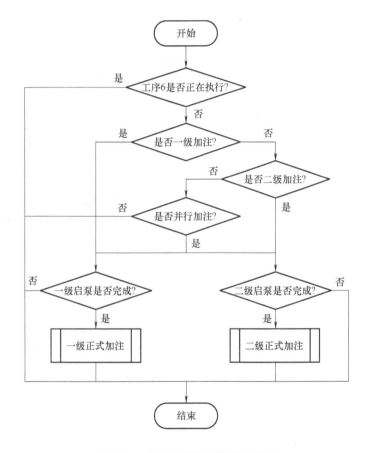

图 9-31　介质入发射塔控制流程图

10. 工序 13（停泵）

停泵主要用于根据装订数据停止相应加注屏蔽泵。

当工序 3 按键未按下且工序 13 按键按下时，PLC 执行停泵程序。根据泵装订值，对相应泵发出停泵信号。图 9-33 所示为停泵控制流程图。图 9-34 所示为停泵控制总程序梯形图。图 9-35 所示为停一级泵控制流程图。图 9-36 所示为停一级泵控制程序梯形图。

软件编写完成后，需经过软件测试及软、硬件系统调试，控制软件所有问题得到解决并经过回归测试，经评审验收后，软件研制工作才算完成。

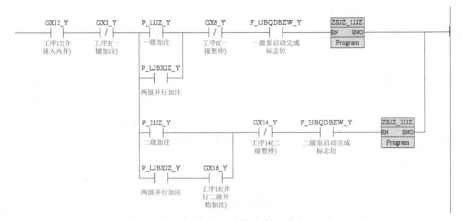

图 9-32　介质入发射塔控制程序梯形图

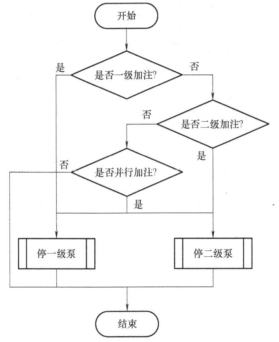

图 9-33　停泵控制流程图

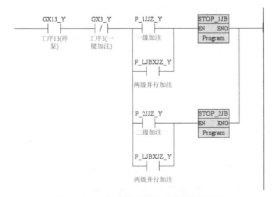

图 9-34　停泵控制总程序梯形图

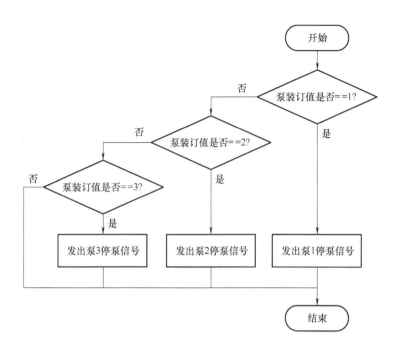

图 9-35　停一级泵控制流程图

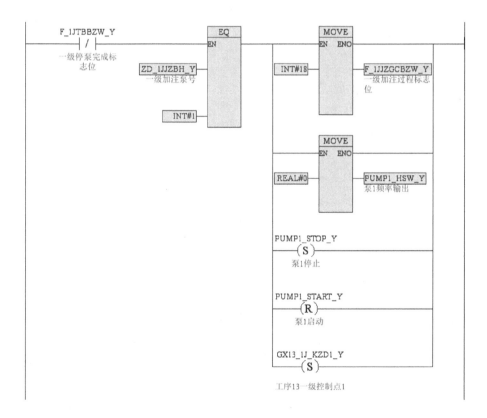

图 9-36　停一级泵控制程序梯形图

9.5　小结

发射场推进剂加注系统从最初的流程控制到现在普遍实现的"一键加注"，极大地提高了加注工作的自动化水平和可靠性。但是，距离全系统智能化要求还有较长的路要走。比如，在加注过程中的实时诊断和辅助决策、故障部件的及时发现、加注流程和时间的进一步优化、流量调节策略的实时优化等方面，都需要后面下大力气进行研究。目前，发射场已经开展了部分课题的研究工作，也取得了一些研究成果，但是限于本书定位，这些内容不在此进行介绍。

本章的设计工作是以中电智科超御系列 PLC 为平台进行设计的。该系列 PLC 全部基于国产 SPARC V8 处理器进行设计，具有知识产权完全自主可控等特点。其余如浙江中控研究院基于龙芯处理器的 PLC、南京南大奥拓基于龙芯处理器的 PLC、深圳矩形科技采用自研双核 SOC 芯片的 PLC 等产品的研发及应用，标志着控制系统国产化市场已经得到研究生产单位重视、获得用户认可。工业控制系统的国产化是发展方向，也是发射场设备控制系统的发展方向。目前来看，虽然与国际主流产品有差距，但国产 PLC 系统已经达到了可用、能用的地步。后续，在大规模的使用体验反馈下，国产 PLC 系统一定能够快速发展，迅速追赶国际主流产品质量和性能指标。

第 **10** 章　发射场空调系统控制实例

10.1　概述

空调是空气调节的简称。根据服务对象的不同，通常把空调系统分为舒适性空调和工艺性空调两大类。家用空调基本上都属于舒适性空调，主要目的在于满足人体生理、卫生需求，给人提供舒适的室内气候环境。工艺性空调则以保障工业、生产作业过程为对象，通过调节、补充空气以满足目标要求，航天发射场工作厂房多使用工艺性空调。

空气调节的任务，就是将目标空间空气的温度、湿度、洁净度等环境参数控制在设定的范围之内。调节空气的温度包括升、降温两个方面，分别通过空气与表面式换热器（热/冷媒管路）接触或补充与目标空间有温差的空气等措施来实现。空气湿度的调节主要手段是除湿或加湿，具体手段为除湿机和加湿器。洁净度的控制主要以空气通过过滤器的手段来实现，同时需保持目标空间处于正压状态。

发射场空调系统主要用于保障航天器组装、测试、发射（前）所需的工作环境。在测试、发射环境中，很多因素都会对工作场所的环境参数产生影响。例如，光学卫星测试需要高洁净度空间（一般为7级），因此会在测试区域的入口设置风淋设施，最大限度地降低进入测试区域的人员设备上附着的灰尘导致洁净度降低等影响。另外，保障区域人员，照明、电器等设备，都会影响测试环境参数，典型后果是温度、湿度上升。因此，对空调系统的控制主要是通过相关技术、设备及措施，对测试区域环境参数（温度、湿度、洁净度，有些场所还需要考虑换气次数、压力等参数）进行调节控制，使其满足测试发射要求。

从结构上，空调一般可分为整体式空调和组合式空调。发射场测试场所多采用组合式空调。组合式空调一般由新回风混合段、过滤段、加热/表冷段（降温、除湿）、蒸汽加湿段、风机段、消声段、中效过滤段和送/回风段组成，在风机的作用下，空气在机组各功能段内部与处理设备间进行强制对流换热。

典型的组合式空调系统组成图如图 10-1 所示。新风首先经过风阀进入，可以通过控制风阀的开度来控制新风量；接着，对新风进行加热，工程中多使用电加热器，通常使用固态继电器（SSR）控制电加热器投入的时长来控制加热量；随后，新风经过粗效过滤器过滤，可通过表冷器降温除湿，或通过蒸汽加热和加湿，也可通过电加湿和电加热进行加湿、加热，最后符合一定参数要求的空气经过送风机送入到目标空间。

在工程实践中，通常把空调分为各种工况来进行控制。夏天时，外界空气温度湿度高，通常多采用降温、除湿等手段，从厂房内移出热量和湿量（冷负荷和湿负荷），使空气环境参数满足要求，需要配合的外部设备主要为室外压缩机（产生冷媒，可用于降温、除湿，

图 10-1 所示的冷媒的来源）及除湿机（如转轮除湿机）；冬天时，外界空气温度低湿度低，通常多采用对新风进行加热、加湿等控制手段来达到控制目的，需要配合的设备主要为加热、加湿设备，主要包括锅炉房（提供水蒸气）、加湿设备（蒸汽加湿和电加湿）等。当然，在季节交替的时候，环境参数变化比较复杂，短时间内降温、除湿、加热、加湿等手段可能都会用到，在发射场空调控制中作为过渡季节来处理，通常需要根据特殊要求进行灵活控制。空调控制系统一般包括手动、自动两种控制方式，在过渡季节可以采用手动方式完成控制。

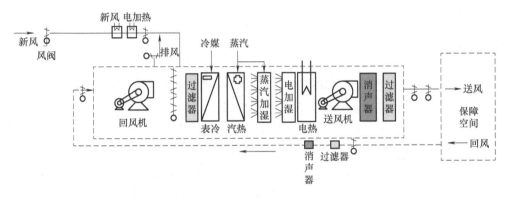

图 10-1　典型的组合式空调系统组成图

综上，发射场空调系统的功能就是向室内提供冷量或热量，并稀释或排出室内的污染物，以保障建筑内具有符合工作要求的空气环境和品质。具体来讲，就是采用热湿处理、空气输送、空气净化等技术对特定空间的温湿度、洁净度、气流速度、压力等进行调节（见图 10-2），使之满足相关要求。

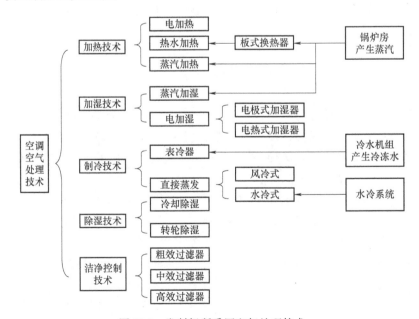

图 10-2　发射场所采用空气处理技术

本章内容针对图 10-1 所示的组合式空调机组设计空调机组的控制系统。

10.2　总体设计

空调自动控制系统，是利用自动控制装置，保证某一特定空间内的空气环境状态参数达到期望值的控制系统。

空调控制系统，通过采集现场传感器及执行器件状态信息，将采集信息传给控制器，控制器经过逻辑推断、控制算法运算得出控制指令，控制器将控制指令发给执行机构，执行机构按指令进行相应动作，包括风阀开闭、风机启停、水阀气阀开关、加热器加湿器投切、压缩机投切及转轮除湿机投切等。另外，控制器还需对异常情况及故障情况进行报警及处置，给显示终端进行数据显示等，从而保证整个空调系统按期望的状态运行。

空调控制系统主要由传感器、控制器（PLC）、执行机构、操作面板（OP）及上位机等组成，其组成结构如图 10-3 所示。

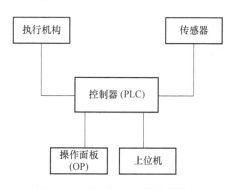

图 10-3　空调控制系统组成结构

其中，传感器主要包括温度传感器、相对湿度传感器、压力传感器等；控制器主要采用可编程控制器（即 PLC）；执行器件包括风阀执行器、管道阀门执行器、变频器、加热器、加湿器、压缩机等；操作面板即触摸屏，主要用于空调机组近端操作人员进行指令操作控制的人机界面；上位机接收来自 PLC 的实时数据，为用户提供实时运行操作界面，显示设备运行状态及实时动态参数，对系统运行数据进行存储和管理。

以某工位测试间送风空调系统为控制对象，空调系统为一次回风系统，夏季采用压缩机进行制冷和降温除湿，冬季采用电加热进行加热处理，采用电加湿器进行加湿处理，送风机采用变频控制。系统送风量为 20000m³/h，回风量为 18000m³/h。控制要求温度为（20±5）℃，相对湿度为 30%RH~60%RH。

10.3　硬件系统设计

10.3.1　控制器配置

对于运行环境比较恶劣的空调系统来说，其控制器必须满足长时间运行、可靠性高、抗干扰能力强的要求。基于这些考虑，控制器选用 PLC。

PLC 的生产厂商很多，如西门子、欧姆龙、三菱、GE、施耐德及各种国产厂商。从性价比及发射场 PLC 的通用性等方面考虑，系统选用西门子 PLC。

1. CPU 配置

西门子 PLC 分为，小型机 S7-200、中型机 S7-300 及中大型机 S7-400 等。小型机运算速度不如中大型机快，控制规模最大为 512 点。考虑运算速度和控制规模，发射场空调系统的控制器基本采用 S7-300 的 PLC。

由于空调系统的控制没有特殊的要求，所以在 CPU 的选取上，可以选择标准型里的 315-2DP。315-2DP 的 CPU 带有两个通信口：一个为 MPI/DP 通信口，另一个为 DP 通信口。在选择该 CPU 后，基本满足通信需求，不需再另外配置通信模块。

2. 数字量输入（DI）模块配置

与 315-2DP 的 CPU 相匹配的数字量输入模块主要如下：

SM321 DI 16×DC 24V

SM321 DI 16×AC 120/230V

SM321 DI 32×DC 24V

SM321 DI 32×AC 120V

SM321 DI 16×DC 24~125V

SM321 DI 8×AC 120/230V

为节省成本，在满足要求的前提下，尽可能少配置模块数量，选择 SM321 DI 32×DC 24V 类型的数字量输入模块。

对于 DI 模块的需求数量，是根据实际的开关量输入点数来决定的。本例中的数字量输入点共 42 个，所以配置 2 块 SM321 DI 32×DC 24V 模块。部分数字量输入点信息见表 10-1。

表 10-1　部分数字量输入点信息

模块编号	地址	输入点名称
DI1	I0.0	送风机上电状态
	I0.1	防火阀动作
	I0.2	送风机变频上电
	I0.3	送风机运行
	I0.4	送风机变频故障
	I0.5	电机风扇运行
	I0.6	电机风扇故障
DI2	I4.0	初效压差保护
	I4.1	风机压差保护
	I4.2	机组故障消音
	I4.3	机组启动
	I4.4	机组停止

3. 数字量输出（DO）模块配置

与 315-2DP 的 CPU 相匹配的开关量输出模块主要如下：

SM322 DO 32×DC 24V

SM322 DO 32×AC 120/230V

SM322 DO 16×DC 24V

SM322 DO 16×AC 120/230V

SM322 DO 8×DC 24V

SM322 DO 8×AC 120/230V

为节省成本，在满足要求的前提下，尽可能少配置模块数量，选择 SM322 DO 32×DC 24V 类型的开关量输出模块。

对于 DO 模块的需求数量，是根据实际的开关量输出点数来决定的。本例中的开关量输出点共 25 个，所以配置 1 块 SM322 DO 32×DC 24V 模块。部分开关量输出点信息见表 10-2。

表 10-2　部分开关量输出点表信息

模块编号	地址	输出点名称	备注
DO1	Q8.0	送风机变频上电控制	
	Q8.1	电加湿启动控制	
	Q8.2	1#新风加热控制	
	Q8.3	2#新风加热控制	
	Q8.4	3#新风加热控制	
	Q8.5	1#电加热控制	
	Q8.6	2#电加热控制	
	Q8.7	3#电加热控制	

4. 模拟量输入（AI）模块配置

与 315-2DP 的 CPU 相匹配的模拟量输入模块主要如下：

SM331 AI 2×12bit

SM331 AI 8×12bit

SM331 AI 8×13bit

SM331 AI 8×14bit

SM331 AI 8×16bit

SM331 AI 8×RTD

SM331 AI 8×TC

空调系统中，模拟量的转换精度要求不是很高，另外从经济角度考虑，选择 SM331 AI 8×12bit 类型的模拟量输入模块可满足空调系统的控制需求。

对于 AI 模块的需求数量，是根据实际的模拟量输入点数来决定的。本例中的模拟量输入点共 21 个，所以配置 3 块 SM331 AI 8×12bit 模块。部分模拟量输入点信息见表 10-3。

表10-3　部分模拟量输入点表信息

模块编号	地址	输入点名称	备注
AI1	PIW304	新风温度	
	PIW306	新风湿度	
	PIW308	送风温度	
	PIW310	送风湿度	
	PIW312	电加湿器后温度	
	PIW314	电加湿器后湿度	
	PIW316	新风加热后温度	
AI2	PIW320	蒸发器后温度	
	PIW322	冷凝后温度	
	PIW324	送风机电机温度	
	PIW330	新风阀阀位	
	PIW332	回风阀阀位	
AI3	PIW336	2#压缩机频率反馈	
	PIW338	1#压缩机高压变送器	
	PIW340	1#压缩机低压变送器	
	PIW342	2#压缩机高压变送器	
	PIW344	2#压缩机低压变送器	

5. 模拟量输出（AO）模块配置

与315-2DP 的 CPU 相匹配的模拟量输出模块主要如下：

SM332 AO 2×12bit

SM332 AO 4×12bit

SM332 AO 4×16bit

SM332 AO 8×12bit

空调系统中，模拟量的转换精度要求不是很高，另外从经济角度考虑，选择 SM332 AO 8×12bit 类型的模拟量输出模块可满足空调系统的控制需求。

对于 AO 模块的需求数量，是根据实际的模拟量输出点数来决定的。本例中的模拟量输出点共 2 个，所以配置 1 块 SM332 AO 8×12bit 模块。部分模拟量输出点信息见表10-4。

表10-4　部分模拟量输出点信息

模块编号	地址	输入点名称	备注
AO1	PQW352	送风机工作频率	
	PQW354	加湿器加湿量	

对于系统而言，也可配置其他的功能模块，如控制模块、计数模块及位置检测模块；还可以配置其他的通信模块，如网络通信模块、DP 通信模块及点对点通信模块。本实例中，没有配置功能模块和通信模块的需求。控制器硬件配置如图10-4所示。

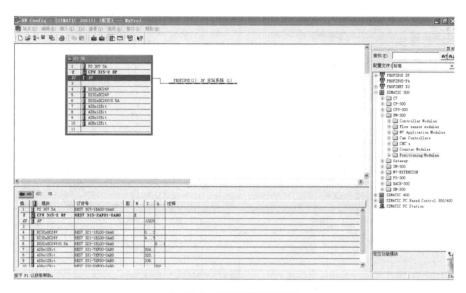

图 10-4　控制器硬件配置

10.3.2　传感器配置

传感器又称敏感元件、变送器，需要进行调节的参数称为被调参数。传感器就是感受被调参数的大小，并及时发出信号给调节器。如敏感元件发出的信号与调节器所要求的信号不符时，则需要利用变送器将敏感元件发出的信号转换成调节器所要求的标准信号。因此，传感器输入的是被调参数，输出的是检测信号。在空调系统中，常用的传感器主要有温度传感器、相对湿度传感器、压力传感器等。

传感器的选择一般满足如下原则：

① 传感器量程范围满足实际测量需求。

② 传感器输出信号应匹配控制器的输入接口。

③ 传感器的测量误差在实际需求的允许范围内。

④ 传感器的测量精度满足实际需求。

⑤ 传感器的选型要方便安装。

本例中传感器的选型配置见表 10-5。

表 10-5　本例中传感器的选型配置

编号	传感器名称	量程	备注
1	新风温湿度	−40~60℃ 0~100%	管道型
2	送风温湿度	−40~60℃ 0~100%	管道型
3	电加湿后温湿度	−40~60℃ 0~100%	管道型
4	新风加热后温度 PT100	−10~90℃	管道型
5	蒸发器后温度 PT100	−10~90℃	管道型

（续）

编号	传感器名称	量程	备注
6	冷凝后温度 PT100	-10~90℃	管道型
7	送风机电机温度 PT100	0~200℃	内嵌型
8	1#压缩机氟高压压力传感器	0~6MPa	管道型
9	1#压缩机氟低压压力传感器	0~2.5MPa	管道型
10	2#压缩机氟高压压力传感器	0~6MPa	管道型
11	2#压缩机氟低压压力传感器	0~2.5MPa	管道型
12	303 房间温湿度	-40~60℃ 0~100%	壁挂型
13	304 房间温湿度	-40~60℃ 0~100%	壁挂型
14	305 房间温湿度	-40~60℃ 0~100%	壁挂型
15	冷却水压力	0~2MPa	管道型

10.3.3 执行机构配置

1. 风阀执行器

风阀执行器是空调系统对风阀进行控制的执行部件。本例配置的风阀执行器为北京吉盛品牌，型号为 JSA21KK。JSA21KK 型号执行器输出力矩为 16N·m，电源电压为 AC 220V，控制方式为开关信号控制，带有反馈电位器（即能反馈风阀开度）。

2. 固态继电器

固态继电器是空调电加热系统常用的一种继电器，常用于微调电加热。三相交流固态继电器是集三只单相交流固态继电器为一体，以单一输入端对三相负载进行直接开关切换，采用几毫安的微小信号来控制大功率负载的起动与切断的开关器件。

图 10-5 所示的电路为 PLC 控制的电加热器控制电路，Y 表示 PLC 的输出。当 Y 有效

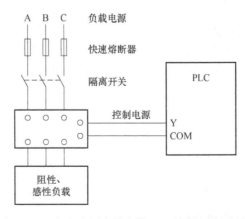

图 10-5 三相交流固态继电器 PLC 控制电路原理图

时，SSR 输入端得到 DC 24V 的直流信号，则三相输出端从断态转变成通态，电加热器通电，开始加热处理空气。

3. 变频器

空调系统的风机采用变频控制运行，压缩机一般选用定频压缩机和变频压缩机组合使用，满足制冷量 10%~100%的无级输出。本例中送风机变频器选用西门子变频器，变频压缩机选用丹佛斯变频器。

PLC 控制变频器可以采用两种方式进行：一种通过 I/O 端输入 4~20mA 信号来给定运行频率；另一种通过通信方式给定运行频率。

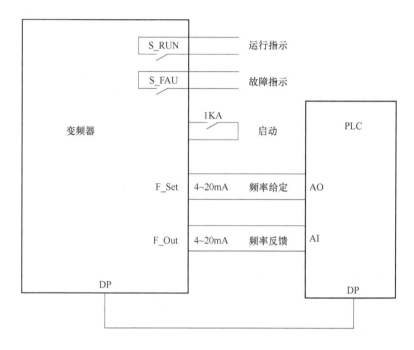

图 10-6　变频器接线图

图 10-6 中，变频器给出两对无源触点，给外部作运行指示和故障指示用；外部提供 1 个无源触点给变频器作启动信号；变频器的运行频率是由 PLC 的 AO 模块输出 4~20mA 信号给定，也可由 PLC 通过 DP 通信给定；变频器输出的 4~20mA 信号传输至 PLC 的 AI 模块，作为变频器的频率反馈值。

4. 电加湿器

电加湿器是空调系统用来调节湿度的设备，可以独立运行使用。电加湿器可以采用两种模式运行：一是在加湿器加电后，通过手动设置加湿器的加湿量；另一种是在加湿器加电后运行，经过 PLC 自控程序计算出被处理空气的加湿量，随后通过 PLC 的 AO 模块给定加湿器的加湿量。本例配置思探德的电加湿器。电加湿器的接线与变频器的接线基本相同。电加湿器接线图如图 10-7 所示。

图 10-7 中，加湿器给出两对无源触点，给外部作运行指示和故障指示用；外部提供 1 个无源触点给加湿器作启动信号；加湿器的加湿量既可由 PLC 的 AO 模块输出 4~20mA 信

号给定，也可由 PLC 通过 DP 通信给定；加湿器输出的 4~20mA 信号传输至 PLC 的 AI 模块，作为加湿器加湿量的反馈值。

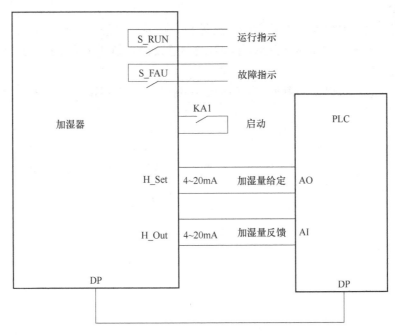

图 10-7　电加湿器接线图

10.4　软件系统设计

10.4.1　软件实现的空调系统工艺流程

控制软件的设计主要以完成系统的工艺流程为目标，空调系统的工艺流程如下：系统接收开机指令，首先打开空调系统的各种风阀（包括新风阀、送风阀、回风阀及其他管道风阀），在确认风阀全部开到位后，启动风机（包括送风机、回风机及排风机等），风机按照变频器设置的频率运行；风机开始运行后，控制系统进入参数控制调节模式，如果是冬季工况，按控制算法计算所需投入的加热量和加湿量，根据计算结果控制加热设备和加湿设备按量投入运行；在系统运行过程中，需要进行各种异常情况处理，如防火阀动作的处理、机组超温处理及各种故障的报警及处理；系统的参数控制调节和异常情况处理，贯穿整个系统运行全流程；最后，在控制系统收到关机指令时，先切断加热器、加湿器和压缩机，然后延时 2min，关闭风机，再开始关风阀（包括新风阀、送风阀、回风阀及其他管道风阀），所有风阀关闭到位后，关机结束。空调系统工艺流程图如图 10-8 所示。

10.4.2　软件总体设计

PLC 控制程序在西门子 STEP 7 软件平台上开发，以梯形图编程。程序采用结构化程序设计，主程序在 OB1 中，在主程序中调用各个子程序（功能 FC 和功能块 FB）。主程序 OB1 流程图如图 10-9 所示。

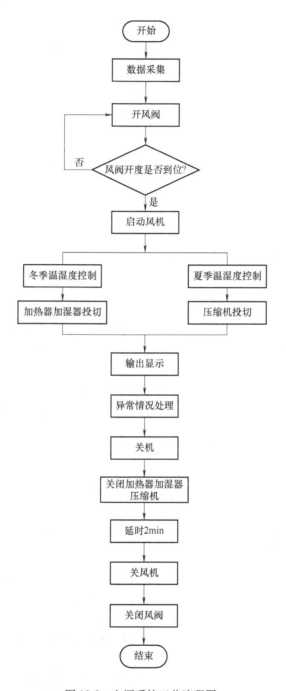

图 10-8 空调系统工艺流程图

程序初始化在 OB100 模块中编写完成，软件系统运行时在第一个扫描周期调用，不需在 OB1 中调用。其他均为子程序模块（见表 10-6），即功能块 FC。

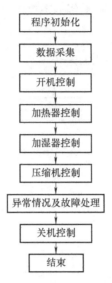

图 10-9　主程序 OB1 流程图

表 10-6　程序的功能块 FC 设计

序号	功能名称	子程序功能描述
1	FC1	数据采集，采集系统所有开关量及模拟量数据
2	FC2	开机控制，完成开机流程中所有控制动作
3	FC3	加热器控制，根据控制算法计算得到的加热量，对加热器的投切进行控制
4	FC4	加湿器控制，根据控制算法计算得到的加湿量，对加湿器进行控制
5	FC5	压缩机控制，根据控制算法计算得到的制冷量，对压缩机进行控制
6	FC6	异常情况及故障处理，按异常处理流程进行处理，完成故障的显示与报警
7	FC7	关机控制，完成开机流程中所有控制动作
8	FC20	模数转换，将 AI 模块采集的数字量转换成工程物理量
9	FC22	增量 PID 计算，采用增量 PID 控制算法计算所要增加的控制量

10.4.3　软件的控制算法

在加热器、加湿器及压缩机的控制中，均需要用控制算法计算控制量的大小。空调系统的温湿度参数控制采用带死区的增量式 PID 算法来实现。

1. 增量式 PID 算法

所谓增量式 PID 是指数字控制器的输出只是控制量的增量 $\Delta u\ (k)$。增量式 PID 控制系统框图如图 10-10 所示。

当执行机构需要的是控制量的增量时，可以导出提供增量的 PID 控制算式。根据递推原理可得

$$u(k)=K_{\mathrm{p}}e(k)+K_{\mathrm{i}}\sum_{j=0}^{K}e(j)+K_{\mathrm{d}}\left[e(k)-e(k-1)\right] \tag{10-1}$$

图 10-10　增量式 PID 控制系统框图

$$u(k-1) = K_p e(k-1) + K_i \sum_{j=0}^{K-1} e(j) + K_d \left[e(k-1) - e(k-2) \right] \tag{10-2}$$

用式（10-1）减去式（10-2），可得

$$\Delta u(k) = u(k) - u(k-1) = K_p \left[e(k) - e(k-1) \right] + K_i e(k) + K_d \left[e(k) - 2e(k-1) + e(k-2) \right] \tag{10-3}$$

式（10-3）称为增量式 PID 控制算法。

如果控制系统采用恒定的采样周期 T，只要使用前后三次采样得到的偏差值，就可以求出控制量的增量。增量式控制算法的优点是误动作小，便于实现无扰动切换。当计算机出现故障时，可以保持原值，易通过加权处理获得比较好的控制效果。但是由于其积分截断效应大，有静态误差，溢出影响大，所以在选择时要综合考虑。

2. 带死区的控制算法

在控制系统中，系统为了避免控制作用过于频繁，消除由于频繁动作所引起的振荡，可采用带死区的 PID 控制算法，控制算式为

$$e(k) = \begin{cases} 0 & (\,|e(k)| \leqslant |e_0|\,) \\ e(k) & (\,|e(k)| > |e_0|\,) \end{cases} \tag{10-4}$$

式中，$e(k)$ 为误差；e_0 为一个可调参数，其具体数值可根据实际控制情况确定。若 e_0 值太小，会使控制动作过于频繁，达不到稳定被控对象的目的；若 e_0 太大，则系统将产生较大的滞后。在空调参数控制中，可以将温度误差死区 $e_0 = 0.5\,℃$，湿度误差死区 $e_0 = 3\%$。

3. PID 参数整定

PID 控制的参数整定实际上就是 K_p、K_i、K_d 等调节系数值的确定，这在实际工程中都是需要解决的问题。在空调控制工程中，常常采用试凑法来实现。

先确定 K_p 的值。PID 算出的控制量实际上是一个百分比，温度和湿度误差转换为百分比的调节量，其 K_p 的值在 $[0,1]$ 之间。第一步，先假定 $K_p = 0.5(K_i = 0、K_d = 0)$，看控制效果，根据超调量和静态误差的情况，判断 K_p 的值。若 K_p 值过小，则下一步在 $[0.5,1]$ 之间的中点取值即 $K_p = 0.75$ 进行尝试；若 K_p 值过大，则下一步在 $[0,0.5]$ 之间的中点取值即 $K_p = 0.25$ 进行尝试；根据控制效果，判断 K_p 的值是否合适。经过几次迭代后，很快就能确定 K_p 的值。

采用上述确定的 K_p 值，再来确定 K_i 值。对温度和湿度控制来说，其 K_i 的值也为 $[0,1]$。其尝试步骤与 K_p 的确定过程相同，判断 K_i 值的大小时，主要看超调量和静态误差的情况。

在空调系统中，温湿度是缓变量，其对响应时间的要求并不高，所以在空调的实际控制中，可以不加微分环节，即确定 $K_d = 0$。

10.4.4 子程序设计

1. 初始化子程序

初始化子程序在 OB100 中编写，采用梯形图语言进行编写，主要对关键存储器数据进行清零或置初值处理，主要用 MOVE 指令完成。初始化子程序梯形图如图 10-11 所示。

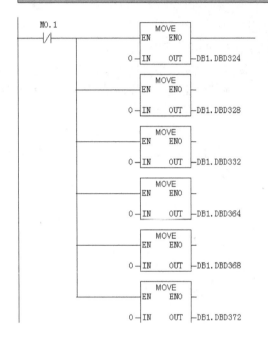

程序段1：标题：

DB1.DBD324送风温度误差，DB1.DBD328送风温度上个周期误差，DB1.DBD332送风温度上上个周期误差;DB1.DBD364送风湿度误差，DB1.DBD368送风湿度上个周期误差，DB1.DBD372送风湿度上上个周期误差

图 10-11　初始化子程序梯形图

2. 数据采集子程序

数据采集包括数字量数据采集和模拟量数据采集。数字量数据采集以字整体访问，采用 MOVE 指令实现，数据存在 DB1 数据块中；模拟量数据采集调用用户编写的子程序 FC20（也可调用系统自带的 FC105），完成数字量转换为工程物理量，数据存在 DB1 数据块中。数据采集子程序梯形图如图 10-12 所示。

3. 开机控制子程序

开机指令输入后，先检测有无防火阀动作、风机压差保护等信号，若无则正常开机。首先打开风阀，为防止风阀机械卡死，导致执行器烧坏，风阀开启 3min 仍未开到位，则停止开风阀；风阀全部开到位后，启动风机，风机按照设定的频率运行。开机控制程序流程图如图 10-13 所示。

开机控制子程序梯形图如图 10-14 所示。

4. 加热器控制子程序

设置调节周期为 60s，根据送风温度误差，调用用户编写的 FC22（即增量 PID 计算的子程序），计算出控制量的增量，进而计算出控制量百分比，最后计算出加热器投入功率。加热器控制按此功率大小投入。加热器共分四组：第一组为 60kW，第二组为 30kW，第三组为 15kW，第四组为 15kW（固态继电器控制，可无级调节）。加热器控制程序流程图如图 10-15 所示。

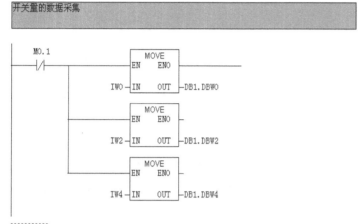

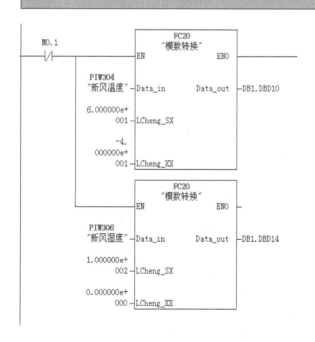

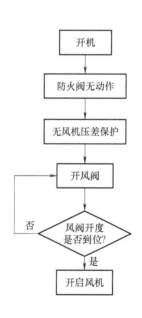

图 10-12 数据采集子程序梯形图

图 10-13 开机控制程序流程图

程序段 1：标题：

注释：

I4.3
"机组启动"

I4.4
"机组停止"

I0.1
"防火阀动作"

I4.1
"风机压差保护"

M100.0
"机组开机使能"

程序段 2：标题：

开风阀延时时间继电器

M100.0
"机组开机使能"

T1
S_ODT
S   Q
S5T#3M —TV   BI —...
... —R   BCD —...

M110.0
"风阀开延时时间到"

程序段 3：

DB1.DBD52为新风阀阀位反馈，DB1.DBD300为新风阀给定开度值；DB1.DBD56为回风阀阀位反馈，DB1.DBD304为回风阀给定开度值；DB1.DBD60为送风阀阀位反馈，DB1.DBD308为送风阀给定开度值；在延时3分钟时间内，风阀仍未开到位，则停止继续开阀，以免烧坏风阀执行器。

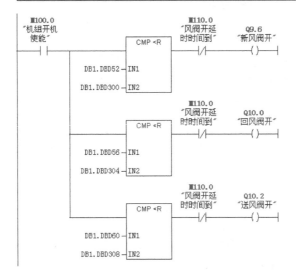

M100.0
"机组开机使能"

CMP <R
DB1.DBD52 —IN1
DB1.DBD300 —IN2

M110.0
"风阀开延时时间到"

Q9.6
"新风阀开"

CMP <R
DB1.DBD56 —IN1
DB1.DBD304 —IN2

M110.0
"风阀开延时时间到"

Q10.0
"回风阀开"

CMP <R
DB1.DBD60 —IN1
DB1.DBD308 —IN2

M110.0
"风阀开延时时间到"

Q10.2
"送风阀开"

程序段 5：标题：

所有风阀开到位后，启动送风机：给送风机变频器加电，并给定变频器工作频率

M100.0
"机组开机使能"

M110.1
"新风阀开到位"

M110.2
"回风阀开到位"

M110.3
"送风阀开到位"

Q8.0
"送风机变频上电控制"

MOVE
EN   ENO
27648 —IN
OUT —

PQW352
"送风机工作频率"

图 10-14　开机控制子程序梯形图

调节周期设置
否
调节时间是否已到?
是
计算送风温度误差
计算控制增量Δu
计算控制增量u
计算加热器投入功率
控制加热器投入

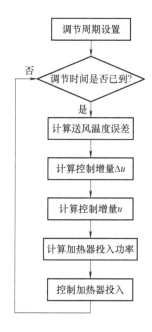

图 10-15　加热器控制程序流程图

加热器控制子程序梯形图如图 10-16 所示。

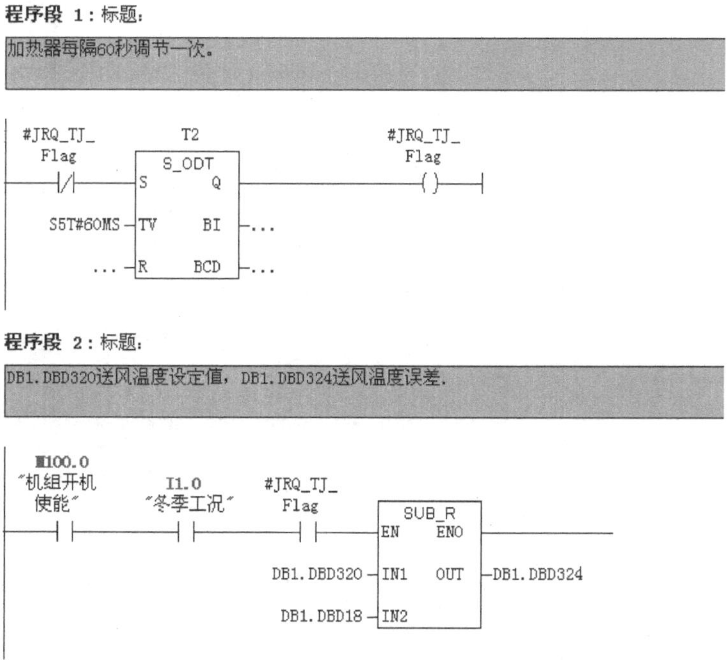

程序段 1：标题:
加热器每隔60秒调节一次。
#JRQ_TJ_
Flag
T2
S_ODT
S
Q
#JRQ_TJ_
Flag
S5T#60MS
TV
BI
...
R
BCD
...
程序段 2：标题:
DB1.DBD320送风温度设定值，DB1.DBD324送风温度误差.
M100.0
"机组开机
使能"
I1.0
"冬季工况"
#JRQ_TJ_
Flag
SUB_R
EN
ENO
DB1.DBD320
IN1
OUT
DB1.DBD324
DB1.DBD18
IN2

图 10-16　加热器控制子程序梯形图

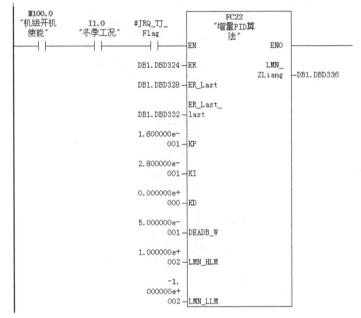

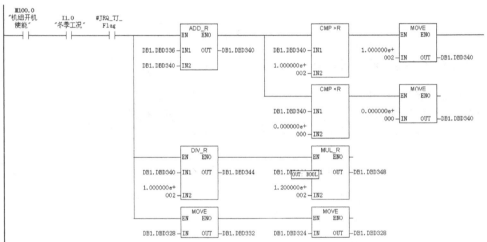

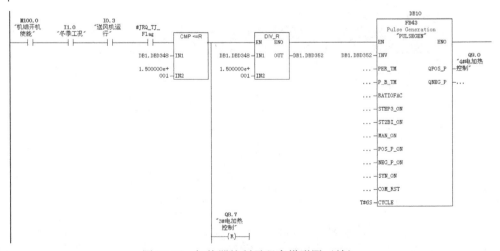

图 10-16　加热器控制子程序梯形图（续）

5. 加湿器控制子程序

设置调节周期为 45s，根据送风湿度误差，调用用户编写的 FC22（即增量 PID 计算的子程序），计算出控制量的增量，进而计算出控制量百分比，最后计算出加湿器投入的加湿量。加湿器按照所需加湿量大小控制加湿器输出量。加湿器控制程序流程图如图 10-17 所示。

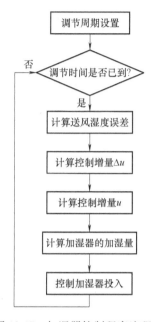

图 10-17　加湿器控制程序流程图

加湿器控制子程序梯形图如图 10-18 所示。

程序段 1: 标题:

加湿器每隔45秒调节一次。

```
#JSQ_TJ_           T3              #JSQ_TJ_
 Flag           S_ODT              Flag
 |/|            S     Q            ( )
                                     
     S5T#45S ── TV   BI ── ...
         ... ── R   BCD ── ...
```

程序段 2: 标题:

DB1.DBD360送风湿度设定值，DB1.DBD364送风湿度误差

```
 M100.0        I1.0      #JSQ_TJ_
"机组开机     "冬季工况"    Flag
 使能"                            SUB_R
 | |          | |        | |    EN    ENO
                                        
                   DB1.DBD22 ── IN1   OUT ── DB1.DBD364
                                        
                  DB1.DBD360 ── IN2
```

图 10-18　加湿器控制子程序梯形图

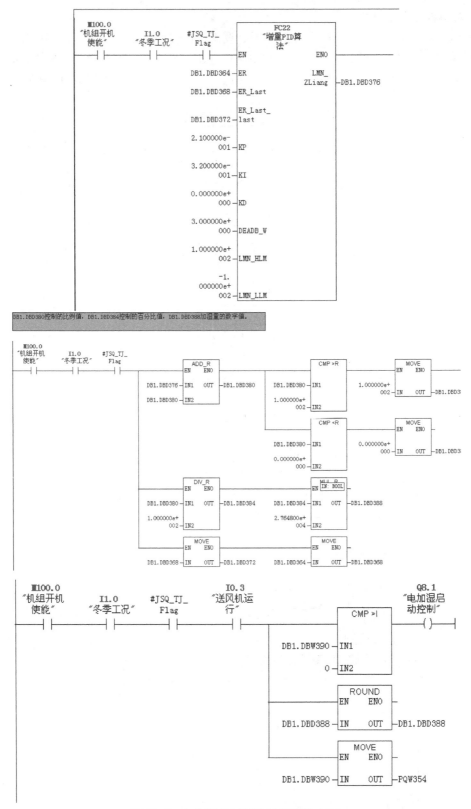

图 10-18　加湿器控制子程序梯形图（续）

6. 压缩机控制子程序

设置调节周期为 90s，根据送风温度误差，调用用户编写的 FC22（即增量 PID 计算的子程序），计算出控制量的增量，进而计算出控制量百分比，最后计算出压缩机投入的功率。压缩机按此制冷量大小控制。第一台压缩机为定频压缩机，功率为 16.5kW；第二台为变频压缩机，功率为 25kW。为保护压缩机，低于 25% 功率不能启动。通过控制两台压缩机组合，实现功率在 6.25~41.5kW 区间无级调节。压缩机控制程序流程图如图 10-19 所示。

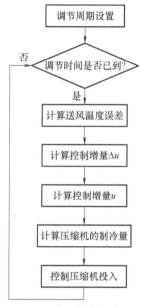

图 10-19　压缩机控制程序流程图

压缩机控制子程序梯形图如图 10-20 所示。

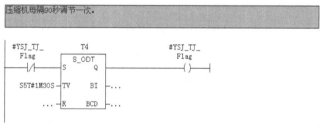

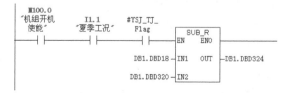

图 10-20　压缩机控制子程序梯形图

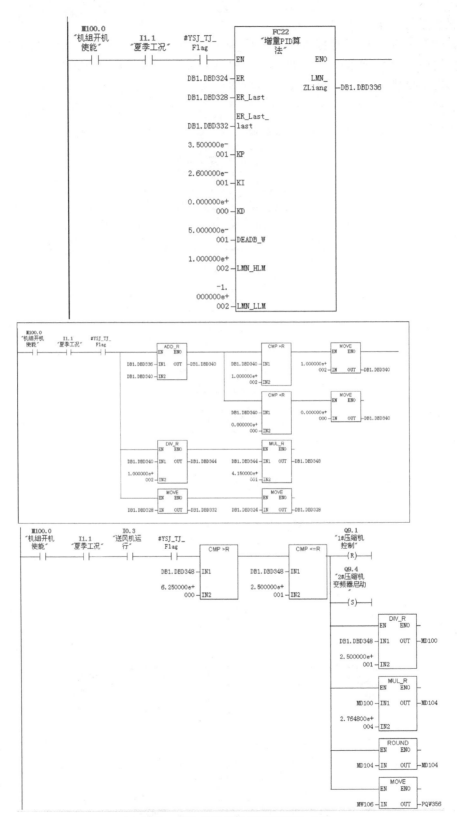

图 10-20　压缩机控制子程序梯形图（续）

7. 异常及故障情况处理子程序

异常及故障情况主要指机组超温保护、防火阀动作、压缩机故障、加湿器故障等。当这些情况出现时，要驱动故障指示灯和蜂鸣器报警，有些情况还需进行风机与风阀的配合动作。异常及故障情况处理子程序梯形图如图 10-21 所示。

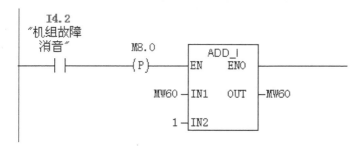

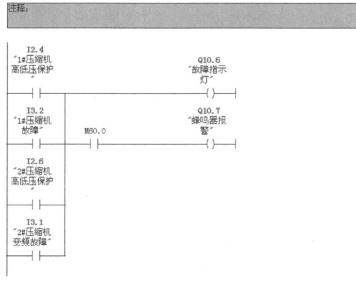

图 10-21　异常及故障情况处理子程序梯形图

8. 关机控制子程序

关机指令输入后，先将加热器、加湿器或压缩机等关闭，然后延时 2min（作用是使空调机组内温度恢复到正常，防止机组着火），再关闭风机，最后关闭风阀。风阀关闭完成后，关机流程完成。关机控制程序流程图如图 10-22 所示。

关机控制子程序梯形图如图 10-23 所示。

软件编写完成后，需经过软件调试及软件测试，控制软件所有问题解决并经过回归测试后，经过评审验收，软件研制工作才算完成。

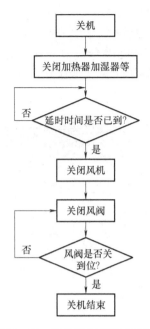

图 10-22　关机控制程序流程图

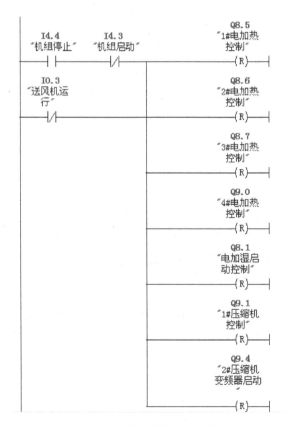

图 10-23　关机控制子程序梯形图

程序段 2：标题：

注释：

```
    I4.4          I4.3          T5
  "机组停止"     "机组启动"    ┌─S_ODT─┐        #GFJ_YS
────┤├──────────┤/├──────────┤S    Q├──────────( )──
                              │       │
                   S5T#2M─────┤TV   BI├─ ...
                              │       │
                      ...─────┤R   BCD├─ ...
                              └───────┘
```

程序段 3：标题：

关机时，延时2分钟关风机。

```
                                           Q8.0
                                          "送风机变
    I4.4          I4.3                     频上电控制
  "机组停止"     "机组启动"     #GFJ_YS         "
────┤├──────────┤/├───────────┤├──────────(R)──
```

程序段 4：标题：

关风机后，关闭新风阀、回风阀和送风阀。

```
                                                       Q9.7
   I4.4        I4.3                      ┌─CMP>R─┐    "新风阀关"
 "机组停止"   "机组启动"   #GFJ_YS        │       │     ( )
───┤├─────────┤/├─────────┤├────────────┤       │────
                             DB1.DBD52 ──┤IN1    │
                                         │       │
                              5.000000e+─┤IN2    │
                                   000   └───────┘
                                                       Q10.1
                                         ┌─CMP>R─┐    "回风阀关"
                                         │       │     ( )
                                    ─────┤       │────
                             DB1.DBD56 ──┤IN1    │
                                         │       │
                              5.000000e+─┤IN2    │
                                   000   └───────┘
                                                       Q10.3
                                         ┌─CMP>R─┐    "送风阀关"
                                         │       │     ( )
                                    ─────┤       │────
                             DB1.DBD60 ──┤IN1    │
                                         │       │
                              5.000000e+─┤IN2    │
                                   000   └───────┘
```

图 10-23　关机控制子程序梯形图（续）

10.5　小结

从控制规模来说，发射场空调控制系统属于控制点数不多的系统。由于空调系统的迟滞性及参数之间的耦合性，导致参数的控制并不容易，需在软件研制中解决好控制算法的适用问题及系统模型的辨识问题。对于采用 PID 控制，需重点解决调节周期的确定与 PID 参数的整定。只有解决好这些问题，其控制效果才能满足使用要求。

参 考 文 献

[1] 杨敬荣. 21 世纪的航天发射场 [J]. 载人航天信息，2012 (4)：26-40.

[2] 万全，王东锋，刘占卿，等. 航天发射场总体设计 [M]. 北京：北京理工大学出版社，2015.

[3] 常慧玲，薛开娟，牟爱霞，等. 传感器与自动检测 [M]. 4 版. 北京：电子工业出版社，2021.

[4] 董砚，郑易，孙鹤旭. 变频器的使用与维护 M]. 北京：化学工业出版社，2009.

[5] 闫智，张勇，陈琦. 电机学基础实践 [M]. 北京：科学出版社，2009.

[6] 王守城，容一鸣，等. 液压与气压传动 [M]. 北京：北京大学出版社，2008.

[7] 宁辰校，等. 液压与气动技术 [M]. 北京：化学工业出版社，2017.

[8] 武平丽，等. 过程控制及自动化仪表 [M]. 3 版. 北京：化学工业出版社，2020.

[9] 徐科军，等. 传感器与检测技术 [M]. 5 版. 北京：电子工业出版社，2021.

[10] 高玉奎，等. 维修电工手册 [M]. 北京：中国电力出版社，2012.

[11] 王永华. 现代电气控制及 PLC 应用技术 [M]. 6 版. 北京：北京航空航天大学出版社，2020.

[12] 陆亚俊，等. 暖通空调 [M]. 3 版. 北京：中国建筑工业出版社，2015.

[13] 龚运新，顾群，陈华. 工业组态软件应用技术 [M]. 2 版. 北京：清华大学出版社，2013.